プリンシピア 自然哲学の数学的原理

第Ⅰ編 物体の運動

アイザック・ニュートン 著
中野猿人 訳・注

本書は1977年9月に小社より刊行した
『プリンシピア〈自然哲学の数学的原理〉』
を新書化したものです。

装幀／芦澤泰偉・児崎雅淑
目次・扉／齋藤ひさの（STUDIO BEAT）

訳者解説

　本書はサー・アイザック・ニュートン（Sir Isaac Newton, 1642-1727）原著『プリンシピア』（"*Principia*"；くわしく書けば "*Philosophiæ Naturalis Principia Mathematica*"〔自然哲学の数学的原理〕）の全訳である。

　改めて述べるまでもなく，原著はニュートンの主著であり，今日の物理学の原点ともいうべきいわゆるニュートン力学の根幹をなすものであって，古来幾多の卓絶した物理学者，数学者，天文学者らの脳裡を占有し，彼らを讃歎させてやまなかった真に独創的な書である。

　初版は1687年8月英京ロンドンで出版され，1713年6月にはロージャー・コーツ（Roger Cotes）の序文を添えて再版が出され，また1726年3月にはペンバートン博士（Dr. Henry Pemberton）の指導のもとに第3版が出された。このラテン語の原著第3版は，1739年から1742年にかけてル・スール（Thomas Le Sueur）およびジャッキエー（Francis Jacquier）という二人の修道士によって注釈がつけられて，ジュネーブで翻刻出版され，その後いく度か版を重ねた。これはふつう『ゼスイット版』などとよばれているが，そのよび方は必ずしも正しくない。

　原著第3版からのアンドリュー・モット（Andrew Motte）による最初の英訳 "*Mathematical Principles of Natural Philosophy*" が出たのは1729年のことであり，これも何回か版を重ねたが，1803年には改訂のうえ再出版され，さらに1934年

にはフローリアン・カジョリ (Florian Cajori) によって再改訂のうえ, ニュートンの『世界体系』("De Mundi Systemate"; *The System of the World*) と合わせて翻刻出版された。1952 年にシカゴのエンサイクロペディア・ブリタニカ社 (Encyclopædia Britannica, Inc.) から出版された叢書 *"Great Books of the Western World"* (泰西名著全集) の第 34 巻には, このモット訳, カジョリ改訂のものが *"Mathematical Principles of Natural Philosophy"* の題名で収められている。

*   *   *   *   *

原著は当時の慣例にならってアカデミックなラテン語で書かれたということのほか, 見られるとおりその形式はまったくギリシァ幾何学書の体裁を踏み, その論述の仕方もユークリッド (Euclid) やアポロニウス (Apollonius) のそれと異なるところはない。ニュートンはそれまでにすでに「流率法」(Method of fluxions) すなわち今日の微積分法の発見を遂げていたのに, なぜこれほどの画期的な書をその新しい方法によらずに, ギリシァ風の古典的な手法によって構成したのであろうか。もっとも, 流率法を全然使っていないのではない。たとえば, 第 I 編の終わりごろの命題 79, 命題 81, 命題 90 などでは積分法が使われているし, また第 II 編の補助定理 2 では微分法の基本定理が述べられており, また同編の命題 14 では, ある初期条件のもとでの微分方程式の解ともいうべきものが示されている。しかし, これらはいわば最小限度の使用にすぎない。なぜその流率法——微積分法——をあえて全編にわたって適用しなかったかというに, その理由は想像するに難くない。すなわち, 微積分法は当時, 発見後日なお浅

く，ことにニュートンの記法はライプニッツ（Leibnitz）のものにくらべて不便であり，一般に行きわたっておらず，もしもこれを用いてニュートンが自分の理論を展開したならば，人は，その理論を受け入れる前に，彼らがまだ親しむに至らないその方法の妥当性を論ずるであろうことを，ニュートン自身最もよく知っていたからであるにちがいない。こうして命題，定理が明快簡潔に，しかも常套的な語法を用いてつぎつぎと述べられ，定理に包括される関係事項は「系」，特に「注」（Scholia）において論究された。「注」はニュートンがしばしば特に重要な一命題ないしは一連の諸命題の後に書き添えた一般的な注意あるいは結論であって，全体の主題の上に強い光を投げかけている。

* * * * *

『プリンシピア』は序論と三つの編から成る本論とから成り立っている。まず序論では，従来いろいろと批判論議の闘わされた力学上の基礎的な諸概念として，質量，運動量，力をはじめ，絶対時間，絶対空間，絶対運動などが定義され，解説されており，絶対回転認識の可能性を示す有名な水桶（バケツ）の実験が記されており，つづいて，いわゆる運動の3法則をはじめ，力の合成分解の法則ないしは公理が述べられ，力学の理論的，方法論的な基礎が確立されている。そしてこの基礎の上に立って，第Ⅰ，第Ⅱの両編では，諸物体の運動の諸形態があらゆる角度から詳細に論じられている。また第Ⅲ編『世界体系』（De Mundi Systemate）は，前2編で述べられた理論の，惑星，衛星，彗星などの太陽系諸天体への応用を示すいわば「応用編」である。いま，それら三つの編の内容のあら

ましを摘記しよう。

第I編では，まず1から11までの補助定理において微分の概念を示したのち，求心力の作用のもとでの物体の運動の論議にはいり，ただちに「面積速度一定の法則」が導き出されている。これは『プリンシピア』における最も基礎的な原理の一つをなすものであり，惑星の運動に関するいわゆる「ケプレル（Kepler）の第2法則」はこれによって証明されたことになる。つぎに，（楕円運動の特別の場合である）等速円運動の場合について，もし周期が半径の$\frac{3}{2}$乗に比例するならば，求心力は半径の自乗に逆比例すること，またその逆も成り立つこと（命題4, 系VI），つまり距離の自乗に逆比例する引力が働くときには「ケプレルの第3法則」が成り立つことを示し，ついで物体が円錐曲線を描くより一般の場合に移って，この場合にも力は距離と何らかの関係をもつものとして，その関係を見いだしている。しかも，同じ軌道でも，力の中心の位置が異なれば，力の法則も変わることを実例でもって示し，一つの特別な場合として，もし力の中心が円錐曲線の一つの焦点にある場合には，力は距離の自乗に逆比例することを見いだしているのである。こうして，この種の軌道運動についてのくわしい論議がなされたのち，軌道上での任意の時刻における物体の位置を見いだす方法が与えられている。これはケプレルの法則に従う諸惑星の運動の論究に対して十分なものである。しかし，ニュートンはこのような性質をもつ引力を，単に惑星に働くものとしての太陽や，月に働くものとしての地球だけが具えているとは考えなかった。彼の運動の第3法則——作用反作用の法則——からすれば，すべての天体

がたがいに引っぱり合うことは彼にとって明白であったし，宇宙間のすべての質点がたがいに引っぱり合うと考えるのが最も自然であった。しかし，そうすると，ここに一つの面倒な問題が起こってくる。それは，すべての天体が必ずしも質点とはみなし難い場合が生ずることである——この問題は後章（第I編，第XII章）に至ってみごとに解決される。

さて，ニュートンはついで可動軌道上における物体の運動へと進み，サイクロイド振子の振動にふれ，3体問題や月の運動の不規則性について論じたのち，ふたたび本書におけるもう一つの基礎的原理である上記の問題の論究にはいる。すなわち，物質がその中心のまわりに対称的に分布しているならば，任意の球形物体は，その外部の任意の1点に対して，あたかもその球形物体の全質量が球の中心に凝集したと同じ力を及ぼすというのがその結論である。この原理は彼が1685年に発見したものであり，この発見によって，太陽や地球のような大きさのある物体に対して単に**近似的**にしか適用されないと考えていた引力の法則が，じつは**正確**に適用されることが明らかになったのである。球形でない物体の引力についてのいくつかの定理がこれに続いたのち，ニュートンの光の理論として知られるいわゆる粒子説についての論議がなされているが，これは今日では棄てられてしまった。

第II編では抵抗を及ぼす媒質内での物体の運動が論じられ，流体力学の諸問題，たとえば波や潮汐の問題，音響学における特殊の応用などが説かれている。ニュートンはまず，抵抗が速度に比例するものとして，次に速度の自乗に比例するものとして，最後に，一部は速度に，一部は速度の自乗に比例するものとして問題を取り扱った。これは航空力学にお

ける空気の抵抗についての近代の概念に著しい様式において先駆するものである。ついで、ニュートンは流体一般の考察へと進み、重力の作用の下での流体の釣合について論じているが、これは天体の形状の研究に関連する極めて重要な題目になったものである。流体内における波動の研究がこれに続き（第VIII章）、それから惑星運動の原因として当時流行していたデカルト（Descartes）の渦動論の検討へと進み（第IX章）、二、三の簡単な命題によってみごとにこれを否定した。

　舞台はいまや最後の場面を迎え、太陽系内の諸現象が万有引力の法則によって再構成されようとする。これが第III編の主題である。その序論をなす「哲学における推理の規則」において、ニュートンは改めて自然研究上の基礎になる諸規則を述べているが、そこにニュートンの自然探究者としての立場がはっきりと示されている。中世紀を通じて多くの思想家たちは、地上の現象と天空の現象との間に、何らかの神秘的な原因を付加することによって、はっきりとした区別を設けていた。ニュートンはこの思想を最も力強く打破したのである。彼は言う。「自然の事物の原因としては、それらの諸現象を真にかつ十分に説明するもの以外のものを認めるべきではない。……ゆえに、同じ自然の結果に対しては、できるだけ同じ原因をあてがわなければならない。たとえば、人間における呼吸と獣類における呼吸、ヨーロッパにおける石の落下とアメリカにおける石の落下、台所の火の光と太陽の光、地球における光の反射と諸惑星における光の反射のように」、と。こうして人間は、天にあるものは完全なもの、地にあるものは不完全なものとの永い間の信仰から解放され、すべての自然現象は合理的な因果律の同じ支配のもとにあるこ

とを知らされるのである。木星，土星，太陽および地球の重力を決定したうえでニュートンは，任意の二つの球体間の引力が，それらの質量の積に正比例し，それらの重心間の距離の自乗に逆比例することを証明し，ここに「万有引力の法則」が普遍化され，確立されることになる。

ついでニュートンは，木星がその極の方向に扁平であることについて，カッシニ (Cassini) やパウンド (Pound) らの測定結果を引用しつつ，惑星がとるべき形状に論及する。その扁平になる原因は，惑星がその軸のまわりに自転するためであるとし，地球上の各地における振子の観測が示す重力の緯度による変化がこの扁平化を説明することを証明する。地球の形が回転楕円体 (扁楕円体) であることは，分点の歳差を説明する。この現象は紀元前2世紀の中頃ギリシァの天文学者ヒッパルクス (Hipparchus, 190～125 B.C.) によって発見されたのであるが，ニュートンに至るまで，その正しい説明が下されていなかったものである。地球は正しい球体ではないのであるから，それに働く太陽および月の引力はその中心には向かわず，中心から少しずれた点に向かう。このために地軸は空間において一定の方向を保つことができず，一つの小さな円錐面を描く。これこそまさしく分点 (春分点および秋分点) の移動を起こす原因であったのである。ついで月の運動における各種の不等を述べ，万有引力の原理に基づいてそれらの解明を行なったのち，潮汐の問題へと進み (命題24)，これをただちに月や太陽が及ぼす重力的効果，つまり起潮力のためであるとして説明する。最後に，彗星についてのみごとな研究結果が述べられる。

全巻の結びとして設けられた「一般注」において，ニュー

トンは「私は仮説をつくらない」（Hypotheses non fingo）という有名な言葉とともに，当時の思想家たちの共通な傾向に従って自家の神学を説いている。そこには偉大な自然科学者，そして，敬虔なキリスト信徒としてのニュートンの面目が躍如としている。「……太陽，惑星および彗星という，このまことに壮麗な体系は，叡智と力とにみちた神の深慮と支配とから生まれたものでなくてほかにありえようはずがない」との言葉を，万有引力の当の発見者の口から聴いて，独特の響きと重みとを感じないではいられない。

*　　　*　　　*　　　*　　　*

　本書の訳出にあたって訳者が手にすることのできたラテン語原書はただ初版本だけであった。しかし，幸いに第3版からの優れた英訳とされている前記モット訳，カジョリ改訂の"*Mathematical Principles of Natural Philosophy*"を手にすることができたので，これを底本とし，前者と比較参照をしながら，原意を正確に伝えるよう最大の努力をした。

　『プリンシピア』はけっして読み易い本ではない。その一つの理由は，そこに使われている術語の呼称，ないしはそれの意味が，今日のそれと必ずしも同じでないことである。たとえば，「運動」（英語でmotion）という言葉は，物体の動き，すなわち位置の変化を表わすふつうの言葉として使われているほかに，ときとしては今日いう「運動量」（momentum）つまり質量×速度を表わす術語としても使われている。また「物質の量」（quantity of matter），「加速的力」（accelerative force），「動力的力」（motive force）はそれぞれ今日いう「質量」（mass），「加速度」（acceleration），「力」（force）に相当する。ゆえに，たと

えば「加速的力が動力的力に対する関係は，あたかも速度が運動に対する関係と同じ」(定義VIII)というのは，今日の用語で述べれば「加速度が力に対する関係は，あたかも速度が運動量に対する関係と同じ」ということであり，つまり記号で書けば $\frac{a}{ma} = \frac{v}{mv}$ ということである。また「正弦」(sine)は，今日のように $\frac{高さ}{斜辺}$ という無次元量を表わすのではなくて，この分数の分子にあたる「高さ」を表わすものとして使われているのである。ゆえに，たとえば今日いう「角BACの正弦」は，「角BACの正弦対半径」(sine of the angle BAC to the radius) というように言い表わされているのである〔ニュートンは上記分数の分母にあたる斜辺 (hypotenuse) のことをしばしば半径 (radius) という言葉で言い表わしている〕。また「モーメント」(moment) は，今日いう「能率」(力の能率などのような) ではない。これは流率法特有の言葉で，今日の微積分法における「微分」(differential) あるいは「増分」(increment) にあたるものである (第II編, 第II章, 補助定理2)。これらはほんの数例にすぎないが，おおむねこういった調子である。ゆえに，『プリンシピア』の内容を充分に理解するためには，そこに使われている用語の一つ一つを今日の言葉に言い換えてみる必要がある。また，流率法が使われているところは，これを今日の微積分法の記号や定理を使って検証してみる必要がある。さらにはまた，「命題」や「系」などの中で，証明がわざと省略されているところは，じっさいにそれを行なって，結論を確かめてみる必要がある。

以上のような見地から，訳者は『プリンシピア』の全巻にわたって，その内容を自分なりにいちいち検証し，あるいは

ニュートンの証明を追証し，理解納得し得たうえで，訳述を進めた次第である。巻末に付けられた「訳者注」は，こういった意味での，訳者自身の証明や，訳者が気のついたことがらを参考までに記したものである。ただし『プリンシピア』にまつわる歴史的な事情などについては，ここではいっさい割愛した。それは，本訳書はあくまでも『プリンシピア』の内容そのものの解明理解を目的とするものだからである。

本文中（　）に入れたのは，原著において括弧内に入れられている部分であり，〈　〉内は英訳書において加えられた部分，また〔　〕内はすべて自分が補ったものである。

終わりに臨み，本訳書の上梓にあたっていろいろ御高配を賜った畏友原島鮮博士に対し深く感謝する。また原稿の整理，印刷校正その他についていろいろ御厄介をかけた講談社学術局担当部長の志柿亨氏，同教育出版局理科出版部の日東英光氏をはじめ，理科出版部の諸氏の労を特記し，感謝の微意を表する次第である。

　1976年8月

中野　猿人

目次

訳者解説……3

原著者の序文……16

定義……23

公理, あるいは運動の法則……43

第 I 編 物体の運動

第 I 章
以下の諸命題の証明に補助として用いられる諸量の最初と最後の比の方法……69

第 II 章
求心力の決定……85

第 III 章
離心円錐曲線上の物体の運動……107

第 IV 章
与えられた焦点から楕円軌道, 放物線軌道および双曲線軌道を見いだすこと……123

第 V 章
いずれの焦点も与えられないときに, どのようにして軌道を見いだしたらよいか……135

第 VI 章
与えられた軌道において，運動をどのようにして見いだしたらよいか……183

第 VII 章
物体の直線的上昇および下降……195

第 VIII 章
任意の種類の求心力に働かれつつ回転する物体の軌道の決定……211

第 IX 章
動く軌道上における物体の運動；および長軸端の運動……221

第 X 章
与えられた面の上での物体の運動；および物体の振動……241

第 XI 章
求心力をもって互いに作用し合う物体の運動……263

第 XII 章
球形物体の引力……307

第 XIII 章
球形でない物体の引力……335

第 XIV 章
ある極めて大きな物体の各部分へと向かう求心力の作用を受けるときの極めて微小な物体の運動……353

訳者注……365

ニュートン略伝……427

索引……433

第 II 編・第 III 編 の内容

第 II 編　抵抗を及ぼす媒質内での物体の運動

第 I 章　速度に比例して抵抗を受ける物体の運動
第 II 章　速度の自乗に比例して抵抗を受ける物体の運動
第 III 章　一部分は速度の比で,また一部分は
　　　　　その自乗の比で抵抗を受ける物体の運動
第 IV 章　抵抗媒質内における物体の円運動
第 V 章　流体の密度および圧縮；流体静力学
第 VI 章　振子の運動および抵抗
第 VII 章　流体の運動,および投射体に働く抵抗
第 VIII 章　流体内を伝わる運動
第 IX 章　流体の円運動

第 III 編　世界体系

哲学における推理の規則
現象
命題
　月の交点の運動
一般注

第1版への著者の序文

　古代の人びとは（パップスがいうように）自然の事物の研究において力学（機械学）を最も重要視した。また近代の人びとは，実体的形相と超自然性とを排して，自然現象を数学の諸法則に従わせようと努めてきた。それで私はこの論述において，哲学に関係のある範囲内で数学を発展させてきたのである。古代の人びとは力学を二つの方面において考察した。すなわち，証明によって厳密に進める合理的方面と実用的方面とである。すべての手工芸は実用的力学に属し，そこから機械学という名前が出てきた。ところが，職人たちは完全な正確さをもって仕事をするわけではないから，力学は幾何学と区別されるようになり，完全に正確なものは幾何学的といわれ，それほど正確でないものは機械的といわれるようになった。けれども，落度は技術にあるのではなくて，技術者にあるのだ。正確に仕事をやれない人は不完全な技術者であるし，完全な正確さをもって仕事のできる人ならば，その人は完璧な技術者といわれるべきである。なぜならば，幾何学の土台をなしている直線や円を描くことは機械学（力学）の領分に属するからである。幾何学はわれわれにこれらの線のひきかたを教えるものではなくて，それらの線がすでにひかれていることを要求するものである。すなわち，学習者は幾何学にはいる前に，まずそれらの線を正確に描くことを習得する必要があり，そうした上で，幾何学はこれらの運用によって問題がどのようにして解かれるかを示すものである。直線や

円を描くことは問題ではあるが，幾何学的問題ではない。これらの問題を解くことは機械学から要求されることで，幾何学ではそれらが解かれたときに，それらの用法が示されるのである。そして，外部からもたらされたそれら少数の原理から，これほど多くのことがらをうみ出しうるということは，幾何学の誇りである。それゆえ，幾何学は機械的実地技術に基礎をおくものであり，精確な測定技術を提供し証明する一般力学の一部分にほかならないのである。けれども，手工的技術はおもに物体を動かす場合に使われるから，幾何学は通常それら物体の大きさに関するものであり，力学はそれら物体の運動に関するものだということになったのである。この意味において，合理的な力学は，たとえどのような力にせよ，それから生ずる運動の学問であり，またどのような運動にせよ，およそ精確に提示され証明される運動を生ずるに必要な力の学問だということになる。力学のこの部分は，手工技術に関連する五つの力の範囲内では，古代の人びとによって開発されたが，かれらは重力（それは手先の力ではない）を，それらの力によって重いものを動かす場合のほかは考えなかった。しかし，私は技芸よりもむしろ哲学を考え，また手先の力ではなくて自然の力について書き，また重さ，軽さ，弾力，流体の抵抗，その他同類の力，すなわち引っぱる力でも押す力でもよいが，そういうすべての力に関係することがらをおもに考えるのである。それゆえ私はこの著作を哲学の数学的原理として提出する。というのは，哲学のむずかしさはすべて次の点にあると思われるからである。すなわち，いろいろな運動の現象から自然界のいろいろな力を研究し，つぎにそれらの力から他の諸現象を論証することである。第Ⅰ編およ

び第Ⅱ編における一般的な諸命題はこの目的のために述べられたものである。第Ⅲ編ではそれの実例が，世界体系の解明ということにおいて与えられている。すなわち，前2編で数学的に証明された諸命題により，第Ⅲ編ではいろいろな天体現象から，物体が太陽や各惑星へと向かわされる重力というものが導きだされている。つぎにそれらの力から，同じく数学的な他の諸命題により，惑星，彗星，月および海の運動が導きだされている。私は他の自然現象も力学の諸原理から同種類の推論によって導きだされるのではないかという希望をもっている。というのは，私は多くの理由から，それらの現象もすべて，ある種の力に依存するものではないのか，その力によって物体の各微小部分は，まだ知られていない原因により，あるいはたがいに相手方へと押しやられて規則正しい形に凝集したり，あるいはたがいに反発しあって遠ざかったりするのではないかと想像させられるからである。これらの力がまだ知られていないために，哲学者たちはこれまで自然の探究を企てたが，失敗に終わったのである。しかし私は，ここに述べられた諸原理が，哲学のこの方法あるいはより正しい他の方法に対して何らかの光明を与えるであろうことを望むものである。

　この著作の公刊にあたっては，最も明敏かつ博識なエドマンド・ハレー氏が，印刷の校正や図表の作製で私を助けられたばかりでなく，もともと本書が公刊されるに到ったのは，同氏の懇請によるものである。すなわち，同氏は私から天体の軌道の形についての私の証明を聞かれたときに，それを王立協会に送るようにしきりに求められ，後にこの協会の方々の懇篤な励ましと要請とによって，私はそれを公刊しようと

いう気になったのである．ところが，私はすでに月の運動の不等について考察し始めていたし，また重力，その他の力の法則とその量とに関する他のいくつかのことがらや，与えられた法則に従って引かれる物体が描く図形とか，数個の物体のそれら相互間における運動とか，抵抗媒質内における諸物体の運動とか，媒質の力，密度，および運動とか，彗星の運動などといったようないくつかのことがらに立ち入っていたので，これらのことがらについての研究をすまし，全体をいっしょにまとめて公表しうるまでその出版を延期したのであった．月の運動に関することがらは(不完全であるが)，命題66の系に全部ひとまとめにされている．それは，そこに含まれているいくつかのことがらを，主題が必要とするより以上に冗長な仕方で提出したり，別々に証明したりして，他の命題の系列を中断することを避けるためである．また後になって思いだされたいくつかのことがらは，命題の番号や引用文を変えるよりも，あまり適当と思われない場所へでもそれを挿入するというゆきかたをとった．ここに述べられたことがらがすべて寛容をもって読まれるよう，またこの困難な主題における私の労苦が，それらの欠陥を責めるというのではなく，むしろそれらを救うという見かたで検討されることを心から願うものである．

1686年5月8日　　ケンブリッジ，
　　　　　　　　トリニティー・カレッジにて
　　　　　　　　　　アイザック・ニュートン

第 2 版への著者の序文

　この『プリンシピア』第 2 版では多数の校訂といくつかの追加とがなされた。第 I 編，第 II 章では，物体を与えられた軌道に沿って回転させる力を見いだすことが具体的に示され，かつ拡張がなされた。第 II 編，第 VII 章では流体の抵抗の理論がさらにくわしく調べられ，新しい実験によって確かめられた。第 III 編では月の理論と分点の歳差運動とがその原理からさらに完全に導きだされた。また彗星の理論は，より高い精度で計算されたより多くの彗星軌道の実例によって確かめられた。

　　1713 年 3 月 28 日　　ロンドンにて
　　　　　　　　　　　　　　アイザック・ニュートン

第3版への著者の序文

　この第3版はこれらのことがらにきわめて熟達されたヘンリー・ペンバートン医学博士のお世話でできたものであるが，この版では第Ⅱ編の媒質の抵抗についてのいくつかのことがらが前よりもいくぶん包括的に取り扱われ，空気中を落下する重い物体の抵抗に関する新しい実験がつけ加えられた。第Ⅲ編では，月が重力によってその軌道上に保たれることを証明する議論がさらに完全に述べられた。また木星の両直径の相互の比に関するパウンド氏の新しい観測がつけ加えられた。また1680年に現われた彗星についてのいくつかの観測もつけ加えられている。これはカーク氏により11月ドイツでなされたもので，最近私の手に入ったものである。これらの助けにより，彗星の運動がきわめて放物線に近い軌道を示すことが知られた。この彗星の軌道は，ハレー博士の計算により前よりもいくぶん精密に決定されたが，その結果それは一つの楕円ということになった。そしてこの楕円軌道上を彗星は九つの天宮を通る進路をとって進むことが，ちょうど惑星が天文学で与えられた楕円軌道上を運行するのと同じ程度の精度をもって示された。1723年に現われた彗星の軌道もつけ加えられている。これはオックスフォードの天文学教授ブラッドレー氏の計算になるものである。

　1725～6年1月12日　　ロンドンにて
　　　　　　　　　　　　　アイザック・ニュートン

定　義

定義 I
物質の量[1]とは，その物質の密度と容積との相乗積をもって測られるものである。

ゆえに，2倍の容積を占める2倍の密度の空気は，量においては4倍であり，3倍の容積を占めるものは6倍である。雪，細塵あるいは粉末など，圧縮または液化によって濃縮されるもの，また任意の原因により，種々様々に濃縮されるすべての物質についても同じことが理解される。諸物体の各部分間の間隙に自由にひろがるある媒質があるとしても，ここではそういうものは考えない。以下，いたるところで，「物体」[2]あるいは「質量」[3]の名のもとに意味するものは，この量である。そしてこれは，各物体の重さによって知られる。なぜならば，後で示されるように，私は極めて精確に行なわれた振子の実験によって，それが重さに比例することを見いだしたからである。

定義 II
運動の量[4]とは，速度と物質の量[5]との相乗積をもって測られるものである。

全体の運動[6]は，すべての部分の運動の和である。それゆえ，速度が相等しく，量[7]が2倍である物体においては，運動は2倍であり，また速度が2倍となれば運動は4倍となる。

定義 III

ヴィス インジタ（*vis insita*）[8]すなわち物質固有の力[9]とは，それが静止しているか，直線上を一様に前進しているかにかかわらず，それがその内部にあるかぎり，すべての物体がその現状を保持しようとするところの一種の抵抗力である。

この力は常に，その力をもつ物体〔の質量〕に比例し，質量の不活性と同じものであるが，ただわれわれの言い表わしかたが異なるのである。およそ物体は，物質の不活性により，たやすくは静止または運動の状態から脱け出さない。それゆえ，このヴィスインジタは，最も意味のある名称として，慣性または惰性の力（*vis inertiæ*）と呼ばれるべきものである。しかし，物体は，それに他の力が働いてその状態を変えようとする場合にのみこの力を発揮する。そしてこの力の発揮は，抵抗とも衝撃とも考えられる。物体がその現状を維持するために，加えられた力に反抗するかぎりにおいて，それは抵抗であり，物体が他の力の作用に対し容易に屈服せず，他の物体の状態を変えようと努めるかぎりにおいて，それは衝撃である。抵抗は通常，静止している物体に，また衝撃は運動している物体に帰せられる。しかし，運動と静止とは，普通考えられているように，ただ相対的に区別されるだけである。そしてそれらの物体は，普通にそうとられているように，常に真に静止しているのではない。

定義 IV

物体に加えられた力とは，物体が静止しているか，直線上を一様に運動しているかにかかわらず，その状態を変えるた

めに働かれた一つの作用である。

　この力はその作用中だけ存在し，作用が終われば，もはや物体には残存しない。というのは，物体は，それが獲得したすべての新しい状態を，ただその慣性のみによって保持するからである。しかし，加えられた力の起源は種々様々である；衝突からも，圧力からも，求心力からも，というように。

定義Ⅴ

　求心力とは，物体を，ある中心となる1点に向かって引き，あるいは押し，あるいは何らかの方法でそのように仕向けようとする力である。

　諸物体を地球の中心へと向ける重力や，鉄を磁石へと向ける磁力，また，それが何であれ，もしそれが無ければ諸惑星が行なうであろう直線運動から絶えずそれを偏れさせ，曲線軌道上を公転させるようなそういう力は，いずれもこの種の力である。投石器で振りまわされる石は，それを回わしている手から遠ざかろうとし，その努力によって投石器を引き伸ばし，それが大きい速度で回わされれば回わされるほど，その力も大きくなり，それが放たれるや否や飛び去ってしまう。この努力に対して，それ自身に対抗し，それによって投石器が絶えず石を手のほうへと引きもどし，それをその軌道上に保つ力は，それが軌道の中心である手のほうへと向かうがゆえに，これを求心力と呼ぶ。そして同じことが，任意の軌道上を回転するすべての物体について理解される。それらはすべて，それらの軌道の中心から遠ざかろうと努める。そして，もしもそれらを抑制し，軌道上に保持する反対向きの力，そのゆえに求心力と呼んだところの力，この力がないな

らば，それらは一様な運動をもって直線上を飛び去るであろう。放物体は，もし重力がなければ，地球のほうへと偏れることなく，直線に沿ってそれから遠ざかり行くであろうし，また，もし空気の抵抗がないならば，それは一様な運動をもって遠ざかり行くであろう。それがその直線経路から絶えず偏れ，重力の大きさや運動速度の如何によって大小はあるが，地球のほうへと近づくのは，その重力によってである。その物質の量[10]に対し，重力が小さいほど，あるいはそれが発射される速度が大きいほど，それの直線経路からの偏れは小さく，より遠くにまで達するであろう。もし火薬の力により，与えられた速度をもって山の頂から水平線に平行に発射された鉛丸が，地面に落ちるまでに2マイルの距離を，曲線を描いて進むとする。もし空気の抵抗が取り去られたとして，同じ物体が2倍あるいは10倍の速度をもって発射されるならば，2倍あるいは10倍遠くへ飛ぶであろう。そして，速度を増すことにより，それが投射されるべき距離をいくらでも増すことができ，それが描くべき軌道の曲率を減らすことができる。そしてついに10度，30度あるいは90度の距離[11]に落下させることができ，あるいはそれが落下するまでに全地球を一周させることさえできる。あるいはしまいには，けっして地球に落下することなく，天空へと前進し，その運動を無限に続けさせることもできるのである。そして，放物体が重力によってある軌道上を進行させられ，全地球をも周回させられると同様に，月もまた，もし重力が加えられたならば重力により，あるいはそれを地球に向かわせる他の任意の力により，その固有の力[12]によって保持されるべき直線経路からはずれて，絶えず地球のほうへと引かれるであろ

う。そしてそれが現に描いている軌道上を運行させられるであろうし，そのような力なしには月はその軌道上に保たれえないであろう。もしこの力があまりに小さかったならば，それは月を直線経路から偏れさせるのに十分でなかろうし，もしそれが大き過ぎたならば，偏れすぎて，月をその軌道から地球のほうへと引きおろすことになるであろう。この力はちょうどの大きさであることが必要であるが，一つの物体をある与えられた軌道上に，与えられた速度で正確に保たせるようなそういう力を見いだすこと，また逆に，与えられた場所から，与えられた速度で発射された物体が，ある与えられた力により，その自然の直線経路から偏らされるべきその曲線経路を決定することは，数学者にまかされた仕事である。

どんな求心力でも，その大きさは次の三つの種類，すなわち絶対的なもの，加速的なもの，および動力的なものとして考えることができる。

定義 VI
求心力の絶対的量[13]とは，中心からそのまわりの空間を通して伝わる原因の効力に比例するその測度である。

たとえば，磁力はある磁石においては大きく，他のものにおいては小さいが，これはそれら磁石の大きさや強さによる。

定義 VII
求心力の加速的量[14]とは，それがある与えられた時間内に生ずる速度に比例するその測度である。

たとえば，同じ磁石の力は，小さな距離におけるほど大き

く，大きな距離におけるほど小さい。また重力は谷間では大きく，非常に高い山頂では小さい。また（のちに示されるように）地球の本体からさらに大きい距離においてはさらに小さい。しかし，等しい距離においてはどこでも相等しい。なぜならば，（空気の抵抗を取り去るか，あるいは無視すれば），それはすべての落体を，その軽重，大小にかかわらず，一様に加速させるからである。

定義VIII
求心力の動力的量[15]**とは，それがある与えられた時間内に生ずる運動**[16]**に比例するその測度である。**

たとえば，重さは〔質量の〕大きな物体ほど大きく，小さな物体ほど小さい。また，同じ物体では，地球に近いほどそれは大きく，遠いほど小さい。この種の量は求心性のものであり，つまり物体全体の中心へと向かう傾向であり，あるいはその重さといってもよいであろう。そして，それはいつも，物体の落下をちょうどくいとめるのに充分な，それに等しく，かつ反対向きの力によって知られる。

これらの力の大きさを，簡単のために，動力的力[17]，加速的力[18]および絶対的力[19]の名で呼ぶことにしよう。そして，はっきりさせるために，中心へと向かう諸物体について，またそれら物体のその位置について，またそれが向かおうとする力の中心について，それらを考えることにしよう。すなわち，動力的力というのは，物体の諸部分の傾向の合同によって生ずるところの，中心へと向かう全体の努力あるいは傾向としての物体に関するものであり，加速的力というのは，中心からそのまわりのあらゆる場所へと放散され，その内にあ

る諸物体を動かそうとするある種の力としての物体の位置に関するものであり，また絶対的力というのは，それ無しにはまわりの空間を通してそれらの動力的力が伝達されることもないであろう，そのようなある原因を付与されたものとしての中心の意味である。ただし，その原因は，ある中心的物体（たとえば磁力の中心にある磁石，あるいは重力の中心にある地球のようなもの）であっても，あるいは未だ現われない他のいかなるものであってもかまわない。なぜならば，ここではそれらの力の物理的原因や所在を考えずに，ただそれらの一つの数学的概念を与えようとしているにすぎないからである。

ゆえに，加速的力が動力的力に対する関係は，あたかも速度が運動[20]に対する関係と同じであろう[21]。なぜならば，運動の量[22]は，速度に物質の量[23]を乗じたものから生じ，また動力的力は，加速的力に同じ物質の量[23]を乗じたものから生ずるからである。また物体の各粒子に働く加速的力の作用の和は，全体の動力的力でもある[24]からである。したがって，すべての物体における加速的重力，つまり重力の生ずる力が同一である地球の表面近くでは，動力的重力あるいは重さは物体〔の質量〕に比例する。

しかし，もしわれわれが加速的重力[25]のより小さな高層へと上昇したとするならば，重さも同様に減少するであろうし，しかもその重さは常に物体〔の質量〕と加速的重力[25]との積に応じて変わるであろう。すなわち，加速的重力が半分に減る場所では，〔質量が〕2倍あるいは3倍小さい物体の重さは，4倍あるいは6倍小さくなるであろう。

また引力や衝力をも同じ意味で加速的および動力的なものと呼ぶ。そして任意の種類の引力や衝力，あるいは中心へと

向かう傾向などという言葉を，相互に区別しないで無頓着に用いるが，それは，これらの力を物理学的でなく数学的に考えてのことである。ゆえに読者は，これらの言葉により，いたるところで，任意の作用の種類や様式，それの原因や物理的理由などを決定しようとしているものと想像されたり，あるいはまた，引力の中心とか，牽引力をもつ中心とかについて語る場合にはいつも，真の，そして物理的な意味において，力を（単なる数学的な点にすぎない）ある中心のせいにしようとしているものと想像されたりしないように望む。

注

以上において，まだはっきりと知られていない言葉に定義をくだし，以下の講述において理解してほしいそれらの言葉の意味を説明した。時間，空間，場所および運動などには，万人周知のものとして，その定義を与えることはしない。ただ注意したいことは，普通一般の人々は，これらの諸量を，それらが感覚的対象に対してもっている関係だけからの観念で理解しているということである。そして，それゆえに，ある種の偏見をひき起こすのであるが，それを除去するために，それらを絶対的なものと相対的なもの，真なるものと見かけ上のもの，数学的なものと通常のものとに区別するのが便利であろう。

I. 絶対的な，真の，そして数学的な時間[26]は，おのずから，またそれ自身の本性から，他の何者にもかかわりなく，一様に流れるもので，別の名では持続と呼ばれる。相対的な，見かけ上の，そして通常の時間は，運動というものによって測られる持続の，ある感覚的な，また外的な（正確であれ，

あるいは不均一なものであれ）測度であり，普通には真の時間の代わりに用いられる。すなわち，1時間，1日，1ヵ月，1年といったたぐいである。

II. 絶対的な空間[27]は，その本性において，いかなる外的事物にも無関係に，常に同形，不動のものとして存続する。相対的な空間[28]は絶対的な空間のある可動な寸法あるいは測度であって，諸物体に対するその位置により，われわれの感覚がそれを決定するが，普通にはそれは不動の空間と考えられる。地球に関するその位置によって決定される地下，空中，あるいは天空の空間の広がりのようなものが，すなわちこれである。絶対的空間と相対的空間とは，形と大きさとを等しくするが，しかし，それらは常に数値的に同一ではない。なぜならば，もしたとえば地球が動くならば，地球に関して相対的に，しかも常に同一の状態にあるわれわれの大気という空間は，あるときはその大気が通過する絶対空間の一部であり，あるときは同じものの他の一部であり，したがってそれは絶えず変化すべきことが絶対的に理解されるからである。

III. 場所[29]は物体が占める空間の一部であり，空間に関して絶対的でもあり，相対的でもある。空間の一部と言って，物体の位置とも，またその外側表面とも言わない。それは，等しい立体の場所は常に等しいが，その表面は，その形の異なるがために，しばしば不等だからである。位置は本来，量[30]をもたず，またそれらは，場所自身というよりも，むしろ場所の特性といったほうがよいものである。全体の運動は，諸部分の運動の和と同じであり，つまり，全体のその場所からの移動は，諸部分のそれらの場所からの移動の和と

同じものである。したがって，全体の場所は，諸部分の場所の和と同じであり，またその理由により，それは内的のものであって，物体全体のうちにあるのである。

IV．絶対運動は，ある物体の一つの絶対的な場所からの他への移動であり，相対運動は，一つの相対的な場所から他への移動である[31]。ゆえに，航行中の船においては，一物体の相対的な場所とは，物体の占める船のその部分，あるいは物体が満たしている虚空のその部分のことであり，したがってそれは船とともに動く。そして相対的静止は，船の，あるいはその虚空の同一部分における物体の存続である。しかし，真の，絶対的な静止は，船自身およびその虚空，およびそれが包含しているいっさいのものが，その中で運動しているところの，その不動の空間の同一部分における物体の存続である。ゆえに，もし地球が真に静止しているならば，船内において相対的に静止している物体は，船が地球上でもつ速度と同じ速度で，真に，かつ絶対的に動くであろう。しかし，もし地球も動いているとすれば，物体の真の，絶対的な運動は，一部は不動の空間内における地球の真の運動から，一部は地球に対する船の相対運動から生ずるであろう。また，もし物体もまた船内で相対的に動くとすれば，その真の運動は，一部は不動の空間内における地球の真の運動から，また一部は地球に対する船の相対運動と共に，船内における物体の相対運動から生ずるであろう。そして，これらの相対運動から地球上における物体の相対運動が生ずるであろう。もし船の存在する地球の部分が東に向かって 10,010 という速度で真に動き，いっぽう船自身は，疾強風と全漕力とをもって 10 という速度で西に向かって運ばれ，またいっぽう，水夫が

船内を1という速度で東に向かって歩くとすれば、水夫は不動の空間内を東に向かって10,001という速度で真に動き、かつ地球上を西に向かって9という速度で相対的に動くことになるであろう。

絶対時間は、天文学においては、見かけの時間の均時差または補正により、相対時間と区別される[32]。というのは、自然日は俗に均等と考えられ、時間の測度として用いられてはいるが、ほんとうは不均等だからである。天文学者らは、いっそう正確な時により天体の運動を測りうるようにこの不等を補正する。正確な時の測定に利用されうる均一な運動というようなものは、あるいは存在しないのかもしれない。すべての運動が加速や減速を行なうが、しかし絶対時間の流れというようなものはいかなる変化をも受けない[33]。物の存在の持続性あるいは耐久性は、運動が速くあれ、遅くあれ、あるいは皆無であれ、いつまでも同一である。そしてそれゆえに、この持続時間は、単にそれの感覚的な尺度にすぎないようなものとは区別されねばならない。そしてそのことから、天文学上の式によってそれを演繹するのである。現象の時刻の決定のためにこの式が必要であることは、振子時計の実験からも、また木星の衛星の蝕によってもはっきりと示されている。

時間の諸部分の順序が不変であると同じく、空間の諸部分の順序もまた不変である。もしそれらの諸部分がそれらの場所から動くものと仮定すると、それらはそれら自身から動く（もしこの言い方が許されるならば）ことになるであろう。なぜならば、時間および空間は、他のすべてのものと同様に、いわばそれ自身の場所だからである。あらゆるものは継起の順序

に関して時間のなかに置かれており，また位置の順序に関しては空間のなかに置かれている。それらがある場所を占めているということは，それらの本質あるいは本性から来ており，そして物の本来の位置が変わらねばならぬということは不合理である。ゆえに，それらは絶対的な場所であり，そしてそれらの場所からの移動が唯一の絶対運動なのである。

　しかし，空間の諸部分はわれわれの感覚によっては見ることはできず，あるいはそれらを相互に区別することができないから，それらの代わりに，それらの感覚的な測度を用いるのである。というのは，不動と考えられる任意の物体からの物の位置や距離からすべての場所を定義するし，そして次に，このような場所に関し，諸物体がそれらの場所から他へ移動するものと考えつつ，すべての運動を評価するからである。このようにして絶対的な場所や運動の代わりに，相対的なそれらを用いるのであるが，それでも通常のことがらにおいては何らの不便をもともなわない。けれども，哲学的な論議においては，われわれの感覚から抽象し，それらの単なる感覚的な測度とは別な，物それ自身を考えなければならない。なぜならば，他の物体の場所や運動の基準となりうるところの，真に静止する物体というものはありえないからである。

　ところで，われわれは静止と運動とを，また絶対的なそれと相対的なそれとを，それらの性質，原因および効果によって相互に区別することができる。真に静止している諸物体は，相互に関しても静止している。それが静止の一つの特性である。それゆえ，遠く離れた恒星の領域において，あるいはおそらくそれよりもさらに遠いところに，絶対的に静止し

ているある物体が存在するであろうことは可能である。しかし，われわれの領域における諸物体の位置から，それらのいずれもが遠隔の物体に対して同じ位置を保っているかどうかを知ることはできない。それゆえ，絶対的な静止は，われわれの領域における諸物体の位置からは決定することができないということになる。

　全体に対し与えられた位置を保っているその諸部分は，それら全体の運動にもあずかるということ，それが運動の一つの特性である。というのは，回転体のすべての部分は，運動の軸から遠ざかろうと努め，また前方へと運動しつつある諸物体の推進力は，そのすべての推進力の和から生ずる。ゆえに，もしまわりの物体が動くならば，それらの内部にあって相対的に静止している諸物体は，それらの運動にあずかることになるであろう。そのために，物体の真の，絶対的な運動は，単に静止しているように見える諸物体からのそれの移動によっては決められない。なぜならば，外部の物体は，単に静止しているように見えるばかりでなくて，真に静止していなければならないからである。そうでなければ，すべての包含された諸物体は，まわりの諸物体の近くからのそれらの移動のほかに，それらの真の運動にもあずかっており，たとえその移動が行なわれなかったとしても，それらは真に静止しているわけではなくて，ただそのように見えるにすぎないからである。というのは，まわりの諸物体は，囲まれている物体に対して，あたかも一つの全体の外部が内部に対すると同様な，あるいは外皮が核に対すると同様な関係にあるからである。しかし，もしも外皮が動くとするならば，全体の一部分として，その外皮の近くから離れ去ることなしに，核もま

た動くであろう。

　前述の性質と似た一つの性質はこれである。すなわち，もしある一つの場所[34]が動くならば，その内部に位置するすべてのものはそれと共に動き，したがって運動中のある場所から動かされるある一つの物体は，その場所の運動にもあずかるということである。このために，運動中の場所からのあらゆる運動は，全体の，絶対的な運動の部分にほかならないし，あらゆる全体の運動は，その物体の最初の場所からの運動で形づくられ，またこの場所の運動はその場所からの運動で形づくられる。以下同様にして，ついに前述の水夫の例におけるような，ある不動の場所へと到達する。そのようなわけで，全体的なまた絶対的な運動は，不動の場所によるよりほかには，それを決めるべき方法がない。そしてその理由から，前にそれらの絶対運動を不動の場所に準拠させ，他方，相対運動は可動の場所に準拠させたのであった。ところで，永遠から永遠にわたって，同じ与えられた位置を，相互にことごとく維持するもの以外には，不動の場所というものは存在しない。そして，このためにこそ，それは永遠に不動のままであるべきであり，またそれによって不動の空間というものを構成するのである。

　真の運動[35]と相対運動とが相互に区別されるその原因は，運動を起こすために物体に加えられる力である。真の運動は，物体にある力が加えられ，それによって動かされるのでなければ生成もされないし，変化もしない。しかし相対運動は，物体に何らの力をも加えることなしに生成され，あるいは変化する。なぜならば，そのためにはただ，この物体が比較されるべき，他の諸物体にある力を加えるだけで充分だか

定 義

らである。すなわち，それらの諸物体の譲歩により，この物体が保っていた相対的な静止あるいは運動の関係が変わればよいのである。また，運動しつつある物体に加えられるどのような力によっても，真の運動は常にある変化を受けるが，しかし相対運動は，このような力によっては必ずしも変化を受けるとは限らない。なぜならば，もし比較されるこれらのほかの諸物体の上に，相対位置が保たれるようなぐあいに，同一の力が同様に加えられるとすれば，相対運動の存立するその条件は保たれるだろうからである。したがって，真の運動が不変のままであるときに，相対運動がすべて変化するということもあるだろうし，また真の運動が何かある変化を受けるときに，相対運動はそのまま保たれるということもあるであろう。このように，真の運動はけっして，このような諸関係のうちにあるというものではないのである。

　絶対運動を相対運動と区別する効果は，円運動の軸から遠ざかろうとする力である[36]。というのは，純粋に相対的な〔まったく見かけだけの〕円運動においては，そのような力は存在しないけれども，真の，そして絶対的な円運動においては，その運動の量[37]に従って，それらはより大きくなり，あるいは小さくなるからである。いま，長い紐でつるされた容器を，その紐が強くねじれるまで何回もそのまわりに回わし，つぎに水を入れ，そして水と共に静止させておく。こんどは，他の力の急激な作用によってそれは反対方向に回転させられ，紐自身の捻れがもどりつつある間，容器はしばらくの間その運動をつづけるものとする。水面ははじめ，容器が動き出さない前と同じく平面をなすであろう。しかしその後，容器が次第にその運動を水に伝達することによって水は目に

見えて回転し始め，少しずつ中心から遠ざかり，容器の縁のところで高まり，それ自身（私が実験したように）凹面形を形づくり，運動が速くなればなるほど，水はますます高まり，ついにそれは容器と共に同時間内にその旋回を完了しながら，相対的にその中で静止するに至る。この水の上昇は，その運動の軸から遠ざかろうとするその努力を示す。そして，この場合にはその相対運動とはまったく反対の向きをもつところの，水の真の絶対的な円運動が知られることになり，そしてそれはこの努力によって測られるのであろう。はじめ，容器内の水の相対運動が最大であったときには，それは軸から遠ざかろうとする何らの努力をも起こさなかった。水は周辺へと向かう傾向をも示さず，また容器の縁に向かっての上昇をも示さずに平面を保ち，したがってその真の円運動はまだ始まっていなかったのである。しかるに，その後，水の相対運動が減少したときに，容器の縁に向かっての水の上昇が，軸から遠ざかろうとするその努力を示した。そしてこの努力は，水の実際の円運動が絶えず増しつづけて，ついにその最大量を獲得するに至り，そのときに水は容器内において相対的に静止したことを示したのであった。それゆえ，この努力は，まわりの諸物体に関しての水の移動とは何の関係もなく，またこのような移動によって真の円運動を定義することもできないのである。どんな回転体でも，それの現実の円運動はただ一つしか存在しない。それはその固有の，かつ妥当な効果として，その運動の軸から遠ざかろうと努める唯一の力に相当するものである。しかし，同一の物体における相対運動は，それが外部の諸物体に対してもつ種々な関係に従って無数に多くあるし，しかも他の諸関係と同じく，それらが

唯一,かつ真の運動に恐らくあずかりうるであろう以外は,まったく現実の効果をもたないものである。ゆえに,われわれの天が恒星の球[38]の下で回転しつつ,諸惑星を共に運行させていると考える人々の体系においては,それらの天のある部分,およびそれらの天で相対的にはなるほど静止している諸惑星も,実際にはやはり動いているのである。なぜならば,それらは互いにその位置を変えるし(真に静止している諸物体に対しては,このようなことはけっして起こらない),それらの天と共に運ばれながら,それらの運動にあずかり,また回転しつつある全体の部分として,それらの運動の軸から遠ざかろうと努めるからである。

それゆえ,相対的な諸量は,それらがもつ名前の量そのものではなくて,測定される量自身の代わりに普通に用いられるところの,それらの感知できる諸測度(正確であれ不正確であれ)である。そして,もし言葉の意味がそれらの用途によって決定されるべきものならば,時間,空間,場所,および運動という名によって,それらの〈感知できる〉諸測度が適正に理解されるべきである。そして,もし測定された諸量そのものを意味する場合には,表現は通常のものではなくて,純粋に数学的なものとなるであろう。このために,測定された諸量に対してこれらの言葉を解釈する人たちは,あくまでも正確に保たれるべき言語の正確性をゆがめるし,また,真の量そのものとそれらの関係や感知しうる測度とを混同する人たちは,数学的および哲学的な真理の純粋性を少なからずけがすのである。

特定の物体の真の運動を発見し,そしてそれを見かけのものからはっきりと区別するということは,じつに大きな難事

である。なぜならば、それらの運動が行なわれる不動の空間の諸部分は、われわれの感覚の観察の下にはけっしてはいってこないからである。とはいえ、ことがらはまったく絶望的ではない。というのは、一つには真の運動の差であるところの見かけの運動から、また一つには真の運動の原因や結果であるところの力から導かれるいくつかの論拠を得ているからである。たとえば、もし2個の球がそれらを結びつける紐によって相互にある与えられた距離に保たれ、かつそれらの共通重心のまわりに回転させられたとすれば、紐の張力から、両球がそれらの運動の軸から遠ざかろうとする努力を見いだすことができ、そしてそのことから、それらの円運動の量を計算することができるはずである[39]。また、もしある等しい力が同時に、球の反対面に働いて、それらの円運動を増しあるいは減ずるものとすれば、紐の張力の増加あるいは減少から、それらの運動の増大あるいは縮小を推知しうるはずである。そして、そのことから、球の運動が最も増大させられるためには、どの面にそれらの力が加えられるべきかということも見いだしうるはずで、すなわち、それらの一番うしろの面、あるいは円運動においては後について行く面を見いだしうるはずである。ところで、後について行く面が知られ、したがってまたそれと反対側の前面が知られたならば、それらの運動の帰結をも知りうるはずである。こうして、球と比較されるべき何らの外的な、あるいは感覚的なものもない無限の真空中においても、この円運動の量と性質とを見いだしうるであろう。ところで、いまもし、われわれの領域における恒星がそうであるように、この空間内に、与えられた相互の距離をいつも保つように、ある遠隔な物体が置かれたとし

て，それらの諸物体間における球の相対的移動からは，その運動がはたして球に属するものか，あるいは物体に属するものかを決定することはできないであろう。けれども，もしその紐を観察し，その張力が球の運動に必要な張力にほかならないことを見いだしたならば，その運動が球にあり，そして諸物体は静止していることを結論しうるであろう。そして最後に，それら諸物体間における球の移動から，それらの運動の性質を見いだすことであろう。けれども，それらの原因，結果，および見かけの差から，どのようにして真の運動を求めたらよいか，またその逆を行なったらよいかということは以下の所論でより詳しく説明されるであろう。この論文を綴ったのは，まさにこの目的のためであった。

公理，あるいは運動の法則

法則 I
すべての物体は，それに加えられた力によってその状態が変化させられないかぎり，静止あるいは1直線上の等速運動の状態をつづける[40]。

投射体は，空気の抵抗によって妨害されたり，あるいは重力によって落下させられたりしないかぎり，それらの運動をつづける。コマは，その諸部分がそれらの凝集力によって絶えず直線運動からそらされているが，そのような一つのコマは，空気による妨害がないかぎり，その回転を止めない。より自由な空間内において，より小さい抵抗を受けつつある惑星や彗星のような，より大きい物体は，はるかに長い時間，その前進運動と円運動とを維持する。

法則 II
運動[41]の変化は加えられた動力に比例し，かつその力が働いた直線の方向にそって行なわれる[42]。

もし任意の力がある一つの運動〔量〕を生ずるならば，2倍の力は2倍の運動〔量〕を生じ，3倍の力は3倍の運動〔量〕を生ずるであろう。ただし，その力は，全部がともに，かつ同時に働いても，あるいは次第に，逐次的に働いてもかまわない。そしてこの運動〔量〕は（それを起こす力と常に同じ方向を向いているので），もし物体が以前に運動していたならば，それらの方向が互いに一致しているか，あるいは相反しているかに

従って、以前の運動〔量〕に加えられるか、あるいはそれから減らされる。もしそれらがある傾きをなすならば、両者の値から合成される一つの新しい運動を生ずるように斜めに加えられる。

法則 III

すべての作用に対して、等しく、かつ反対向きの反作用が常に存在する。すなわち、互いに働き合う二つの物体の相互作用は常に相等しく、かつ反対方向へと向かう。

他を引き、あるいはおせば、それは必ずそれだけ他のものによって引かれ、あるいはおされる。もし馬が綱でくくられた石を引くならば、馬は（もしそういってよければ）等しい力で石のほうへと引き戻されるであろう。なぜならば、引っ張られた綱は、それ自身をゆるめ、あるいは伸ばすと同じ努力により、それが石を馬のほうへ引くと同じだけ、馬を石のほうへ引き、一方の進行を進めると同じだけ他方の進行を妨げるだろうからである。もし1物体が他の1物体に衝突し、その力によって他の物体の運動を変えるならば、その物体もまた（相互の圧力は相等しいから）それ自身の運動において、反対方向へと向かう等しい変化を受けるであろう。これらの作用によって行なわれる変化は、物体の速度においてではなく、運動〔量〕において相等しい——ただし、物体は他のいかなる障害物によっても妨げられないものとして。なぜならば、運動〔量〕は等しく変化するゆえ、相反する向きに行なわれる速度の変化は、物体〔の質量〕に逆比例するからである[43]。この法則はまた、次の注で証明されるように、引力の場合にも行なわれる。

公理,あるいは運動の法則

系 I

同時に2力によって作用される1物体は,それらの力が別々に働いてそれが2辺を描くのと同じ時間のうちに,一つの平行四辺形の対角線を描くであろう。

もし1物体が与えられた時間内に,場所Aにおいて単独に加えられた力Mにより,一様な運動をもってAからBまで運ばれ,また同じ場所において単独に加えられた力Nにより,AからCま

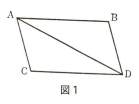

図1

で運ばれたとする〔図1〕。平行四辺形 ABCD を完成するならば,これらの同時に作用する両方の力によって,物体は同じ時間内に,AからDへの対角線にそって運ばれるであろう。なぜならば,力NはBDに平行な直線ACの方向に働くのであるから,この力は(法則IIにより)物体を直線BDのほうへと運ぶ他の力Mによって生ずる速度を少しも変えることはないであろう。それゆえ,物体は,力Nが加えられるか否かにかかわらず,同じ時間内に直線BDに到達し,したがってこの時間の終わりには,直線BD上のどこかに見いだされるであろう。同様の推論により,同じ時間の終わりには,物体は直線CD上のどこかに見いだされるであろう。ゆえに,それは,両直線の相交わる点Dにおいて見いだされるはずである。ところが,法則Iにより,それはAからDに向かう直線にそって動くだろうからである。

系 II

したがって,任意の二つの相傾く力 **AC** および **CD** から

45

の，任意の一つのじかな力 **AD** への合成が説明されるし，また逆に，任意の一つのじかな力 **AD** からの，二つの相傾く力 **AC** および **CD** への分解が説明される。これらの合成および分解は，機械学から十分に確かめられる。

任意の車輪の中心 O からひかれた異なる半径 OM お

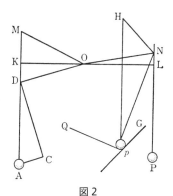

図2

よび ON が，紐 MA および NP によって重量 A および P を支えているものとし，これらの重量の，車輪を動かすべき力が求められたものとする〔図2〕。中心 O を通って直線 KOL をひき，K および L において紐と直角に交わらせる。そして，中心 O から，距離 OK および OL のうちの大きい方 OL をもって円を描き，紐 MA と D において交わらせる。また，OD を引き，AC をそれに平行に，DC をそれに垂直につくる。さて，紐の諸点 K, L, D が車輪の平面に固定されているか否かは無関係であるから，重量は，それらが K と L とからつるされていても，あるいは D と L とからつるされていても，同じ効果をもつであろう。重量 A の全力を線分 AD で表わし，それを力 AC と CD とに分解する。ここに AC は，半径 OD を中心からまっすぐに引くもので，車輪を動かす上には何らの効果ももたない。しかし，他の力 DC は，半径 DO を垂直に引くもので，それが OD に等しい半径 OL を垂直に引くと同じ効果をもつ。すなわち，もし

公理，あるいは運動の法則

$$P : A = DC : DA$$

ならば，それは重量Pと同じ効果をもつであろう。ところが，三角形 ADC と DOK とは相似であるから

$$DC : DA = OK : OD = OK : OL$$

である。ゆえに

$$P : A = 半径 OK : 半径 OL$$

である。これらの半径は同一直線上にあるので，それらは等価となり，したがって釣合が保たれることになる。これは天秤や挺子や車輪などの性質としてよく知られている。もしどちらかの重量がこの比におけるよりも大であるならば，車輪を動かす力はそれだけ大となるであろう。

　もし重量 p =P が，一部は紐 Np によってつるされ，一部は斜面 pG によって支えられているものとし，pH, NH をひき，前者は水平面に垂直に，後者は斜面 pG に垂直とする。また，もし重量 p の下方へ向かう力が線分 pH で表わされるものとすれば，それは力 pN および HN に分解されるであろう。もし紐 pN に垂直な任意の平面 pQ があって，他の平面 pG を水平線に平行な直線にそって切り，かつ重さ p がこれらの平面 pQ, pG のみによって支えられるものとすれば，それは力 pN および HN をもってそれらの平面を垂直におすであろう。すなわち，平面 pQ は力 pN で，また平面 pG は力 HN でおされるであろう。したがって，もしも平面 pQ が取り去られたとするならば，重さは紐を緊張させるはずである。なぜならば，いま重さを支えている紐は，取り去られた

平面の代わりとして，前に平面をおしていた力 pN と同じ力で引っ張られるはずだからである．ゆえに

pN の張力：PN の張力 ＝ 線分 pN：線分 pH

である．したがって，もし比 p：A が，車輪の中心からそれらの紐 PN, AM までの最短距離の逆比と，比 pH：pN との積に等しいならば，重さ p および A は，車輪の運動に対して同一の効果をもつこととなり，したがって誰もが実験によって見いだしうるように，相互を支持するであろう．

ところで，これら二つの斜面上をおしつつある重さ p は，それによって割り込まれたある物体の二つの内面にはさまれた一つの楔と考えることができ，したがって，楔と槌との力が決定できる．なぜならば，重さ p が平面 pQ をおす力と，同じ重さが，それ自身の重力によるなり，あるいは槌の打撃によって，両平面の方へと向かい，直線 pH の方向にそって押し進められる力との比は

pN：pH

に等しく，また他の平面 pG をおす力との比は

pN：NH

に等しいからである．また，こうして，ネジの力も同じような力の分解から推論できる．それは挺子の力で押し進められる一つの楔にほかならない．それゆえ，本系の用途ははなはだ広く，そしてその真理は，さらに広範囲にわたって確認されている．すなわち，上述のことがらに基づき，力学の全学理がいろいろな著者によりいろいろと説明されており，また

公理，あるいは運動の法則

このことから，車輪，滑車，挺子，紐，および鉛直にあるいは斜めに上昇する錘，その他の機械力を組み合わせた諸機械の力，また動物の骨を動かす腱の力なども容易に推論される。

系 III

同じ方向へと向かう諸運動〔量〕の和，および反対方向へと向かうそれらの差をとって得られる運動の量[44]は，それら自身の間の諸物体の作用からは何らの変化をも受けない。

なぜならば，法則 III により，作用およびそれと反対向きの反作用は相等しく，したがって法則 II により，それらは相反する向きをもつ相等しい変化を運動〔量〕において生ずるからである。ゆえに，もし運動が同じ向きであったならば，先行する物体の運動〔量〕に加えられるいかなるものも，すべて後に従う物体の運動〔量〕から差し引かれることになり，したがってその和は前と変わりがないであろう。またもし物体が逆向きの運動をしながら相会するならば，両方の運動〔量〕からの相等しい差し引きがあり，したがって相反する方向へと向かう運動〔量〕の差は依然として同じであろう。

こうして，もし球体 A が球体 B よりも〔質量において〕3 倍大きく，かつ 2 に等しい速度をもち，また B は 10 に等しい速度をもって，同一直線上に沿って後を追うものとすれば

$$A の運動〔量〕：B の運動〔量〕 = 6：10$$

である。それゆえ，それらの運動〔量〕が 6 および 10 であると考えれば，その和は 16 となるであろう。ゆえに，物体がぶつかるときに，もし A が 3, 4 あるいは 5 という運動〔量〕を

得るとすれば，Bはちょうどそれだけを失うであろう。したがって，反撥後Aは9, 10あるいは11の大きさをもって前進するであろうし，Bは7, 6あるいは5の大きさをもって前進するであろう。そしてその和は，前と同様，常に16にとどまる。もし物体Aが9, 10, 11あるいは12という運動〔量〕を得，したがって出会いののちに15, 16, 17あるいは18の大きさをもって前進するとすれば，物体Bは，Aが得ただけを失うから，9を失って1で前進するか，あるいは10という前進運動〔量〕の全部を失って停止し，そのまま静止を続けるか，あるいは単にその全運動〔量〕を失うのみならず，（もしそう言いうるならば）さらに1を失って1で後退するか，あるいは，12という前進運動〔量〕が取り去られるために2という大きさをもって後退するであろう。そして

$$15+1 \text{ あるいは } 16+0$$

という同じ向きをもつ運動〔量〕の和，および

$$17-1 \text{ および } 18-2$$

という相反する向きをもつ運動〔量〕の差は，物体の出会いや反撥以前と同じく，常に16に等しいであろう。ところが，物体が反撥後において前進するその運動は知られているのであるから，反撥後の速度と以前の速度との比を，反撥後の運動〔量〕と以前の運動〔量〕との比に等しくとることにより，おのおのの速度もまた知られるであろう。上の最後の場合においては

　反撥前のAの運動〔量〕(6) : 反撥後のAの運動〔量〕(18)

＝ 反撥前の A の速度 (2)：反撥後の A の速度 (x)

すなわち

$$6:18 = 2:x$$

であるから，$x=6$ である。

　しかし，もし物体が球状でないか，または相異なる直線上を動きながら互いに斜めにぶつかるものとして，反撥後におけるそれらの運動を求めよというならば，これらの場合には，まず衝突点において両物体に接する平面の位置を決定しなければならない。次に各物体の運動が（系 II により）二つに分解されねばならない。すなわち，一つはその平面に垂直なもの，他はそれに平行なものである。これがなされたなら，物体はこの平面に垂直な直線の方向にそって作用し合うのであるから，平行な運動は反撥後においても以前と同一に保たれるべきであり，また垂直な運動に対しては，互いに逆向きの等しい変化を指定しなければならない。それは，同じ向きをもつ運動〔量〕の和や相反する向きをもつ運動〔量〕の差が，以前と同一にとどまるようにする。このような種類の反撥からは，時として，それら自身の中心のまわりの物体の円運動が起こることもある。しかし，以下において考察するのは，このような場合ではない。また，この題目に関連するあらゆる特殊な場合の説明をするのは，あまりにも冗長であろう。

系 IV

2 個あるいはそれ以上の物体の共通重心は，それらの物体の相互間の作用によっては，その運動あるいは静止の状態を

変えない。したがって，相互に作用（外部からの作用や障害を除く）しつつあるすべての物体の共通重心は，静止するか，あるいは1直線上を一様に動く。

　なぜならば，もし二つの点がそれぞれ1直線上を等速運動をもって進行し，かつそれらの間の距離がある与えられた比に分割されるならば，その分割点は静止するか，または1直線上を一様に進行するからである。これは，後に補助定理23およびその系において，諸点が同一平面内で動く場合について証明されているが，同様な論法により，諸点が必ずしも同一平面内で動かない場合についても証明できる。ゆえに，もし任意個数の物体が直線上を一様に動くならば，それらのうちの任意の2物体の共通重心は静止するか，または1直線上を一様に進行する。なぜならば，そのように動きつつあるこれら二つの物体の重心を結びつける線分は，その共通重心において与えられた比に分けられるからである。同様にして，これら2物体と第3の物体との共通重心は静止するか，あるいは1直線上を一様に動くであろう。なぜならば，その重心において，2物体の共通重心と第3のものの重心との距離は，与えられた比に分けられるからである。同様にして，これら3物体と第4の物体との共通重心は静止するか，あるいは1直線上を一様に動く。なぜならば，これら3物体の共通重心と第4のものの重心との距離は，やはりその点で与えられた比に分けられるからである。以下同様である。ゆえに，一つの物体系において，それらの間に何らの相互作用もなく，また外部からそれらに加わる何らの外力もなく，したがって直線上を一様に動くとするならば，それらすべてのものの共通重心は，静止するか，あるいは1直線上を一様に前進するは

公理，あるいは運動の法則

ずである。

　なお，相互に作用し合う2物体からなる一つの系において，それら各物体の重心と両者の共通重心との間の距離は，各物体〔の質量〕に逆比例するから，重心に対するそれらの物体の相対運動〔量〕は，それが重心に近づきつつあるか遠ざかりつつあるかを問わず，相互の間で等しいであろう。よって，運動〔量〕に起こる変化が相等しく，かつ逆向きであるから，それらの物体の共通重心は，それらの間の相互作用によっては加速もされず，減速もされず，つまりその運動あるいは静止の状態に関して何らの変化をも受けない[45]。ところで，数個の物体からなる一つの系において，互いに作用を及ぼしつつある任意の2物体の共通重心は，その作用によってその状態に何らの変化をも受けず，ましてその作用の干渉を受けない他の諸物体の共通重心は何らの変化をも受けない。しかも，それら二つの重心間の距離は，すべての物体の共通重心により，それを重心としてもつそれら物体〔の質量〕の総和に逆比例して分割されるから，これら二つの重心がそれらの運動あるいは静止の状態を維持しながら，すべての物体の共通重心もまたその状態を維持するわけで，全体の共通重心は，それら自身の間の任意の2物体の作用からは，その運動または静止の状態に何らの変化をも受けないことは明らかである。ところが，このような系にあっては，諸物体そのものの間のあらゆる作用は，2物体間において起こるか，そうでなければある2物体間で交換される作用から成るかのいずれかである。ゆえにそれらは，全体の共通重心においては，その運動または静止の状態に関して何らの変化をも生じない。それゆえ，諸物体が相互に作用を及ぼし合わないときは，そ

の重心は静止するか,またはある直線上を一様に前進するかであるが,諸物体自身の間に相互作用がある場合でも,その重心は,外部からその全系に加えられるある力の作用により,この状態から押し出されない以上は,静止または1直線上を一様に動くというその状態を常に続けるであろう。それゆえ,静止または運動の状態を保持するという点については,多数の物体からなる系においても,1個の物体におけると同じ法則が成り立つ。なぜならば,前進運動は,単一物体のものであれ,全物体系のものであれ,常に重心の運動から評価されるからである。

系 V

与えられた空間内に含まれる諸物体の運動は,その空間が静止していようと,あるいは何らの円運動をも伴わずに一様に前進していようと,それらの間において何ら異なるところはない。

なぜならば,同じ側へと向かう運動〔量〕の差,および反対側へと向かうそれらの和は,第一に(仮定により)両方の場合において同じであり,そして物体が互いに突き当たるときのその衝突や撃力は,これらの和および差から生ずるものだからである。ゆえに(法則IIにより)それらの衝突の効果は両方の場合において相等しく,したがって,一つの場合におけるそれら物体の間の相互運動は,他の場合におけるそれら物体の間の運動と常に等しいであろう。このことの明確な証明をわれわれは船の実験から得るが,そこでは,船が静止していても,あるいは1直線上を一様に進んでいても,すべての運動は同じように起こるのである。

公理，あるいは運動の法則

系 VI

諸物体が，それら自身の間でどのような運動をするにせよ，もし等しい加速力[46]によって平行線の方向に推し進められるならば，それらはすべて，それらの力によって推し進められなかったと同じように，それら自身の間で運動し続けるであろう。

なぜならば，（動かされるべきそれら諸物体の諸〔質〕量について）一様に[47]かつ平行線の方向に働くこれらの力は，（法則 II により）すべての物体を等しく（速度に関して）動かすであろうし，したがってまた，それら物体自身の間の位置あるいは運動には何らの変化をも生じさせないだろうからである。

注

以上，数学者によって承認され，かつ豊富な実験によって確かめられる諸原理を述べた。はじめの二つの法則，およびはじめの二つの系によってガリレオ（Galileo）は，物体の落下距離が時間の自乗に比例して変わること，および放物体の運動が放物線という曲線に沿って行なわれることを見いだした。これらの運動が空気の抵抗によってほとんど妨害されないかぎり，経験はこれら両事実と一致する。物体が落下しつつあるとき，その重力の一様な力は等しく働き，等しい時間間隔内にその物体に等しい力を加え，したがって等しい速度を生ずる。そして全時間のうちに全力を加え，時間に比例する全速度を生ずる。そして比例する時間内に描かれる距離は，速度と時間との積に，すなわち時間の自乗に比例する。また，物体が投げ上げられるときには，その一様な重力は力を及ぼし，時間に比例して速度を減らす。そして最大の高さ

にまで上昇する時間は，減らされるべき速度に比例し，その高さは速度と時間との積に，あるいは速度の自乗に比例する。また，もし物体が任意の方向に投射されるならば，その投射から生ずる運動は，その重力から生ずる運動と合成される。こうして，もし物体 A がその投射運動のみにより，与えられた時間内に線分 AB を描き，

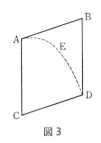

図3

またその落下運動のみをもって，同じ時間内に高さ AC を描きえたとし〔図3〕，平行四辺形 ABDC を完成するならば，物体はその合成運動により，時間の終わりには場所 D にあるであろう。そしてその物体が描く曲線 AED は一つの放物線で，直線 AB は A におけるそれへの接線となり，またその縦線 BD は線分 AB の自乗に比例するであろう。振子の振動時間について証明されたことがらは，同じ法則と系とに基づいており，そして振子時計の日々の実験によって確かめられている。これら，および法則 III により，現代の最大の幾何学者クリストファー・レン卿 (Sir Christopher Wren)，ワリス博士 (Dr. Wallis)，およびハイゲンス氏 (Mr. Huygens) らは，硬い物体の衝突や反撥の諸規則をそれぞれ決定し，ほぼ同時に彼らの発見を王立協会に報じたが，それらの規則は彼らの間で正確に一致している。実際は，ワリス博士がその発表において幾分早く，クリストファー・レン卿がそれに次ぎ，最後がハイゲンス氏である。けれども，クリストファー・レン卿は，王立協会において，マリオット氏 (Mr. Mariotte) がすぐそのあとでその題目についての著書で充分に説明することが妥当であると考えた振子についての実験によって，そのことの真実

公理，あるいは運動の法則

性を確かめた。しかし，この実験を理論と正確に一致させるためには，同時に起こる物体の弾力と同様に，空気の抵抗をも考えなければならない。球体 A, B が，平行かつ等しい長さの糸 AC, BD

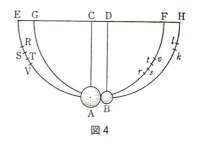

図4

によって，中心 C, D からつるされているとする〔図4〕。これらの中心のまわりに，それらの長さを半径として半円 EAF, GBH を描き，それぞれが半径 CA, DB によって二等分されるものとする。物体 A を弧 EAF 上の任意の点 R まで持っていき，そして（物体 B を取り去りながら）それをそこから放ち，1振動の後，点 V にもどってきたとする。そうすれば，RV は空気の抵抗から生ずるおくれであろう。ST をこの RV の4分の1になるように，その中央に置く。すなわち

 RS = TV で，かつ RS : ST = 3 : 2

となるようにする。そうすれば，ST は，S から A への落下の間におけるおくれを近似的に表わすであろう。物体 B を元の位置へもどす。そして，物体 A を点 S から落下させたと想像すれば，反撥の場所 A におけるそれの速度は，あたかもそれが真空中を点 T から落下したのとほとんど同じになるであろう。それゆえ，この速度は弧 TA の弦で表わしうる。なぜならば，振子の玉の最低点における速度は，その落下においてそれが描いた弧の弦に比例することは幾何学者によく知られた命題だからである[48]。反撥の後，物体 A が場

57

所 s にき，物体 B が場所 k にくるものと仮定する。物体 B を取り去り，かつ場所 v を見いだして，もし物体 A がそこから放たれたならば，1 振動の後場所 r にもどってくるようにし，st を rv の4分の1として，tv に等しい rs を残すようにその中央に位置させ，かつ弧 tA の弦で，物体 A が場所 A において反撥の直後にもつべき速度を表わさせる。というのは，もしも空気の抵抗がないとしたならば，t は物体 A が上昇すべき真の正しい位置となるだろうからである。同様にして，物体 B が真空中において上昇するであろう場所 l を見いだすことにより，それが上昇する場所 k の補正をしなければならない。こうしてすべてのことが，あたかもわれわれが実際に真空中にあると同じ仕方で実験されうるのである。これらのことがなされたならば，反撥の直前における場所 A での物体 A の運動〔量〕を得るためには，物体 A〔の質量〕と弧 TA の弦（その速度を表わす）との積（もしそう言ってよければ）をとればよいし，また反撥の直後における場所 A でのその運動〔量〕を得るためには，物体 A〔の質量〕と弧 tA の弦との積をとればよい。同様にして，反撥の直後における物体 B の運動〔量〕を得るためには，その物体〔の質量〕と弧 Bl の弦との積をとればよい。また同じようなやり方により，二つの物体が異なる場所から出発して相会する場合には，反撥の前と後とにおけるおのおのの運動〔量〕が見いだされるべきで，その後に，それらの間の運動〔量〕を比較し，反撥の諸効果を集計することができる。このようにしてたとえば 10 フィートの振子を用い，相等しい物体についても，また相異なる物体についても，そのことを試み，物体を 8, 12 あるいは 16 フィートなどの大きな距離を通しての落下の後に相会させたとこ

公理,あるいは運動の法則

ろ,常に3インチ未満の誤差をもって,もし物体が正面衝突する場合には,それらの運動〔量〕の中に,相反する向きの相等しい変化を生じ,その結果として,作用と反作用とは常に相等しいことを見いだしたのである。もし物体Aが,静止している物体Bに9の運動〔量〕をもって突き当たり,7を失い,反撥の後2をもって前進するならば,物体Bは7の運動〔量〕をもって後方へと[49]運ばれることになる。もし物体が反対向きの運動〔量〕をもって相会し,Aが12だけの運動〔量〕をもって,またBが6だけをもってしたとする。そうすれば,もしAが2をもって遠ざかるならば,Bは8をもって遠ざかる。つまり,おのおのの側において14だけの運動〔量〕の減少をもって相遠ざかる。なぜならば,Aの運動〔量〕から12を差し引けば何も残らないが,さらに2を差し引けば,2だけの反対向きの運動〔量〕が生ずるであろうし,また物体Bの6という運動〔量〕から14を差し引けば,反対向きの8という運動〔量〕が生ずるからである。ところで,もし両物体が同方向に向かって動かされ,速い方のAが14だけの運動〔量〕をもって,また遅い方のBが5だけの運動〔量〕をもって動かされ,かつ反撥後はAが5をもって進むならば,Bは同じく14をもって進み,9だけはAからBに移る。他の場合においても同様である。同じ方向へ向かう運動〔量〕の和,あるいは相反する方向へ向かうそれらの差から得られる運動の量[50]は,物体の会合や衝突によっては少しも変わらなかった。というのは,測定における1インチあるいは2インチの誤差は,すべてのことを正確に行なうことの困難さにたやすく帰せられるからである。二つの振子をまったく同時に出発させ,それらがちょうど最低点A,Bにおいて衝突するよう

にすることや,また両物体が衝突後上昇する場所 s および k を印づけることは,いずれも容易ではなかった。いや,それ ばかりではない。ある誤差は振子の玉自身の密度の不均一さ から,あるいはまた他の諸原因からくる組織の不規則さから も起こりえたはずである。

　ところで,この実験は例の規則の証明をするために行なわ れたもので,その規則は,物体が絶対に硬いか,あるいは少 なくとも完全に弾性的なもの(そのような物体は天然には見いだ されることはないが)という仮定をしているので,そのためにお そらくは申し立てられるであろうこの規則への異議を防ぐた めに,次のことを付け加えておく必要がある。すなわち,上 に述べた実験は硬さの性質にはまったく依存せず,硬い物体 でも柔かい物体でも同様に行なわれるものだということであ る。なぜならば,もしこの規則が完全に硬くはない物体にお いても行なわれるためには,ただ,弾力の大きさから要求さ れるある割合だけ,反撥量を減らしさえすればよいからであ る。レンおよびハイゲンスの理論によれば,絶対に硬い物体 はそれらが出会うときの速度と同じ速度をもって一方から他 方へともどる。しかし,このことは,完全弾性体においてい っそう確かに主張される。不完全弾性体においては,帰りの 速度は弾力と共に減少するはずである[51]。なぜならば,その 力(物体の諸部分がそれらの衝突のために損傷するか,あるいは槌の打 撃のもとに起こるようなそういう伸張を受ける場合を除いて)は(認め うるかぎりにおいては)定まったものであり,かつ物体を一方か ら他方へと,それらが出会ったときの相対速度と与えられた 比をなすような一つの相対速度をもって後もどりさせるから である。堅くそして強くおしてつくった毛のボールについ

公理，あるいは運動の法則

て，私はこのことを行なった。すなわち，まず振子の玉を動かし，その反撥量を測り，その弾力の大きさを決定した。次に，この力により，他の衝突の場合に起こるべき反撥量を見積った。そしてこの算定と，後に行なわれた他の諸実験とはそれ相応に一致した。ボールは常にある相対速度をもって互いに離れていったが，その相対速度は，ボールが出会ったときの相対速度と約 5：9 の比をなした。鋼のボールはほとんど同じ速度をもって帰っていき，コルクのボールは幾分小さな速度をもって帰っていった。しかし，ガラスのボールにおいては，比は約 15：16 であった。こうして，法則 III は衝突および反撥に関するかぎり経験と正確に一致する理論によって立証されたのである。

引力の場合に，このやり方にしたがってことがらを簡単に説明しよう。一つの障害物が相互に引っぱり合っている任意の 2 物体 A, B の会合を妨げるために介在しているものと仮定する。そうすれば，もしいずれかの物体，たとえば A が，他の物体 B へと向かい，他の物体 B が第 1 の物体 A に向かうよりもより強く引かれるならば，この障害物は物体 B の圧力よりも物体 A の圧力によってより強く駆り立てられ，したがって釣合を保たないであろう。そして，より強い圧力は優勢となり，2 物体の系を，障害物と共に，B のあるほうへとじかに動かすであろう。そして自由空間においては，絶えず加速される運動をもって，無限へと進行させられるであろう。これは不合理であり，法則 I に反する。なぜならば，法則 I によれば，系はその静止状態をつづけるか，あるいは 1 直線上を一様に前進しつづけねばならないからである。ゆえに，両物体は障害物を等しくおし，かつ互いに等しく引き合

わねばならない。私は磁石と鉄とについて実験を行なった。もしそれらが適当な容器内に別々に入れられ、静かな水の上に並べて浮かされたとすると、そのいずれもが他を押しやることなく、等しく引き合うために、それらは相互の圧力を支え、ついに釣り合いながら静止するであろう。

同様に、地球とその諸部分との間の重力は相互的である。地球 FI が任意の平面 EG によって切られ、二つの部分 EGF および EGI となったとする〔図5〕。そうすれば、互いに他のほうへと向かう重力は相等しいであろう。なぜならば、もし前者 EG に平行な他の平面 HK によっ

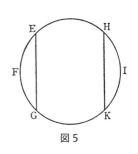

図5

て、大きいほうの部分 EGI が EGKH および HKI という二つの部分に切られ、そのうちの HKI をはじめに切り取られた EFG の部分に等しくするならば、中央の部分 EGKH は、その固有の重さにより、いずれの側に向かう傾向ももたず、いわばぶら下がっているだけであり、両者の間で釣り合いながら静止していることは明らかである。ところが、一端の部分 HKI は、その全体の重さをもって中央部分にのしかかり、これを他端の部分 EGF に向かっておすであろう。ゆえに、HKI と EGKH の両部分の和である EGI を第3の部分 EGF へと向かわせる力は、HKI という部分の重さ、すなわち第3の部分 EGF の重さに等しい。ゆえに、証明しようとしていたとおり、二つの部分 EGI および EGF の重さは、互いに他のほうへと向かい、相等しいのである。そしてじつに、もしもそれらの重さが相等しくなかったならば、無抵抗のエーテ

公理，あるいは運動の法則

ル中に浮かんでいる全地球は，大きい方の重量に負けて，それから離れ，無限の遠方へと運び去られるでもあろう。

また，衝突や反撥において，速度が固有の力[52]に逆比例するような諸物体は釣合にあると同じように，力学的器械の使用においても，力[53]の大きさに従って見積られるその速度が，力[53]に逆比例するような諸動因は釣合にあり，互いに相反する向きの圧力を支え合っている。

こうして，天秤が作用している間，その両腕を動かそうとする重さが，その上向きや下向きの速度に逆比例するような，そのような重さ[54]は，力としては相等しいものである。換言すれば，もし上昇あるいは下降がまっすぐであるならば，天秤の軸からそれぞれの重さの支点に至るまでの距離に逆比例するようなそういう重さは，相等しい力のものである。しかし，もしそれらが斜面または他の障害物の介在によってわきの方へと傾き，斜めに上がり下がりさせられるならば，物体〔の質量あるいは重さ〕が垂線に従ってとられた上昇や下降の高さに逆比例するときに，それらは釣り合うであろう——しかもそれは下方へと向かう重力の大きさのために。

また，同様にして，滑車あるいは滑車の組み合わせにおいても，たとえ上昇がまっすぐに行なわれるにせよ斜めに行なわれるにせよ，綱を直接引いている手の力とおもりの重さとの比が，おもりの垂直上昇速度と綱を引く手の速度との比になっておれば，手の力はおもりを支えるであろう。

振子時計および車輪の組み合わせからなる類似の器械においても，車輪の運動を促進させまた阻止する反対向きの力は，もしそれらが掛かっている車輪の各部分の速度と，それらの力とが逆比例するときには，それらの力は互いに他を支

えるであろう。

　物体をおすねじの力と,それを動かす把手を回わす手の力との比は,手によって動かされるその部分の把手の円運動速度と,被圧迫物体へ向かうねじの前進速度との比になっている。

　楔が木材の二つの部分をおし,あるいはそれらを割って進む力と,楔にぶつかる木槌の力との比は,木槌によって楔に加えられる力の方向における楔の前進速度と,楔の側面に垂直な直線の方向における木材の部分の楔に屈服する速度との比になっている。また同様な説明がすべての器械について与えられるはずである。

　器械の能力と効用とは,ただ次のことだけにある。すなわち,速度を減らすことによって力の大きさを増すか,あるいはその逆を行なうことである。このことから,すべての種類の正しい器械について次の問題,すなわち**与えられた力をもって与えられた重さを動かすこと**,あるいは与えられた力をもって他の任意の与えられた抵抗に打ち克つこと,という問題の解を得るわけである。すなわち,もし作動体と抵抗体との速度が,それらの力に逆比例するようなぐあいに器械が工夫されているならば,作動体は抵抗体にちょうど支えられるであろうが,もし速度のより大きな開きがあるならば,それを打ち負かすであろう。それゆえ,もしも速度の開きが大きくて,互いに滑り合う接触体の摩擦から,あるいは分離されるべき連続体の凝集力から,あるいは持ち上げられるべき物体の重さから,普通に生ずるすべての抵抗に打ち克つならば,残った力のその余剰は,それらすべての抵抗が克服された後には,抵抗体におけると同じく器械の諸部分において

公理，あるいは運動の法則

も，その余剰力に比例する加速度をもつ運動を生ずるであろう。しかし，器械学について論ずることは現在の仕事ではない。ただ，これらの実例によって，運動の第3法則の大きな内容と正しさとを示そうとしただけである。というのは，もしも作動体の作用をその力と速度との積から見積り[55]，また同様に，抵抗体の反作用をそのいくつかの部分の速度と，摩擦力，凝集力，重さ，およびそれら諸部分の加速度から起こる抵抗力との積から見積ったならば，あらゆる種類の器械の使用において，作用と反作用とは常に相等しいことが見いだされるだろうからである。そして，作用が中間の諸器械をへて伝わり，最後に抵抗体の上に加わるかぎり，終局における作用は常に反作用と逆向きのものとなるであろう。

第 I 編

物体の運動

第Ⅰ章
以下の諸命題の証明に補助として用いられる諸量の最初と最後の比の方法[56]

補助定理 1

任意の有限時間内において絶えず同等へと向かって収束し，かつその時間が終わる以前に，任意の与えられた差よりもなお近くへと相近づく諸量や諸量の比は，窮極において相等しくなる。

もしこれを否定するとして，窮極においてそれらが不等であると仮定し，Dをそれらの窮極における差としよう。そうすれば，それらはその差Dよりもさらに近く同等へと近づくことはできないはずである。これは仮定に反する。

補助定理 2

直線 **A**a, **AE**，および曲線 ac**E** によって限られた任意の図形 **A**ac**E**〔図6〕において，等しい底 **AB**, **BC**, **CD** 等，および図形の1辺 **A**a に平行な辺 **B**b, **C**c, **D**d 等の内部に含まれる任意個数の平行四辺形 **A**b, **B**c, **C**d 等をそれに内接させ，かつ平行四辺形 a**K**bl, b**L**cm, c**M**dn 等を完成させる。そうすれば，もしこれらの平行四辺形の幅が減少し，その個数が無限に増加するものと仮

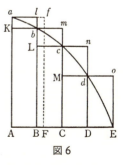

図 6

定すれば，内接図形 AK*bL*c*M*d*D，外接図形 A*a*l*bm*cn*do*E，および曲線図形 A*abcd*E が相互に対してとるべき窮極の比は相等しくなるであろう。

なぜならば，内接図形と外接図形との差は平行四辺形 K*l*，L*m*，M*n*，D*o* の和，すなわち（それらの底がすべて等しいことから）それらの底の一つである K*b* とそれらの高さの和 A*a* とのなす長方形，すなわち長方形 AB*la* に等しい。ところが，この長方形は幅 AB が無限に減少するものと仮定されているから，任意の与えられた大きさよりもさらに小さくなる。ゆえに（補助定理1により）内接図形と外接図形とは窮極において相等しくなり，したがって中間にある曲線図形は，窮極において，なおさら上のおのおのに等しくなるからである。よって証明された。

補助定理3

同じ窮極の比は，平行四辺形の幅 **AB, BC, CD** 等が不等で，かついずれもが無限小となる場合にも，やはり相等しくなる。

なぜならば，AF〔図6〕が最大の幅に等しいと仮定し，平行四辺形 FA*af* を完成する。この平行四辺形は内接図形と外接図形との差よりも大きいであろう。ところが，その幅 AF は無限に小さくなるのであるから，それは任意の与えられた長方形よりもさらに小さくなるだろうからである。よって証明された。

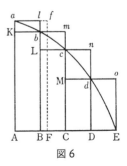

図6

第I章　以下の諸命題の証明に補助として用いられる…

系 I. ゆえに，これらの微小平行四辺形の窮極の和は，すべての部分において曲線図形と一致するであろう。

系 II. 微小弧 ab, bc, cd 等の弦の下に含まれる直線図形は，なおさら窮極において曲線図形と一致するであろう。

系 III. また，同じ弧の接線の下に含まれる外接直線図形についても同様である。

系 IV. したがって，これらの窮極の図形は（それらの周辺 acE についていえば）直線図形ではなくて，直線図形の曲線的極限[57]である。

補助定理 4

もし二つの図形 **A**ac**E**, **P**pr**T**〔図7〕において，2系の平行四辺形を（前と同様に）内接させ，各系におけるその数を等しくし，かつそれらの幅を無限に小さくしていったときに，もし一つの図形における各平行四辺形と，それに対応する他の図形のそれとの窮極の比が同じであるならば，それら両図形 **A**ac**E**, **P**pr**T** は互いにその同じ比をなす。

なぜならば，一つの図形における平行四辺形がそれぞれ他

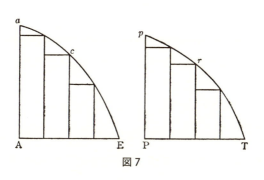

図7

の図形における平行四辺形に対する比は，（作図により）一つの図形における平行四辺形の総和が他の図形における平行四辺形の総和に対する比に等しく，したがってそれは一つの図形と他の図形との比に等しいからである。というのは（補助定理3により）前者の図形が前者の和に対する比，および後者の図形が後者の和に対する比は，いずれもその値が等しいからである。よって証明された。

系． それゆえ，もし任意の種類の二つの量が任意の仕方で等しい個数に分けられ，その個数が増大してそれらの大きさが限りなく小さくなり，それらの部分が互いに他に対して，第1は第1に，第2は第2に，など，以下順を追って，それらの相対する比がある与えられた比をもつ場合には，それらの全体の和どうしの相対する比は，その同じ比に等しくなるであろう。なぜならば，もしこの補助定理の図において，平行四辺形が互いに他に対して上の諸部分どうしの比にとられるならば，それら諸部分の和は常に平行四辺形の和に比例するであろうし，したがって平行四辺形や部分の個数が増大して，それらの大きさが限りなく小さくなるものとすれば，それらの和どうしの比は，窮極においては，1図形における1平行四辺形と，他の図形における対応する1平行四辺形との比に，換言すれば，（仮定により）一つの量の任意の部分と他の量の対応する部分との窮極の比に等しくなるだろうからである。

補助定理5

相似形の対応辺は，それが曲線であれ直線であれ，すべて比例する。そしてその面積は対応辺の自乗に比例する。

第I章 以下の諸命題の証明に補助として用いられる…

補助定理6

位置の与えられた任意の弧 ACB〔図8〕がその弦によって張られ，かつ連続的な曲がりかたを示す中央の任意の1点 A において，両側に延びる直線 AD に接するものとする。

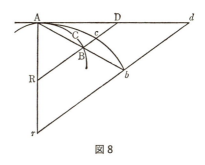

図8

そうすれば，もし点 A および B が互いに近づき，そして相会するならば，弦と接線との間に含まれる角 BAD は限りなく小さくなり，最後には零となるであろう。

なぜならば，もしその角が零とならないとすれば，弧 ACB は接線 AD とある角をなすことになり，したがって点 A における曲率は連続的ではなくなり，仮定に反するからである。

補助定理7

同じことが仮定されたときに，弧，弦および接線の相互の比の窮極の値は相等しい。

なぜならば，点 B が点 A に向かって近づくときに，AB および AD を常に点 b および d まで延長したと考え，割線 BD に平行に bd をひき，弧 Acb を常に弧 ACB に相似につくる。そうすれば，点 A と B とが相重なるものと考えれば，角 dAb は前の補助定理によって零となり，したがって線分 Ab, Ad (いずれも常に有限) および中間の弧 Acb は相重なり，相等しくなる。ゆえに，線分 AB, AD および中間の弧 ACB (いず

れも常に前者に比例する）は零となり，窮極においては相等しい比をなすであろう。よって証明された。

系 I. ゆえに，もしBを通って接線に平行にBFをひき〔図9〕，Aを通る任意の直線AFを常にFにおいて切らせれば，この線分BFは，

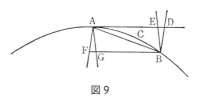

図9

窮極においては，次第に減少してゆく弧ACBと等しくなるであろう。なぜならば，平行四辺形AFBDを完成すれば，それは常にADと等しくなるからである。

系 II. また，もしBおよびAを通って，BE, BD, AF, AGのような，より多くの直線をひき，接線ADおよびその平行線BFと交わらせたとする。そうすれば，すべての横線AD, AE, BF, BG，および弦ならびに弧ABの任意の一つが他の任意の一つに対する窮極の比の値は相等しくなるであろう。

系 III. したがって，窮極の比に関するすべての推論において，それらの線の任意の一つを，他の任意のものの代わりに自由に用いることができる。

補助定理8

もし直線 **AR, BR**〔図8〕が，弧 **ACB**，弦 **AB** および接線 **AD** とともに三つの三角形 **RAB, RACB, RAD** をつくり，かつ点 **A** と **B** とが近づき，会するものとする。そうすれば，それらの微小三角形の窮極の形は相似であり，そしてそれらの窮極の比は相等しい。

なぜならば，点Bが点Aへと向かって近づく間，常に

74

第 I 章　以下の諸命題の証明に補助として用いられる…

AB, AD, AR を考え，それらを点 b, d および r まで延長し，rbd を RD に平行にひき，弧 Acb を常に弧 ACB に相似につくる。そうすれば，点 A と B とは重なるものと考えているから，角 bAd は

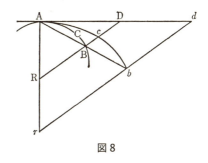

図 8

零となるであろう。したがって，三つの三角形 $rAb, rAcb, rAd$（いずれも常に有限）は相重なるであろうし，したがって相似ともなり，また相等ともなる。それゆえ，常に相似で，かつそれらに比例する三角形 RAB, RACB, RAD は，窮極において，それら自身の間で相似であり，かつ相等となるであろう。よって証明された。

系．したがって，窮極の比についてのすべての推論において，それらの三角形のうちの任意の一つを，他のもののかわりに用いることができる。

補助定理 9

もし直線 AE〔図10〕および曲線 ABC がともに与えられた位置にあり，与えられた角 A において相交わり，かつこの直線に対し，他の与えられた角において，BD, CE が横軸に平行にひかれ，曲線と B, C において交わり，かつ点 B および C がともに点 A に向かって近づき，それと会うものとする。そうすれば，三角形 ABD, ACE の面積は，窮極において，互いに対応する辺の自乗に比例する。

75

なぜならば，点 B, C が点 A に向かって近づく間，AD を点 d および e まで延長し，Ad, Ae が常に AD, AE に比例するようにし，また横線 db, ec を横線 DB および EC に平行にひき，AB, AC の延長と b および c において交わらせる。曲線 Abc が曲線 ABC に相似であるとし，直

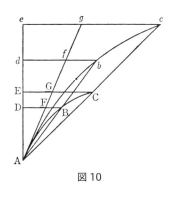

図 10

線 Ag を A において両方の曲線に接するようにひき，横線 DB, EC, db, ec を F, G, f, g において切らせる。つぎに，長さ Ae を一定に保ち，点 B および C を点 A に合致させたとする。そうすれば，角 cAg は零となり，曲線的図形面積 Abd, Ace は直線的図形面積 Afd, Age と合致するであろう。したがって（補助定理 5 により）一つは他に対し辺 Ad, Ae の自乗比をなすであろう。ところが，面積 ABD, ACE は常にこれらの面積に比例し，したがって辺 AD, AE はこれらの辺に比例する。ゆえに，面積 ABD, ACE は，窮極においては，互いに辺 AD, AE の自乗に比例する。よって証明された。

補助定理 10

一つの物体が，それに働く任意の有限な力によって描く距離は，その力が一定不変であるか，あるいは連続的に増加するか，あるいは連続的に減少するかを問わず，運動の起こり始めにおいては[58]，互いに時間の自乗に比例する。

時間を線分 AD, AE〔図 10〕で表わし，またそれらの時間内

に生ずる速度を横線 DB, EC で表わす。これらの速度をもって描かれる距離は，それらの横線によって描かれる面積 ABD, ACE に比例するであろう[59]。つまり，運動の起こり始めにおいては，（補助定理 9 により）時間 AD, AE の自乗の比になるであろう。

系 I. したがって，次のことが容易に推論される。すなわち，比例する時間内に相似形の相似部分を描く物体の誤差は，それらがひき起こされる時間の自乗にほぼ比例する——ただし，それらの誤差は，物体に同様に加えられるある等しい力によって[60]生ずるものとし，かつ，仮にそれらの力の作用がなかった場合に，物体がそれらの比例する時間内に到達すべき相似形の位置からの物体の距離によって測られるものとする。

系 II. しかし，相似形の相似部分において，物体に同様に加えられる比例する力[61]によって生ずる誤差は，力と時間の自乗との積に比例する。

系 III. 同様のことがらは，種々異なる力をもって動かされる物体によって描かれる任意の距離についても理解される。それらのすべては，運動の起こり始めにおいては，力と時間の自乗との積に比例する。

系 IV. したがって力は，運動の起こり始めにおいては，描かれる距離に比例し，時間の自乗に逆比例する。

系 V. また時間の自乗は描かれる距離に比例し，力に逆比例する。

注
種々異なる種類の未定量を互いに比較する場合に，もしあ

る任意の1量が他の任意の1量に比例するとか，あるいは逆比例するとかいうときには，その意味は，前者が後者と同じ割合で増減するか，あるいはその逆数に従って増減するという意味である。また，もし任意の1量が他の2量または3量に比例するとか，あるいは逆比例するとかいうときには，その意味は，第1の量が，他の量の，もしくは他の量の逆数の，増減する比の複比において増減するという意味である。たとえば，もしAがBに比例し，またCに比例し，そしてDに逆比例するというときには，その意味は，AがB・C・$\frac{1}{D}$と同じ割合で増減するということ，換言すれば，Aと$\frac{BC}{D}$とが互いにある与えられた比をなすということである。

補助定理11

接点において有限の曲率をもつすべての曲線において，次第に減少してゆく接触角の対辺は，窮極において，端を共有する弧の弦の自乗に比例する〔図11〕。

場合1. ABをその弧，ADをその接線，BDを接線に垂直な接触角の対辺，ABを弧の弦とする。BGを弦ABに垂直に，AGを接線ADに垂直にひき，Gにおいて交わらせる。

つぎに，点D, BおよびGを点d, bおよびgに近づかせ，Jを，点D, BがAにきたときの直線BG, AGの窮極の交点とする。距離GJが指定しうるどんな長さよりもより小さくなりうることは明らかである。ところが，(点A, B, Gを通る円，および A, b, g を通る円の性質から)

$$AB^2 = AG \cdot BD, \quad かつ \quad Ab^2 = Ag \cdot bd$$

第Ⅰ章 以下の諸命題の証明に補助として用いられる…

である。ところが，GJ は指定しうるどんな長さよりも短い長さをもつものと考えうるから，比 AG：Ag と 1 との差は，指定しうるどんな差よりもより小さくすることができる。したがって，比 AB^2：Ab^2 と比 BD：bd との差は，指定しうるどんな差よりもより小さくすることができる。ゆえに，補助定理 1 により，窮極においては

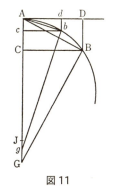

図 11

$$AB^2 : Ab^2 = BD : bd$$

である。よって証明された。

場合 2. いま，BD が AD と任意の与えられた角をなして傾いているとする。そうすれば，比 BD：bd の窮極の値は前と常に同じであり，したがって比 AB^2：Ab^2 と同じである。よって証明された。

場合 3. また，もし角 D が与えられないで，直線 BD が与えられた 1 点に収束するか，あるいは他の任意の条件によって決定されるものとする。それにもかかわらず，同じ法則によって決定される角 D, d は常にほぼ等しくなり，指定しうるどんな差よりも小さな差で相近づき，したがって補助定理 1 により，最後には相等しくなる。ゆえに，線分 BD, bd は互いに前と同じ比をなす。よって証明された。

系Ⅰ. それゆえ，接線 AD, Ad，弧 AB, Ab，およびそれらの正弦[62] BC, bc は，最後には弦 AB, Ab に等しくなるから，それらの自乗は，最後には対辺 BD, bd に比例するようになる。

系 II. それらの自乗はまた,窮極において,弦を二等分しつつ与えられた1点に収束するときの,その弧の正矢[63]に比例する。なぜならば,それら正矢は対辺 BD, bd に比例するようになるからである。

系 III. したがって,この正矢は,物体が与えられた速度をもって弧を描くべき時間の自乗に比例する。

系 IV. 窮極における比例式

$$\triangle \text{ADB} : \triangle \text{A}db = \text{AD}^3 : \text{A}d^3 = \text{DB}^{3/2} : db^{3/2}$$

が,

$$\triangle \text{ADB} : \triangle \text{A}db = \text{AD} \cdot \text{DB} : \text{A}d \cdot db$$

から,また窮極の比例式

$$\text{AD}^2 : \text{A}d^2 = \text{DB} : db$$

から導かれる。

同様に,窮極においては

$$\triangle \text{ABC} : \triangle \text{A}bc = \text{BC}^3 : bc^3$$

も得られる。

系 V. また,DB, db は窮極においては平行で,かつ線分 AD, Ad の自乗に比例するから,窮極における曲線的図形面積 ADB, Adb は(放物線の性質により)直線で囲まれた三角形 ADB, Adb の $\frac{2}{3}$ となるであろう[64]。また,弓形 AB, Ab〔の

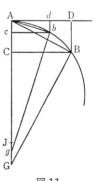

図 11

第I章 以下の諸命題の証明に補助として用いられる…

面積〕はそれら同じ三角形の $\frac{1}{3}$ となるであろう。したがって，それらの曲線的図形面積や弓形の面積は，接線 AD, Ad の3乗に，また弦および弧 AB, Ab の3乗に比例することにもなるであろう。

注

ところで，上に考えてきた接触角は，円とその接線とのなす接触角より無限に大きくもなければ，また無限に小さくもなかった。つまり，点 A における曲率は無限小でも無限大でもなく，距離 AJ はある有限の大きさをもっていた。というのは，DB は AD^3 に比例するようにとることもできるが，その場合には，点 A を通って接線 AD と曲線 AB との間に円を描くことができず[65]，したがって接触角は円のそれよりは無限に小さいものとなるだろうからである。同様の推論により，もし DB を次々に AD^4, AD^5, AD^6, AD^7, 等に比例させたとすれば，無限へと進む接触角の系列が得られるであろうが，その逐次の項はその前の項よりは無限に小さい。また，もし DB を次々に $AD^2, AD^{3/2}, AD^{4/3}, AD^{5/4}, AD^{6/5}, AD^{7/6}$, 等に比例させたとすれば，接触角の他の系列が得られるであろうが，その第1のものは円のそれと同じようなものであり，第2のものはそれよりも無限に大きく[66]，そして逐次の項はその前のものにくらべて無限に大きいものとなる。しかも，それらの任意の二つの角の間に，中間の接触角の他の系列を挿入することができ，そしてそこでは逐次の角をその前のものにくらべて無限に大きくすることもできるし，また無限に小さくすることもできる。たとえば，項 AD^2 と AD^3 との間

に $AD^{13/6}$, $AD^{11/5}$, $AD^{9/4}$, $AD^{7/3}$, $AD^{5/2}$, $AD^{8/3}$, $AD^{11/4}$, $AD^{14/5}$, $AD^{17/6}$ などが入れられるようなものである。そしてまた，この系列の二つの角の間に，相互間の差異の無限に大きな中間角の新しい系列を挿入することができるわけで，自然には際限というものがない。

　曲線およびそれの包む曲面について証明されたことがらは，立体の曲表面および中身にも容易に適用される。これらの補助定理は，古代幾何学者らの方法にしたがって，こみ入った証明を不条理に演繹する冗漫さをさけるために前もって述べられたものである。そのわけは，不可分量の方法[67]によれば証明はいっそう短くはなるが，しかし不可分量の仮説はいくぶん粗雑なところがあり，したがってその方法はあまり幾何学的ではないと考えられるので，むしろ以下の諸命題の証明を，漸増する微小量や漸減する微小量の最初と最後の和や比に，つまり，それらの和や比の極限にひき直し[68]，そしてできるだけ簡単にそれらの極限の証明を前もって述べるという道を選んだのである。というのは，それによって不可分量の方法によると同じことがなされるし，そしていまやそれらの原理は証明され，それらをより大きな安全性をもって使用しうるからである。ゆえに，今後，もし諸量が粒子から成るものと考えねばならなかったり，あるいは直線のかわりにやや曲がった線を用いたりすることがあったとしても，それは不可分量を意味するものではなくて，むしろ漸減してゆく可分量を意味し，定まった部分の和や比ではなくて，常に和や比の極限を意味するものと理解されたい。しかも，このような証明の力は，常に前述の諸補助定理で述べられた方法に依存するのである。

第 I 章　以下の諸命題の証明に補助として用いられる…

　漸減量には何ら窮極の比というものは存在しないという反論がなされるかもしれない。なぜならば，この比は，その量が零となる以前には窮極のものではなく，またそれが零となれば何も無くなってしまうからである。同じ論法により，ある場所に到達しようとし，そしてそこで停止しようとしている物体は，窮極の速度をもたないということが主張できるかもしれない。なぜならば，物体がその場所に来ない前の速度は窮極の速度ではなく，それが到着してしまえば，それは無くなってしまうからである。しかし，答は容易である。というのは，窮極速度という言葉の意味は，物体がその最後の場所に到着する瞬間，すなわち，運動がやむ以前でもなければ，以後でもなく，それがちょうど到着するその瞬間において物体が動くその速度，つまり，物体がそれをもって最後の場所に到着するその速度であり，またそれをもって運動がやむその速度のことだからである。また同じようにして，漸減量の窮極の比というのは，それが零となる以前でもなければ以後でもなく，それがちょうど無くなるときの量の比のことだと理解されるべきである。同様にして，漸増量の最初の比というのは，それがちょうど始まるときのそれである。また，最初のあるいは最後の和というのは，その状態をもってそれらが始まり，また終わるところのもの（それらはあるいは増すこともあり，あるいは減ることもあるが）である。速度には，それが運動の終わりにおいて達せられ，しかもそれを超えないようなある極限がある。それが窮極の速度である。またすべての量や比には，それが始まりまた終わるところの同様な極限がある。そして，そのような極限は明確なものであるから，それを決めることは厳密に幾何学的な問題である。しかも，およ

そ幾何学的なものならば，すべて同様に幾何学的な他の任意のことがらの決定や証明に際して利用できるであろう。

また，もし漸減する諸量の窮極の比[69]が与えられたならば，それらの窮極の大きさもまた与えられるだろうということには異論があろう。すなわち，その場合には，すべての量が不可分量から成ることになり，ユークリッド（Euclid）が彼の『原論（エレメンツ）』の第X巻において，不尽数に関して証明したことと矛盾することになる。ただし，この異論は誤った仮定の上に立っている。というのは，それらの量が零となるときのその窮極比は真に窮極量の比ではなくて，それに向かって限りなく減少しつつある量の比が常に収束するところの，その極限なのである。そしてそれらは，任意の与えられた差よりもさらに近くまでそれに接近し，しかもそれを超えることなく，また実際にそれに到達することもなく，そして遂にそれらの諸量が限りなく減少するような，そういう極限なのである。このことは，無限大となる諸量の場合にいっそう明らかに見られるであろう。もし与えられた差を有する二つの量が無限に増大するならば，それらの量の窮極の比は与えられるであろう。すなわち比は1となるであろう。しかし，そのことから，比が1であるそれら窮極の，あるいは最大の量そのものが与えられるであろうという結果は出てこない。それゆえ，以下の所論において，いっそう理解しやすくするために，もし諸量を最小の，あるいは漸減的な，あるいは窮極的なものとして述べねばならぬことがあったとしても，それはある決まった大きさの量を意味するものではなくて，いつまでも限りなく減少すると考えられるような，そういう量を意味するものと思ってもらいたい。

第 II 章
求心力の決定

命題 1. 定理 1

公転する物体が，力の不動の中心にひかれた径によって描く面積は，同じ不動の平面内にあって，それらが描かれる時間に比例する。

なぜならば，いま時間を等分し，その時間の第 1 部分において，物体がその固有の力[70]により線分 AB を描くものと仮定する〔図 12〕。その時間の第 2 部分においては，同物体は（法則 I により）もし障害を受けなければ，まっすぐに c に向か

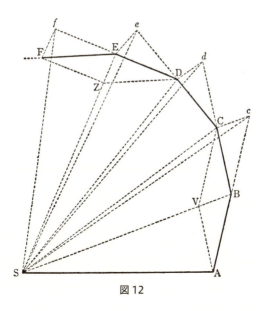

図 12

い，AB に等しい線分 Bc に沿って進むであろう．したがって，中心にひかれた径 AS, BS, cS により，等しい面積 ASB, BSc が描かれるはずである．ところが，物体が B に達したとき，求心力が一時に大きな衝動を及ぼして，物体を直線 Bc から外へとそらしたとするならば，それ以後は余儀なくその運動を直線 BC に沿って続けるであろう．cC を BS に平行にひき，C において BC と交わらせる．そうすれば，時間の第 2 部分の終わりにおいては，物体は（法則の系 I により）三角形 ASB と同一平面内の C において見いだされるであろう．SC を結べば，SB と Cc とは平行であるから，三角形 SBC は三角形 SBc に等しく，したがって，また三角形 SAB にも等しい．同じような論法により，もし求心力が次々に C, D, E などにおいて働き，かつ物体に各微小時間内に線分 CD, DE, EF などを描かせるならば，それらはすべて同一平面内にあり，かつ三角形 SCD は三角形 SBC に等しく，また SDE は SCD に，また SEF は SDE に等しくなるであろう．ゆえに，等しい時間内に等しい面積が一つの不動平面内において描かれ，しかも作図により，それらの面積の任意の和 SADS, SAFS は，互いに他に対し，それらが描かれた時間に比例する．いま，それらの三角形の数が増し，そしてそれらの幅が無限に小さくなったとすれば，（補助定理 3, 系 IV により）その窮極の周辺 ADF は一つの曲線となるであろう．したがって，物体を絶えずこの曲線の接線から引きもどす求心力は連続的に働き，常に描出の時間に比例するところの描出面積 SADS, SAFS は，この場合においてもまたそれらの時間に比例するであろう．よって証明された．

系 I. 抵抗のない空間内において，不動の中心に向かって

第II章　求心力の決定

引かれる物体の速度は，その中心から軌道に接する直線へと下された垂線の長さに逆比例する。なぜならば，A, B, C, D, E というこれらの場所における速度は，〔面積の〕等しい三角形の底 AB, BC, CD, DE, EF に比例し，そしてこれらの底は，それらへと下された垂線の長さに逆比例する[71]からである。

系 II. もし抵抗のない空間内において，同じ物体により等しい時間内に順次に描かれた二つの弧の弦 AB, BC が平行四辺形 ABCV をつくり，かつこの平行四辺形の対角線 BV が，それらの弧が無限に減少するときに，窮極において得るその位置において両方に延長されるならば，それは力の中心を通るであろう。

系 III. 抵抗のない空間内において，もし等しい時間内に

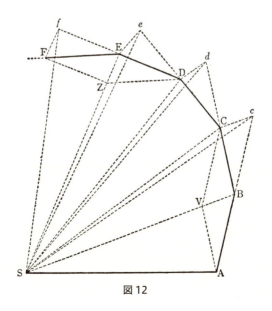

図 12

描かれる弧の弦 AB, BC, および DE, EF が平行四辺形 ABCV, DEFZ をつくるならば，B および E における力は，それらの弧が無限に減少するとき，互いに対角線 BV, EZ の窮極の比になる。なぜならば，物体の運動 BC および EF は（法則の系 I により）運動 Bc, BV, および Ef, EZ の組み合わされたものであるが，Cc および Ff に等しい BV および EZ は，本命題の論証で，B および E における求心力の衝動によって生じさせられたものであり，したがってそれらの衝動に比例する[72]からである。

系 IV. 抵抗のない空間内において，物体を直線運動から引きもどし，曲線軌道へと転向させる力は，互いに，等しい時間内に描かれる弧の正矢に比例する。これらの正矢は力の中心へと向かい[73]，かつそれらの弧が無限小となるとき，弦を二等分する。なぜならば，このような正矢は，系 III において述べられた対角線の半分だからである。

系 V. したがって，これらの力と重力との比は，いま述べた正矢と，放物体が同じ時間内に描く放物線弧の水平線に垂直な正矢との比に等しい。

系 VI. そして同じことは，（法則の系 V により）物体の動く平面が，それらの平面内にある力の中心とともに，静止しないで，直線上を一様に進行する場合にもすべて成り立つ。

命題 2．定理 2

1 平面内に描かれる任意の曲線上を，ある不動の 1 点もしくは一様な直線運動をもって前進しつつある 1 点へとひかれた動径によって動き，その点のまわりに時間に比例する面積を描くあらゆる物体は，その点に向かうある求心力の作用

第Ⅱ章　求心力の決定

を受ける[74]。

場合 1. なぜならば，曲線上を動くすべての物体は，（法則Ⅰにより）それを動かす何らかの力の作用によって，その直線経路からそらされる。そして物体を直線経路からそらさせ，不動点Sのまわりに，等しい時間内に等しい極微の三角形SAB, SBC, SCD等を描かせる力は，（ユークリッドの『原論 (エレメンツ)』第Ⅰ巻，命題40，および法則Ⅱにより）場所BにおいてはcCに平行な直線の方向にしたがって，すなわち直線BSの方向に沿って働き，また場所CにおいてはdDに平行な直線の方向にしたがって，すなわち直線CSの方向に沿って働くなど，つまり常に不動の点Sに向かう直線の方向に沿って働くからである。よって証明された。

場合 2. そして（法則の系Ⅴにより）このことは，物体が曲線図形を描くその表面が静止していようが，あるいはその物体，描かれる図形，およびその点Sがともに直線上を一様に進行していようが，それには関係がない。

系Ⅰ. 抵抗の無い空間あるいは媒質内において，もしその面積が時間に比例しないならば，力は半径の交わる点には向かわないで，面積の描出が加速されるときには運動の向く側へとずれ，またそれが減速されるときには反対側へとずれる。

系Ⅱ. また，たとえ抵抗のある媒質内であっても，もし面積の描出が加速されるならば，力の方向は半径の交わる点から運動の向く側へとずれる。

注

物体が数個の力の合成された一つの求心力によって作用さ

れることもある。この場合においては，命題の意味は，すべての力の合成結果であるその力は，点Sのほうへと向かうということである。しかし，もし任意の力が描かれる面への垂線の方向に絶えず作用するならば，この力は物体をその運動の平面からずらすであろう。しかし，それは描かれる面積を増しも減らしもせず，したがって力の合成においては無視されてしかるべきものである。

命題3．定理3

どのような仕方にせよ，運動する他の物体の中心へとひかれた動径により，その中心のまわりに，時間に比例する面積を描くすべての物体は，その他物体に向かう求心力と，他物体が受ける全加速力との合成された力によって作用される。

Lが1物体を，そしてTが他物体をあらわすものとし，かつ（法則の系VIにより）もし両物体が平行線の方向に沿って，第2物体Tが受ける力と等しくかつ反対向きの新しい力により作用されるものとすれば，第1物体Lは，他物体Tのまわりに，前と同じ面積を描き続けるであろう。ところが，他物体Tをおし動かした力は，いまや等しくかつ反対向きの力によって打ち消され，したがって（法則Iにより）いまやなすがままに放置された他物体Tは，静止するか，あるいは1直線上を一様に前進するであろう。そして，力の差つまり残りの力によって動かされる第1物体Lは，他物体Tのまわりに時間に比例する面積を描き続けるであろう。したがって，（定理2により）その力の差は，その中心としての他物体Tのほうへと向かう。よって証明された。

系I． ゆえに，もし1物体Lが，他物体Tにひかれた動径

第II章　求心力の決定

により，時間に比例する面積を描くものとし，かつ第1物体Lに働く全力（それが単一の力であれ，あるいは法則の系IIにより，いくつかの力の合成力であれ）から他物体が受ける全加速力を（同じ系により）減じたとすれば，第1物体が受ける残りの全力は，その中心としての他物体Tのほうへと向かうであろう。

系II. そして，もしそれらの面積がほぼ時間に比例するならば，残りの力はほぼ他物体Tに向かうであろう[75]。

系III. また逆に，もし残りの力がほぼ他物体Tに向かうならば，それらの面積はほぼ時間に比例するであろう。

系IV. 物体Lが他物体Tに引かれた動径によって描く面積が，もし時間に対して極めて不同であり，かつ他物体Tが静止しているか，あるいは1直線上を一様に動くとするならば，他物体Tに向かう求心力の作用は，まったく零であるか，あるいは他の諸力の極めて強大な作用と混合され，合成されているかである。そして，それらのすべての力——もしそれらが多数であるならば——の合成した全体の力は，他の（不動あるいは可動の）中心へと向かう。同様なことは，他物体がどのような運動によって動かされる場合にも行なわれる。ただし，他物体Tに働いている全体の力を差し引いたのちに残るものが求心力としてとられるものとする。

注

面積の一様な描出ということは，ある一つの中心，すなわち，物体に最も影響を及ぼし，かつ物体をその直線運動から引きもどし，その軌道上に保持するような，そういう力が向かうある一つの中心の存在を示すのであるから，以下の論述において，自由空間内で行なわれるあらゆる円運動の中心の

表示として，面積の一様な描出を利用することがどうして許されない理由があろうか？

命題4．定理4

一様な運動によって異なる円を描く諸物体の求心力は，同じ諸円の中心へと向かう。そして相互に，等しい時間内に描かれる弧の自乗を円の半径でそれぞれ割った商に比例する[76]。

これらの力は（命題2，および命題1，系IIにより）それぞれ円の中心へと向かい，かつ（命題1，系IVにより）相互に，等しい時間内に描かれる微小弧の正矢に比例する。すなわち（補助定理7により）同じ弧の自乗を円の直径で割った商に比例する。したがって，それらの弧は任意の等しい時間内に描かれる弧に比例し，また直径は半径に比例するから，これらの力は，同じ時間内に描かれる任意の弧の自乗を円の半径で割った商に比例する。よって証明された。

系I． したがってまた，それらの弧は物体の速度に比例するから，求心力は速度の自乗を半径で割った商に比例する。

系II． また，周期は半径を速度で割った商に比例するから，求心力は半径を周期の自乗で割った商に比例する。

系III． それゆえ，もし周期が等しく，したがって速度が半径に比例するならば，求心力もまた半径に比例するであろう。またこの逆も成り立つ。

系IV． もし周期と速度とがともに半径の平方根に比例するならば，求心力は相互の間で相等しいであろう。またこの逆も成り立つ。

系V． もし周期が半径に比例し，したがって速度が等しい

ならば，求心力は半径に逆比例するであろう。またこの逆も成り立つ。

系 VI. もし周期が半径の $\frac{3}{2}$ 乗に比例し，したがって速度が半径の平方根に逆比例するならば，求心力は半径の自乗に逆比例するであろう[77]。またこの逆も成り立つ。

系 VII. また一般に，もし周期が半径 R の任意の累乗 R^n に比例し，したがって速度が半径の累乗 R^{n-1} に逆比例するならば，求心力は半径の累乗 R^{2n-1} に逆比例するであろう。またこの逆も成り立つ。

系 VIII. 同じことは，物体が任意の相似図形の相似部分を描く時間，速度，および力に関してもいえる。ただし，それらの相似図形は，その図形と相似の位置にそれらの中心をもつものとする。このことは，前の場合の証明をそれらに適用してみればわかる。そしてその適用は容易であって，単に一様な運動のかわりに面積の一様な描出をもって置き換え，また半径のかわりに中心からの物体の距離を用いればよい。

系 IX. 同じ証明から，また次の結果も出てくる。すなわち，ある与えられた求心力によってある円周上を一様に回転する物体が，任意の時間内に描く弧は，その円の直径と，その同じ与えられた力によって落下する同じ物体が，同じ与えられた時間内に描く距離との間の比例中項である，と。

注
系 VI の場合は（クリストファー・レン卿 Sir Christopher Wren，フック博士 Dr. Hooke およびハレー博士 Dr. Halley がそれぞれ別個に観察したように）天体において行なわれる。それゆえ，以下において，中心からの距離の自乗にしたがって減少する求心力に

関連するそれらのことがらについて，さらに詳しく論じようと思う。

なお，前述の命題およびその系により，ある一つの求心力と他の任意の既知の力，たとえば重力のような力との割合を見いだすことができる。なぜならば，もしある物体が，その重力により，地球と同心の円上を回転するとすれば，この重力はすなわち求心力だからである。ところが，重い物体の落下から，(本命題の系 IX により) 任意の与えられた時間内に描く弧と同様に，1回転の時間が与えられる。そしてこのような命題により，ハイゲンス氏 (Mr. Huygens) は，その名著『振子時計について (*De horologio oscillatorio*)』において，重力と回転体の遠心力とを比較したのであった。

前述の命題は次のようなやり方によっても証明することができる。すなわち，任意の円に，任意の辺数をもつ一つの多角形が内接しているものとする。そして，もしその多角形の辺に沿って，ある与えられた速度で動く1物体が，各角点において円から反射されるものとすれば，それが反射のつど円に突き当たる力は，その速度に比例するであろう。したがって，ある与えられた時間内におけるそれらの力の和は，その速度と反射回数との積に比例するであろう。換言すれば，(もし多角形の種類が与えられるならば) その与えられた時間内に描く長さに比例し，かつ同じ長さと円の半径との比において増減する。すなわち，その長さの自乗を半径で割った商に比例する。したがって，多角形はその辺を無限に小さくすることによって円と一致し，ある与えられた時間内に描かれる弧の自乗を半径で割った商に比例することになる。これが円に及ぼす物体の遠心力であり，そしてそれは，円が物体を絶え

第II章　求心力の決定

ず中心へと押し返す力と逆向きであり，大きさは相等しい。

命題 5．問題 1

任意の場所において，物体がある共通の中心に向かう力により，ある与えられた図形を描くその速度が与えられているときに，その中心を見いだすこと。

三つの直線 PT, TQV, VR を，描かれた図形に P, Q, R の 3 点でそれぞれ接しさせ，かつ T および V において交わらせる〔図13〕。接線の上に垂線 PA, QB, RC を立て，その長さをそれぞれ接点 P, Q, R における速度に逆比例させ

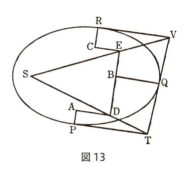

図 13

る。すなわち，PA と QB との比が，Q における速度と P における速度との比になるように，また，QB と RC との比が，R における速度と Q における速度との比になるようにする。垂線の端 A, B, C を通って直角に AD, DBE, EC をひき，D および E において交わらせる。そして直線 TD, VE を延長し，S において交わらせれば，S は求める中心である。

なぜならば，中心 S から接線 PT, QT に下した垂線は（命題1，系Iにより）点 P および Q における物体の速度に逆比例し，したがって，作図により，垂線 AP, BQ に比例する。すなわち，点 D からこれら接線に下した垂線に比例する。ゆえに，点 S, D, T は 1 直線上にあることが容易に推論される。また，同様の論法により，点 S, E, V もまた 1 直線上にある。

したがって，中心Sは直線TD, VEの交点にある。よって証明された。

命題6．定理5

抵抗のない空間内において，もし1物体がある不動の中心のまわりの任意の軌道上を公転し，かつ微小時間内に，ちょうどそのとき生まれたばかりの任意の弧[78]を描き，その弧の正矢[79]が弦を二等分してひかれ，力の中心を通って延長されたとすれば，その弧の中点における求心力は正矢に比例し，かつ時間の自乗に逆比例するであろう。

なぜならば，与えられた時間内における正矢は（命題1，系IVにより）力に比例するが，その時間を任意の比率で増すならば，弧〔の長さ〕も同じ比率で増すから，（補助定理11，系IIおよびIIIにより）正矢はその比率の自乗で増すであろう。したがって，それは力に比例し，かつ時間の自乗に比例して増す。両辺を時間の自乗で割れば，力は正矢に比例し，時間の自乗に逆比例することになる。よって証明された。

また，同じことは補助定理10，系IVによっても容易に証明できる。

系I． 中心Sのまわりに公転する1物体Pが曲線APQを描き，その上の任意の点Pにおいて直線ZPRがそれに接するものとする〔図14〕。また曲線上の他の任意の点Qから，QRを距離SPに平行にひき，接線とRにおいて交わらせ，QTを距離SPに垂直

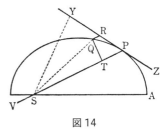

図14

第II章　求心力の決定

にひく。そうすれば，求心力は，点PとQとが一致するとき，立体 $\dfrac{SP^2 \cdot QT^2}{QR}$ が窮極においてとるその値に逆比例するであろう。なぜならば，QR は中点がPであるような弧 QP の2倍弧の正矢に等しく，また三角形 SQP の2倍，すなわち SP・QT は，その2倍弧の描かれる時間に比例し[80]，したがってその時間を表わすのに用いられるからである。

系 II. 同様な推論により，もしSYを力の中心から軌道の接線PRに下した垂線とすれば，求心力は立体 $\dfrac{SY^2 \cdot QP^2}{QR}$ に逆比例する。なぜならば，長方形 SY・QP と SP・QT とは相等しいからである。

系 III. もし軌道が円であるか，そうでなければ一つの円に共心的に接し，または交わり，つまり，円とごく微小な接触角または交切角をつくり，点Pにおいて同じ曲率と同じ曲率半径とをもち，かつ，もしPVを物体から力の中心を通って引いたこの円の弦とするならば，求心力は立体 $SY^2 \cdot PV$ に逆比例するであろう。なぜならば，PV は $\dfrac{QP^2}{QR}$ だからである。

系 IV. 同じことがらが仮定されるならば，求心力は速度の自乗に比例し，弦〔の長さ〕に逆比例する。なぜならば，速度は命題1，系Iにより，垂線SYに逆比例するからである。

系 V. ゆえに，もし任意の曲線図形 APQ が与えられ，またその内部に1点Sが与えられ，求心力が絶えずその点へと向かうものとすれば，物体Pが直線経路から絶えず引き戻されてその図形の周辺上に留まりながら，継続的な公転によって同じ経路を描くような，そういう求心力の法則が見いだされうるであろう。換言すれば，計算によって[81]，立体

$\dfrac{SP^2 \cdot QT^2}{QR}$ あるいは立体 $SY^2 \cdot PV$ がこの力に逆比例することを見いだすはずである。次の諸問題において，これの諸例を与えよう。

命題7．問題2

1 物体がある一つの円周上を公転するときに，任意の与えられた点に向かう求心力の法則を見いだすこと。

VQPA を円周とし〔図15〕，S は力が向かう中心としての与えられた点，P は円周上を動きつつある物体，Q はそれが動くべきその次の位置，そして

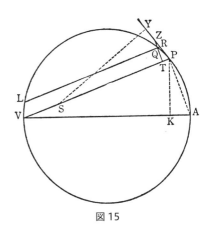

図15

PRZ は前の位置における円の接線とする。点 S を通って弦 PV をひき，また円の直径 VA をひく。AP を結び，QT を SP に垂直にひき，延長して接線 PR と Z において交わらせ，最後に，点 Q を通って SP に平行に LR をひき，円と L において，また接線 PZ と R において交わらせる。そうすれば，相似三角形 ZQR, ZTP, VPA から $RP^2 : QT^2 = AV^2 : PV^2$ を得る。$RP^2 = RL \cdot QR$ であるから，$QT^2 = \dfrac{RL \cdot QR \cdot PV^2}{AV^2}$ となる。この両辺に $\dfrac{SP^2}{QR}$ をかけ，点 P と Q とを一致させれば，RL の代わりに PV と書いてよいから

第II章　求心力の決定

$$\frac{SP^2 \cdot PV^3}{AV^2} = \frac{SP^2 \cdot QT^2}{QR}$$

が得られる。したがって（命題6，系IおよびVにより）求心力は $\frac{SP^2 \cdot PV^3}{AV^2}$ に逆比例する。換言すれば，（AV^2 は与えられているから）SP^2 と PV^3 との積に逆比例する。よって見いだされた。

別法. 接線PRの延長上に垂線SYを下せば（相似三角形SYP, VPAから）AV：PV＝SP：SYを得る。したがって $\frac{SP \cdot PV}{AV} = SY$，したがって $\frac{SP^2 \cdot PV^3}{AV^2} = SY^2 \cdot PV$ である。ゆえに（命題6，系IIIおよびVにより）求心力は $\frac{SP^2 \cdot PV^3}{AV^2}$ に逆比例する。換言すれば（AVは与えられているから）$SP^2 \cdot PV^3$ に逆比例する。よって見いだされた。

系I. ゆえに，もし求心力が常に向かうところの与えられた点Sが，Vにおけるように，円の周上に置かれているとすれば，求心力は距離SPの5乗に逆比例することになる。

系II. 力の中心S〔図16〕のまわりに，物体Pを円APTVに沿って回転させる力と，他の任意の力の中心Rのまわりに，同じ円上を，同じ周期をもって，同じ物体Pを回転させる力との比は，$RP^2 \cdot SP$ と線分SGの3乗との比に等しい。ここにSGは，第1の力の中心Sから，第2の力の中心Rと物体との距離PRに平行にひいた直線が軌道の接線PGとGにおいて交わるまでの距離である。

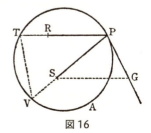

図16

なぜならば，本命題の作図により，第1の力と第2の力との比は $RP^2 \cdot PT^3$ と $SP^2 \cdot PV^3$ との比に，すなわち $SP \cdot RP^2$ と $\dfrac{SP^3 \cdot PV^3}{PT^3}$ あるいは（相似三角形PSG, TPVにより）SG^3 との比に等しいからである。

系III． 力の中心Sのまわりに，任意の軌道に沿って物体Pを回転させる力が，他の任意の力の中心Rのまわりに，同じ軌道上を，同じ周期をもって，同じ物体を回転させる力に対する比は，第1の力の中心Sから物体までの距離と，第2の力の中心Rからそれまでの距離の自乗との相乗積 $SP \cdot RP^2$ が，第2の力の中心Rから物体までの距離RPに平行に，第1の力の中心Sから引いた直線が軌道の接線PGと交わる点Gまでの距離SGの3乗に対する比に等しい。なぜならば，この軌道上の任意の点Pにおける力は，同じ曲率の円上におけるものと同じだからである。

命題8．問題3

1物体が半円周 **PQA** 上を動くときに，すべての直線 **PS**, **RS** が平行線とみなしうるほど遠い点Sに向かう求心力の法則を見いだすこと〔図17〕。

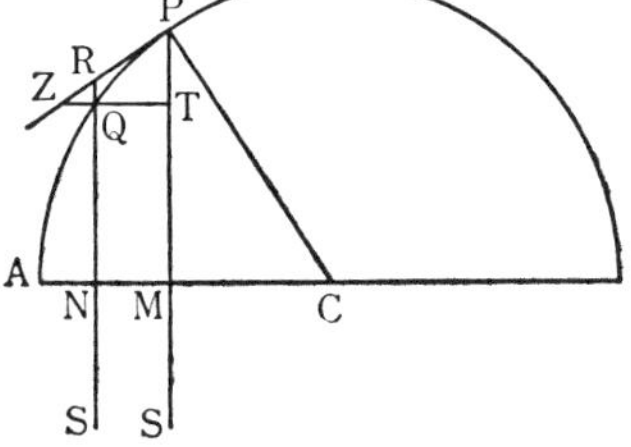

半円の中心Cから半径CAをひき，平行線とMおよびNにおいて直交させ，またCPを結ぶ。相似三角形CPM, PZT および RZQ から $CP^2 : PM^2 = PR^2 : QT^2$ が得

図17

第 II 章　求心力の決定

られるであろう。また円の性質から，点 P と Q とが一致するときは $PR^2 = QR(RN+QN) = QR \cdot 2PM$ である。ゆえに，$CP^2 : PM^2 = QR \cdot 2PM : QT^2$，あるいは $\dfrac{QT^2}{QR} = \dfrac{2PM^3}{CP^2}$，あるいは $\dfrac{QT^2 \cdot SP^2}{QR} = \dfrac{2PM^3 \cdot SP^2}{CP^2}$ である。したがって（命題 6，系 I および V により），求心力は $\dfrac{2PM^3 \cdot SP^2}{CP^2}$ に逆比例する。あるいは（与えられた比 $\dfrac{2SP^2}{CP^2}$ をすてて）PM^3 に逆比例する。よって見いだされた。

また同じことは，前命題からも容易に推論される。

注

また同じような推論により，物体は，無限に遠い力の中心へと向かう縦線の 3 乗に逆比例する求心力によって，楕円を，あるいは双曲線または放物線さえも描くであろう。

命題 9．問題 4

1 物体がすべての動径 SP, SQ 等を，ある与えられた角で切る螺線 PQS 上を回転するときに，その螺線の中心に向かう求心力の法則を見いだすこと〔図 18〕。

無限小の角 PSQ が与えられたとする。そうすれば，すべての角が与えられているのであるから，図形 SPRQT は明細に与えられるはずである。ゆえに，比 $\dfrac{QT}{QR}$ も与えられ，したがって $\dfrac{QT^2}{QR}$ は QT に，つまり（図形が明細に与えられているのであるから）SP に比例する。ところが，もし角 PSQ が何らかの仕方で変化するとすれば，接触角 QPR を張る線分 QR は（補

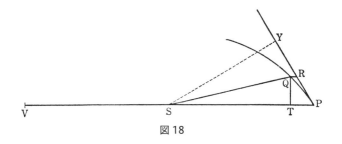

図18

助定理11により）PR^2 あるいは QT^2 に比例して変化するであろう。ゆえに，比 $\dfrac{QT^2}{QR}$ は前と同じで，つまりSPに比例する。また $\dfrac{QT^2 \cdot SP^2}{QR}$ は SP^3 に比例し，したがって（命題6, 系IおよびVにより）求心力は距離SPの3乗に逆比例する。よって見いだされた。

別法．接線上に下した垂線SYと，螺線を同心的に切る円の弦PVとは，高さSPに対して，与えられた比をなす。したがって SP^3 は $SY^2 \cdot PV$ に比例し，すなわち（命題6, 系ⅢおよびVにより）求心力に逆比例する。

補助定理12
与えられた楕円または双曲線の任意の共役直径のまわりに外接するすべての平行四辺形は互いに相等しい。

これは円錐曲線の著者たちによって証明されている[82]。

命題10．問題5
1物体が楕円上を回転するとき，楕円の中心に向かう求心力の法則を見いだすこと。

第II章 求心力の決定

CA, CB を楕円の両半軸とし，GP, DK を共役直径，PF, QT をそれらの直径への垂線，Qv を直径 GP への縦線とする〔図 19〕。そしてもし平行四辺形 QvPR が完成されたとすれば，(円錐曲線の性質[83]により)

$$Pv \cdot vG : Qv^2 = PC^2 : CD^2$$

である。また相似三角形 QvT, PCF から

$$Qv^2 : QT^2 = PC^2 : PF^2$$

である。また Qv^2 を消去することにより，$vG : \dfrac{QT^2}{Pv} = PC^2 : \dfrac{CD^2 \cdot PF^2}{PC^2}$ である。QR=Pv であり，かつ (補助定理 12 により) BC・CA=CD・PF であるが，点 P と Q とが一致するときには，2PC=vG であるから，内項と外項とをそれぞれ掛け合わせて，$\dfrac{QT^2 \cdot PC^2}{QR} = \dfrac{2BC^2 \cdot CA^2}{PC}$ となる。ゆえに (命題 6, 系 V

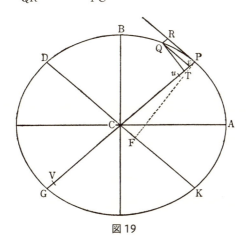

図 19

により) 求心力は $\dfrac{2\mathrm{BC}^2 \cdot \mathrm{CA}^2}{\mathrm{PC}}$ に, 換言すれば ($2\mathrm{BC}^2 \cdot \mathrm{CA}^2$ は与えられているから) $\dfrac{1}{\mathrm{PC}}$ に逆比例する。換言すれば距離 PC に比例する。よって見いだされた。

別法. 線分 PG 上に, かつ Tu と Tv とが等しくなるように, 点 T の他の側に点 u をとり, つぎに uV : vG = DC^2 : PC^2 となるように uV をとる。そうすれば, 円錐曲線論により, Qv^2 : P$v \cdot v$G = DC^2 : PC^2 であるから, Qv^2 = P$v \cdot u$V を得る。両辺に P$u \cdot$Pv を加えれば, 弧 PQ の弦の平方が積 PV$\cdot$Pv に等しくなるであろう。したがって, P において円錐曲線に接し, かつ点 Q を通る円は, 点 V をも通るであろう。いま, 点 P と Q とを一致させれば, 比 DC^2 : PC^2 に等しい比 uV : vG は, 比 PV : PG あるいは PV : 2PC となり, したがって PV は $\dfrac{2\mathrm{DC}^2}{\mathrm{PC}}$ に等しくなるであろう。したがって, 物体 P を楕円上に回転させる力は, (命題 6, 系 III により) $\dfrac{2\mathrm{DC}^2}{\mathrm{PC}} \cdot \mathrm{PF}^2$ に逆比例するであろう。換言すれば ($2\mathrm{DC}^2 \cdot \mathrm{PF}^2$ は与えられているから) PC に比例するであろう。よって求められた。

系 I. したがって, 力は楕円の中心から物体までの距離に比例する。また逆に, もし力が距離に比例するならば, 物体は, その中心が力の中心と一致するような一つの楕円上を, あるいは恐らく, 楕円の退化したものである一つの円周上を動くであろう。

系 II. また同じ中心のまわりのすべての楕円に沿って行なわれる回転の周期は相等しいであろう。なぜならば, 相似な楕円の場合のそれらの周期は (命題 4, 系 III および VIII によ

り）相等しいはずであり，また，その長軸を共有する諸楕円においては，回転周期はそれら各楕円の全面積に比例し，等しい時間内に描かれる面積の部分に逆比例する[84]；換言すれば，その短軸に比例し，かつそれらの長軸の頂点における物体の速度に逆比例する；換言すれば，短軸に比例し，かつ共通軸上の同じ点までの縦線に逆比例する；したがって（正比と逆比とが相等しいことから）1：1の等比をなすからである。

注

もし楕円が，その中心を無限の距離にまで遠ざけられることによって放物線に転化するとすれば，物体はこの放物線上を動くであろう。そしてこの場合，無限遠にある中心へと向かう力は一定となるであろう。これすなわちガリレオの定理である。また，もし円錐の放物線的切口が（円錐を切る平面の傾きを変えることによって）双曲線に転化するとすれば，物体はこの双曲線の周上を動くことになり，その求心力は遠心力に変わるであろう。そして円あるいは楕円におけると同じく，もし力が横軸上に位置する図形の中心へと向かうならば，それらの力は，縦線をある与えられた比率で増減することによって，あるいはたとえ縦線の横軸に対する傾きを変えるにしても，それによって，周期がもし変わらないとするならば，常に中心からの距離に比例して増減する。また，たとえどのような図形であったにせよ，もし縦線がある与えられた比率で増減するならば，あるいはそれらの傾きがどのように変わろうとも周期が不変でさえあるならば，横軸上に置かれた任意の中心へと向かう力は，各縦線上において，中心からの距離に比例して増減する。

第 III 章
離心円錐曲線上の物体の運動

命題 11．問題 6

1 物体が楕円上を公転するとして，楕円の焦点に向かう求心力の法則を見いだすこと．

S を楕円の焦点とする〔図 20〕．SP をひいて楕円の径 DK と E において，また縦線 Qv と x において交わらせ，平行四辺形 QxPR を完成する．EP が半長軸 AC に等しいことは明らかである．なぜならば，楕円の他の焦点 H から EC に平行に HI をひけば，CS, CH は相等しいから，ES, EI もまた相等しいであろう．ゆえに EP は PS, PI の和の半分であり，すなわち（HI, PR は平行で，∠IPR と ∠HPZ とは相等しいから）PS, PH

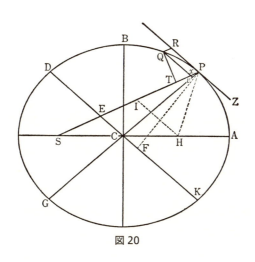

図 20

の和の半分であり，これは全長軸 2 AC に等しいからである。QT を SP に垂直にひき，楕円の主通径 $\left(\text{すなわち}\dfrac{2\text{BC}^2}{\text{AC}}\right)$ を L とおけば

$$\text{L}\cdot\text{QR} : \text{L}\cdot\text{P}v = \text{QR} : \text{P}v = \text{PE} : \text{PC} = \text{AC} : \text{PC}$$

また $\text{L}\cdot\text{P}v : \text{G}v\cdot\text{P}v = \text{L} : \text{G}v$，また $\text{G}v\cdot\text{P}v : \text{Q}v^2 = \text{PC}^2 : \text{CD}^2$ である[85]。

補助定理 7，系 II により，点 P と Q とが一致するときは，$\text{Q}v^2 = \text{Q}x^2$，また $\text{Q}x^2 : \text{QT}^2 = \text{Q}v^2 : \text{QT}^2 = \text{EP}^2 : \text{PF}^2 = \text{CA}^2 : \text{PF}^2$，また（補助定理 12 により）これは $\text{CD}^2 : \text{CB}^2$ に等しい。これら四つの比の対応する項を掛け合わせ，約分すれば，次の結果が得られるであろう。すなわち，$\text{AC}\cdot\text{L} = 2\text{BC}^2$ であるから

$$\begin{aligned}\text{L}\cdot\text{QR} : \text{QT}^2 &= \text{AC}\cdot\text{L}\cdot\text{PC}^2\cdot\text{CD}^2 : \text{PC}\cdot\text{G}v\cdot\text{CD}^2\cdot\text{CB}^2 \\ &= 2\text{PC} : \text{G}v\end{aligned}$$

ところが，点 Q と P とが一致するときは，2PC と $\text{G}v$ とは相等しくなり，したがって，これらに比例する $\text{L}\cdot\text{QR}$ と QT^2 もまた相等しくなるであろう。これら相等しいものに $\dfrac{\text{SP}^2}{\text{QR}}$ をかければ，$\text{L}\cdot\text{SP}^2$ は $\dfrac{\text{SP}^2\cdot\text{QT}^2}{\text{QR}}$ に等しくなるであろう。したがって（命題 6，系 I および V により）求心力は $\text{L}\cdot\text{SP}^2$ に，すなわち距離 SP の自乗に逆比例する。よって見いだされた。

別法. 物体 P を楕円上に公転させるような，その楕円の中心に向かう力は，（命題 10，系 I により）楕円の中心 C から物体までの距離 CP に比例するから，CE を楕円の接線 PR に平行にひけば，同じ物体 P を楕円内の他の任意の点 S のまわ

第 III 章　離心円錐曲線上の物体の運動

りに公転させる力は，CE と PS が E で交わるとすれば，（命題 7，系 III により）$\dfrac{\mathrm{PE}^3}{\mathrm{SP}^2}$ に比例するであろう．換言すれば，もし S が楕円の焦点ならば，すなわち PE が与えられるならば，それは SP^2 に逆比例するであろう．よって見いだされた．

　問題 5 を放物線および双曲線の問題に引き直したと同じ簡潔さで，ここでも同じようなことをすることができるであろうが，しかし問題の厳正さと，以下におけるその応用とのために，特別な証明によって，それら他の場合を確かめることにしよう．

命題 12．問題 7

1 物体が双曲線上を動くものと仮定して，その図形の焦点に向かう求心力の法則を見いだすこと．

　CA, CB を双曲線の両半軸とし，PG, KD を他の共役直径，PF を直径 KD への垂線，Qv を直径 GP への 1 縦線とする〔図 21〕．SP をひき，直径 DK と E において，縦線 Qv と x において交わらせ，かつ平行四辺形 $\mathrm{QRP}x$ を完成する．EP が半交軸 AC に等しいことは明らかである．なぜならば，双曲線の他の焦点 H から，EC に平行に HI をひけば，CS, CH は相等しいから，ES, EI もまた相等しいであろう．ゆえに EP は PS, PI の差の半分，言い換えれば (IH, PR は平行線で，また ∠IPR, ∠HPZ は等角であるから) 交軸 2AC に等しいところの PS, PH の差の半分に等しいからである．QT を SP に垂直にひき，また双曲線の主通径 $\left(\text{すなわち } \dfrac{2\mathrm{BC}^2}{\mathrm{AC}}\right)$ を L とおけば，次式が得られる：

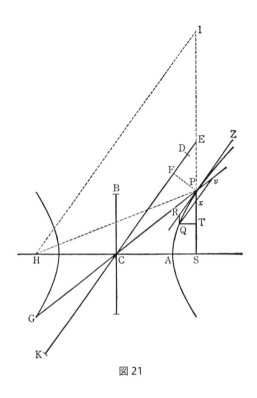

図 21

L・QR : L・Pv = QR : Pv = Px : Pv = PE : PC = AC : PC

また,L・Pv : Gv・Pv＝L : Gv,および Gv・Pv : Qv^2＝PC^2 : CD^2 である。また,補助定理 7,系 II により,P と Q とが一致するときは,Qx^2＝Qv^2 であり,Qx^2 : QT^2＝Qv^2 : QT^2＝ EP^2 : PF^2＝CA^2 : PF^2,あるいは補助定理 12 により,＝ CD^2 : CB^2 である。これらの四つの比の対応する項を掛け合わせ,約分し,かつ AC・L＝2BC^2 であることから

第III章　離心円錐曲線上の物体の運動

$$L \cdot QR : QT^2 = AC \cdot L \cdot PC^2 \cdot CD^2 : PC \cdot Gv \cdot CD^2 \cdot CB^2$$
$$= 2PC : Gv$$

である。ところが，点PとQとが一致するときは，2PCとGvとは相等しくなり，したがって，それらに比例するL・QRとQT²とも相等しくなる。これら相等しいものに$\dfrac{SP^2}{QR}$をかければ，L・SP²と$\dfrac{SP^2 \cdot QT^2}{QR}$とは相等しいことになる。したがって（命題6，系IおよびVにより）求心力はL・SP²に，すなわち距離SPの自乗に逆比例する。よって見いだされた。

別法．双曲線の中心Cから遠ざかるような向きに働く力を求める。これは距離CPに比例するであろう。ところが（命題7，系IIIにより）焦点Sに向かう力は$\dfrac{PE^3}{SP^2}$に比例するが，PEは与えられているから，それはつまりSP²に逆比例することになる。よって見いだされた。

また同様にして，物体がその求心力を遠心力に換えられたときには，共役双曲線上を動くであろうことも証明できる。

補助定理13
任意の頂点に属する放物線の通径は，図形の焦点からその頂点までの距離の4倍に等しい。

これは円錐曲線論の著者らによって証明されている[86]。

補助定理14
放物線の焦点からその接線上に下された垂線は，接点から焦点までの距離と，図形の主頂点から焦点までの距離との比例中項に等しい。

なぜならば，APを放物線とし〔図22〕，Sをその焦点，Aをその主頂点，Pを接点，POを主軸への縦線，PMを主軸とMにおいて交わる接線，SNを焦点から接線

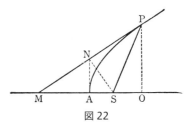

図22

に下した垂線とする。ANを結べば，MSとSP，MNとNP，MAとAOとはそれぞれ長さの等しい線分であるから，直線AN, OPは平行となるであろう。したがって三角形SANはAにおいて直角であり，合同三角形SNM, SNPと相似である。ゆえに，PSとSNとの比は，SNとSAとの比に等しい。よって証明された。

系I. PS^2 と SN^2 との比は，PSとSAとの比に等しい。

系II. そしてSAは与えられているから，SN^2 はPSに比例する。

系III. また任意の接線PMと，焦点から接線に垂直に下した直線SNとの交点は，主頂点において放物線に接する直線AN上に落ちる。

命題13. 問題8

1物体が放物線に沿って動くとき，その図形の焦点に向かう求心力の法則を見いだすこと。

上述の補助定理の作図をそのまま利用し，Pを放物線上の物体とし，それが次に進むべき場所QからSPに平行にQRを，また垂直にQTをひき，またQvを接線に平行にひき，径PGとvにおいて，SPとxにおいて交わらせる〔図23〕。さ

第III章　離心円錐曲線上の物体の運動

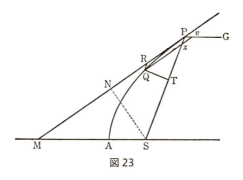
図23

て，三角形 P$x$$v$ と SPM とは相似であり，かつ後者の SP, SM 両辺は相等しいから，前者の辺 Px あるいは QR と辺 Pv ともまた相等しい。ところが（円錐曲線論により）縦線 Qv の自乗は，通径と直径上の切片 Pv との積に等しく[87]，換言すれば（補助定理13により）積 4PS・Pv あるいは 4PS・QR に等しい。そして点 P と Q とが一致するときは，（補助定理7, 系IIにより）Qx＝Qv である。したがって，この場合においては，Qx^2 が積 4PS・QR に等しくなる。ところが（相似三角形 QxT, SPNから）Qx^2 : QT^2＝PS^2 : SN^2（また補助定理14, 系Iにより）＝PS : SA＝4PS・QR : 4SA・QR である。ゆえに，（ユークリッドの『原論』，第V巻，命題9により）QT^2＝4SA・QR となる。この両辺に $\dfrac{\text{SP}^2}{\text{QR}}$ をかければ，$\dfrac{\text{SP}^2 \cdot \text{QT}^2}{\text{QR}}$ は SP^2・4SA に等しくなるであろう。したがって，（命題6, 系IおよびVにより）求心力は SP^2・4SA に逆比例する。換言すれば，4SA は与えられているから，距離 SP の自乗に逆比例することになる。よって見いだされた。

系I. 以上3個の命題からつぎの結果が出る。すなわち，

もし任意の物体 P が場所 P から任意の速度をもって任意の直線 PR の方向に沿って動き，同時に中心からその場所までの距離の自乗に逆比例する求心力の作用を受けるならば，物体はその力の中心を焦点とするような一つの円錐曲線上を動くであろうし，そしてその逆もまた真である，と。なぜならば，焦点と接点と接線の位置とが与えられているのであるから，その点においてある与えられた曲率をもつような一つの円錐曲線が描かれるであろう。ところが，曲率は求心力と与えられた物体の速度とから与えられるものであり，しかも互いに接触する 2 個の軌道が，同じ求心力と同じ速度とによって描かれるということはありえないからである。

系 II. もし場所 P から動く物体の速度が，ある無限小の時間内に小線分 PR を描くようなものであるとし，また求心力が，同じ時間内に同じ物体を距離 QR だけ動かすようなものであるとすれば，物体は，小線分 PR, QR が無限小にまで減少した窮極の状態における主通径の大きさが $\frac{QT^2}{QR}$ であるような一つの円錐曲線を描く[88]。

これらの系においては，円も一つの楕円と考えている。また物体が直線に沿って中心へと落下する場合は除外している。

命題 14．定理 6

もしいくつかの物体が 1 個の共通中心のまわりを公転し，かつ求心力がその中心からおのおのの場所までの距離の自乗に逆比例するならば，それらの軌道の主通径は，物体が，中心にひかれた動径によって等しい時間内に描く面積[89]の自

乗に比例する。

なぜならば(命題13, 系IIにより)通径Lは点PとQとが一致した窮極の状態における $\dfrac{QT^2}{QR}$ に等しい〔図24〕。ところが、与えられた時間内における小線分QRは、それを生ずる求心力に比例する。換言すれば(仮定により)SP^2 に逆比例する。したがって $\dfrac{QT^2}{QR}$ は $QT^2 \cdot SP^2$ に比例する。換言すれば通径Lは面積 $QT \cdot SP$ の自乗に比例する。よって証明された。

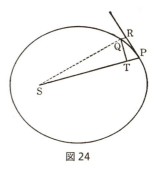

図24

系. ゆえに、楕円の全面積、およびそれに比例するところの両軸のつくる長方形の面積は、通径の平方根と周期との積に比例する。なぜならば、全面積は与えられた時間内に描かれる面積 $QT \cdot SP$ と周期との積に比例するからである。

命題15. 定理7
同様なことが仮定されたときに、楕円における周期は、その長軸の $\dfrac{3}{2}$ 乗に比例する。

なぜならば、短軸は長軸と通径との比例中項であり、したがって、両軸の積は、通径の平方根と長軸の $\dfrac{3}{2}$ 乗との積に等しい。ところが、両軸の積は、(命題14の系により)通径の平方根と周期との積に比例して変わる。両辺を通径の平方根で割れば、長軸の $\dfrac{3}{2}$ 乗が周期に比例して変わるという結果が出

るからである。よって証明された。

系. ゆえに，楕円における周期は，その直径が楕円の長軸に等しいような円におけるものと相等しい[90]。

命題 16. 定理 8

同様なことが仮定され，かつ物体を通って軌道への接線がひかれ，かつ共通の焦点からそれらの接線に垂線が下されたとすれば，物体の速度はそれらの垂線に逆比例し，かつ主通径の平方根に比例して変わる。

焦点Sから接線PRに垂線SYを下せば〔図25〕，物体Pの速度は$\frac{SY^2}{L}$の平方根に逆比例して変わるというのである。なぜならば，その速度はある与えられた瞬間内に描かれる無限小の弧PQに，あるいは（補助定理7により）接線PRに比例する。換言すれば（比例式 PR : QT = SP : SY により）$\frac{SP \cdot QT}{SY}$に比例

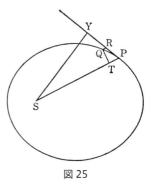

図 25

する。すなわち，SYに逆比例し，SP・QTに比例する。ところが，SP・QTは与えられた時間内に描かれる面積に比例し，すなわち（命題14により）通径の平方根に比例するからである。よって証明された。

系 I. 主通径は垂線の自乗に比例し，かつ速度の自乗に比例する。

系 II. 共通焦点から最大距離や最小距離にあるときの物

体の速度は，その距離に逆比例し，主通径の平方根に比例する。なぜならば，それらの垂線は，この場合には距離となるからである。

系III. したがって，焦点から最大距離または最小距離にあるときの円錐曲線上の速度と，中心から同じ距離にある円周上での速度との比は，主通径の平方根とその距離の2倍の平方根との比に等しい[91]。

系IV. 楕円軌道を描きつつある諸物体の速度は，物体が共通焦点からそれぞれの平均距離にあるときは，同じ距離をもって円運動をなしつつある物体の速度と同じで，つまり（命題4，系VIにより）その距離の平方根に逆比例する。なぜならば，垂線はこの場合は半短軸となり，それらはその距離と通径との間の比例中項に比例するからである。この比〈半短軸の比〉の逆数に，通径の比の平方根を掛ければ，距離の逆比の平方根が得られるであろう[92]。

系V. 同じ図形において，あるいは異なる図形においても，主通径さえ等しいならば，物体の速度は焦点から接線へと下した垂線に逆比例する。

系VI. 放物線においては，速度は，図形の焦点から物体までの距離の平方根に逆比例する。楕円においては，速度はこの比に従うよりもより大きく変化し，また双曲線においては，より少なく変化する。というのは，（補助定理14，系IIにより）放物線の焦点から接線に下した垂線は，この距離の平方根に比例するが，双曲線においては，垂線はそれほど大きくは変化せず，楕円においてはより大きく変化するからである[93]。

系VII. 放物線においては，焦点から任意の距離にある物

117

体の速度と，中心から同じ距離において円周上を回転する物体の速度との比は，2と1との比の平方根の比をなし，楕円においては，それはこの比に従うよりもより小さく，双曲線においてはより大きい[94]。なぜならば，(本命題の系Ⅱにより)放物線の頂点での速度はこの比をなし，また(本命題の系Ⅵおよび命題4により)同じ比例がすべての距離において成り立つからである。したがってまた，放物線においては，速度はいたるところで，その半分の距離をもって円周上を回転しつつある物体の速度に等しく，楕円においてはより小さく，双曲線においてはより大きい。

系Ⅷ．任意の円錐曲線上を回転する物体の速度と，その曲線の主通径の半分の距離をもって円周上を回転する物体の速度との比は，その距離と，焦点から曲線の接線上に下した垂線との比に等しい。このことは系Ⅴから知られる。

系Ⅸ．それゆえ，(命題4，系Ⅵにより)この円上を回転する1物体の速度と，他の任意の円上を回転する他の1物体の速度との比は，それらの距離の比の平方根に逆比例するから，したがってまた，ある一つの円錐曲線上を回転する1物体の速度が，同じ距離をもって円上を回転する1物体の速度に対する比は，その共通の距離と曲線の主通径の半分との間の比例中項が，共通焦点から曲線の接線上に下した垂線に対する比に等しいであろう。

命題17．問題9

求心力が，中心からその場所までの距離の自乗に逆比例するものと仮定し，かつその力の絶対値が既知であると仮定して，与えられた一つの場所から，与えられた速度をもって，

第III章 離心円錐曲線上の物体の運動

与えられた直線の方向に向かう 1 物体が描くべき経路を決定すること。

点S〔図26〕に向かう求心力が,物体 p を任意の与えられた軌道 pq 上で公転させるようなものとし,かつこの物体の場所 p における速度が既知であると仮定する。つぎに,物体Pが場所Pから与えられた速度をもって直線PRの方向に動かされるが,しかし,求心力のために,直ちにその直線からそれて,円錐曲線PQ上にくるものと考える。したがって,これは直線PRとPにおいて接するはずである。同様にして,直線 pr は p において軌道 pq に接するものとし,かつ,もしSからこれらの接線に垂線を下したとすれば,円錐曲線の主通径は,(命題16,系Iにより)その軌道の主通径に対して,垂線の自乗比と速度の自乗比との積に等しい比をなすはずで,したがってそれは与えられる。この通径をLとする。また円錐曲線の焦点Sも与えられている。角RPHを角RPSの補角とすれば,直線PHの位置は与えられ,他の焦点Hはその直線上に位置していることになる。SKをPHに垂直に

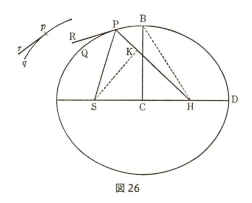

図26

下し，共役半径 BC を立てたとする．これがなされれば，次の式が得られるであろう：

$$SP^2 - 2PH \cdot PK + PH^2 = SH^2 = 4CH^2 = 4(BH^2 - BC^2)$$
$$= (SP + PH)^2 - L(SP + PH)$$
$$= SP^2 + 2PS \cdot PH + PH^2 - L(SP + PH)$$

両辺に $2PK \cdot PH - SP^2 - PH^2 + L(SP + PH)$ を加えれば

$$L(SP + PH) = 2PS \cdot PH + 2PK \cdot PH$$

あるいは

$$(SP + PH) : PH = 2(SP + KP) : L$$

が得られる．ゆえに，PH は，長さも位置もともに与えられる．すなわち，もし P における物体の速度が小さくて，通径 L が 2SP+2KP よりも小さいようであれば，PH は線分 SP とともに，接線 PR の同じ側にくるであろう．したがって図形は楕円となるはずで，これもまた，与えられた焦点 S, H, および主軸 SP+PH から与えられる．しかし，もし物体の速度が大きくて，通径 L が 2SP+2KP に等しくなるようであれば，長さ PH は無限大となり，したがって図形は直線 PK に平行な軸 SH をもつ一つの放物線となり，したがってこれも与えられる．しかし，もし物体が，その位置 P からさらに大きな速度で動くとすれば，長さ PH は接線の他の側にとられることになり，接線は焦点と焦点との間を通り，図形は線分 SP および PH の差に等しい主軸をもつ一つの双曲線となり，やはり与えられることになる．それというのも，これらの場合においては，もし物体がこのようにして見いだされた

第 III 章　離心円錐曲線上の物体の運動

円錐曲線上を回転するとすれば，求心力は力の中心Sからの物体の距離の自乗に逆比例することが，命題11, 12および13において証明されているからである。したがって，1物体が，ある与えられた場所Pから，与えられた速度をもって，かつ位置の与えられた直線PRの方向に，このような力によって描くべき経路PQを正しく決定しえたわけである。よって求められた。

系 I. ゆえに，すべての円錐曲線において，主頂点D，通径Lおよび焦点Sが与えられたならば，それらのものから，DHのDSに対する比を，通径が4DSと通径との差に対する比に等しくとることにより，他の焦点Hが与えられる。なぜならば，比

$$SP + PH : PH = 2SP + 2KP : L$$

は，本系の場合には[95]

$$DS + DH : DH = 4DS : L$$

となり，したがってDS : DH = 4DS − L : Lとなるからである。

系 II. ゆえに，もし主頂点Dにおける物体の速度が与えられるならば，軌道はただちに与えられる。すなわち，その通径と距離DSの2倍との比を，この与えられた速度と，距離DSをもって円上を回転する物体の速度との自乗比に等しくとり（命題16, 系IIIによって），つぎにDHとDSとの比を，通径が4DSと通径との差に対する比に等しくなるようにとればよいのである。

系 III. ゆえにまた，もし物体が任意の円錐曲線上を動き，

かつ任意の衝動によってその軌道から押し出されるとするならば、物体がその後辿るべき軌道を見いだしうるであろう。なぜならば、物体の本来の運動と、その衝動のみから生ずる運動とを組み合わせることにより、物体が与えられた衝動の場所から、位置の与えられた直線の方向に進行するその運動が得られるはずだからである。

系 IV. また、もしその物体が何かほかのある力の作用によって絶えず擾乱を受けるとするならば、その力が各点において導入する変化を集積し、かつ級数の展開において現われるものとの類推から、それが中間の諸点で受ける連続的な変化を算定することにより、その大体の経路を知りうるのである。

注

もし物体P〔図27〕が、任意の与えられた点Rに向かう求心力により、Cを中心とする任意の与えられた円錐曲線の周上を動くとしたときに、その求心力の法則を求めよということならば、CGを径RPに平行にひき、軌道の接線PGとGにおいて交わらせる。そうすれば、求める力は（命題10の系Iおよび注、および命題7の系IIIにより）$\dfrac{CG^3}{RP^2}$ に比例するであろう。

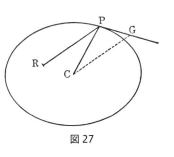

図27

第 IV 章
与えられた焦点から楕円軌道,放物線軌道およぴ双曲線軌道を見いだすこと

補助定理 15

もし任意の楕円あるいは双曲線の二つの焦点 S, H から,任意の第 3 の点 V に線分 SV, HV をひき〔図28〕,その一つ HV を,この図形の主軸,すなわち二つの焦点がのっている軸の長さに等しくし,他の線分 SV が,その上に立てられた垂線 TR により,T において二等分されるようにするならば,その垂線 TR は,円錐曲線のどこかでこれに接するであろう。また逆に,もしそれが接するならば,HV は図形の主軸に等しいであろう。

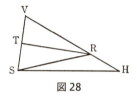

図 28

なぜならば,垂線 TR で線分 HV を,もし必要ならばそれを延長して,R において切らせ,SR を結ぶ。TS, TV は相等しいゆえ,線分 SR, VR も相等しく,また角 TRS, TRV も相等しい。ゆえに,点 R は円錐曲線上にあり,垂線 TR はそれに接する。また逆も成り立つ。よって証明された。

命題 18. 問題 10

1焦点と主軸とを与えて,与えられた諸点を通り,かつ位置の与えられた諸直線に接する楕円および双曲線を描くこと。

Sを図形の共通の焦点とし，ABを任意の1円錐曲線の主軸の長さ，Pをこの円錐曲線が通るべき点，そしてTRをそれが接すべき直線とする〔図29〕。Pを中心とし

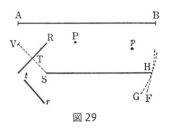

図29

て，もし軌道が楕円ならば半径AB−SPをもって，またもし軌道が双曲線ならば半径AB+SPをもって，円HGを描く。接線TR上に垂線STを下し，それをVまで延長して，TVをSTに等しくし，Vを中心として，そのまわりに距離ABをもって円FHを描く。このようにして，仮に2点P, p が与えられようが，2接線TR, tr が与えられようが，あるいは1点Pと1接線TRが与えられようが，いずれにせよ，二つの円を描かねばならない。Hをそれらの共通の交点とし，焦点S, Hから，与えられた軸をもって円錐曲線を描けば，それで事は終わったというものである。なぜならば，(楕円におけるPH+SP，双曲線におけるPH−SPは軸の長さに等しいから）描かれた円錐曲線は点Pを通り，かつ（前述の補助定理により）直線TRに接するはずだからである。また同様な議論により，それは2点P, p を通るか，あるいは2直線TR, tr に接するであろう。よって見いだされた。

命題19．問題11

与えられた1焦点のまわりに，与えられた諸点を通り，かつ位置の与えられた諸直線に接する放物線を描くこと。

Sを焦点，Pを1点，またTRを描かれるべき曲線の接線

第 IV 章　与えられた焦点から楕円軌道，放物線軌道…

とする〔図 30〕。P を中心としてそのまわりに半径 PS をもって円 FG を描く。焦点から接線上に垂線 ST を下し，それを V まで延長して TV が ST に等しくなるようにする。同様にして，もし他の 1 点 p が与えられるならば，他の円 fg が描かれるべきであり，またもし他の接線 tr が与えられるならば，他の 1 点 v が見いだされるべきである。つぎに，もし 2 点

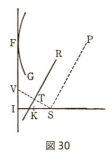

図 30

P, p が与えられるならば，2 円 FG, fg に接するような直線 IF を，またもし 2 接線 TR, tr が与えられるならば，2 点 V, v を通る直線 IF を，またもし点 P と接線 TR とが与えられるならば，円 FG に接し，かつ点 V を通る直線 IF をひく。FI 上に垂線 SI を下し，K においてそれを二等分する。そして，SK を軸とし，K を主頂点として放物線を描く。これで事は終わったというものである。なぜならば，この放物線は（SK が IK に等しく，また SP が FP に等しいから）点 P を通るはずであり[96]，また（補助定理 14，系 III により）ST は TV に等しく，かつ STR は直角であるから，直線 TR に接するはずだからである。よって見いだされた。

命題 20．問題 12

与えられた 1 焦点のまわりに，与えられた諸点を通り，かつ位置の与えられた諸直線に接するような任意の与えられた種類の円錐曲線を描くこと．

場合 1．焦点 S のまわりに，2 点 B, C を通る 1 円錐曲線 ABC を描くこと〔図 31〕．

円錐曲線の種類が与えられているのであるから、主軸と焦点間の距離との比は与えられているはずである。その比において、KB：BSを、またLC：CSをとる。中心B,C

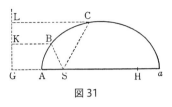

図31

のまわりに、距離BK, CLをもって二つの円を描き、KおよびLにおいてそれらの円に接する直線KL上へと垂線SGを下す。その垂線をAとaとにおいて切り、比GA：ASおよびGa：aSを、比KB：BSに等しくする。そして、Aaを軸とし、A, aを頂点として一つの円錐曲線を描けば、それで事は終わったというものである。なぜならば、Hをその描かれた図形の他の焦点とし、かつGA：AS＝Ga：aSであることに注目すれば、Ga－GA：aS－AS＝GA：AS、あるいはAa：SH＝GA：AS、したがって、GAとASとは、描かれるべき図形の主軸がその焦点間の距離に対してもつ比と同じ比をなす。したがって、描かれた図形は、求める図形と同種のものである。そして、KB：BSおよびLC：CSは同じ比になるのであるから、この図形は、円錐曲線論から明らかなように、点B, Cを通るはずである。

場合 2. 焦点Sのまわりに、2直線TR, trとどこかで接するような1円錐曲線を描くこと。

焦点からそれらの接線に垂線ST, Stを下し、V, vまで延長して、TV, tvをTS, tSに等しくする〔図32〕。VvをOにおいて二等分し、無限垂線OHを立て、また直線VSを無限に延長してそれをKとkにおいて切り、比VK：KSおよびVk：kSが、求める円錐曲線の主軸とその焦点間の距離との

第 IV 章　与えられた焦点から楕円軌道，放物線軌道…

比に等しくなるようにする。
Kk を直径として円を描き，
OH と H において交わらせ，
そして，S, H を焦点として，
VH に等しい主軸をもつ円錐
曲線を描けば，それで事は終
わったというものである。な
ぜならば，Kk を X において

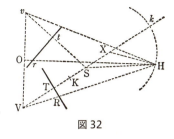

図 32

二等分し，HX, HS, HV, Hv を結べば，VK : KS は Vk : kS に
等しく，そしてこれは加比により VK+Vk : KS+kS に，ま
た差比により Vk－VK : kS－KS に等しい．すなわち 2VX :
2KX および 2KX : 2SX に等しい．したがって VX : HX および
HX : SX にも等しい．それゆえ，三角形 VXH, HXS は相
似[97]となるはずで，したがって VH : SH は VX : XH に，
したがって VK : KS に等しいはずである．それゆえ，描かれ
た円錐曲線の主軸 VH は，焦点間の距離 SH に対し，求める
円錐曲線の主軸がその焦点間の距離に対してもつと同じ比を
もつわけで，したがって同じ種類のものである．また，VH,
vH は主軸に等しく，かつ VS, vS は直線 TR, tr によって直角
に二等分されていることに注目すれば，それらの直線が描か
れた円錐曲線に接することは（補助定理 15 により）明らかで
ある．よって見いだされた．

場合 3. 焦点 S のまわりに，1 直線 TR と与えられた 1 点
R において接するような 1 円錐曲線を描くこと．

直線 TR 上に垂線 ST を下し〔図 33〕，それを V まで延長し
て VT を ST に等しくし，VR を結び，かつ無限に延長され
た直線 VS を K と k とにおいて切り，比 VK : SK および

127

Vk : Sk が, 求める楕円の主軸とその焦点間の距離との比をなすようにする。直径 Kk 上に円を描き, 直線 VR の延長と H において交わらせ, つぎに S, H を焦点として,

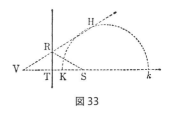

図33

VH に等しい主軸をもつ1円錐曲線を描けば, それで事は終わったというものである。なぜならば, VH : SH = VK : SK であり, したがってこれは (場合2で証明されたことからわかるように) 求める円錐曲線の主軸とその焦点間の距離との比に等しく, したがって, 描かれた円錐曲線は求めるものと同種類のものである。ところが, 角 VRS を二等分する直線 TR が, 点 R においてその円錐曲線に接することは, 円錐曲線の性質から確かだからである。よって見いだされた。

場合 4. 焦点 S のまわりに, 1直線 TR に接し, かつ接線外の任意の与えられた1点 P を通り, 主軸 ab および焦点 s, h をもって描かれた図形 apb に相似であるような1円錐曲線 APB を描くこと。

接線 TR 上へ垂線 ST を下し〔図34〕, それを V まで延長して, TV を ST に等しくする。また角 hsq, shq を角 VSP, SVP に等しくし, q を中心としてそのまわりに, ab に対してSP : VS の比をなすような半径をもって円を描き, 図形 apb と p において交わらせる。sp を結び, また SH をひいて, その SH が sh に対する比を, SP が sp に対する比に等しくし, かつ角 PSH を角 psh に, 角 VSH を角 psq に等しくする。つぎに, S, H を焦点とし, 距離 VH に等しい AB を主軸として円錐曲線を描けば, それで事は終わったというものである。

第 IV 章　与えられた焦点から楕円軌道, 放物線軌道…

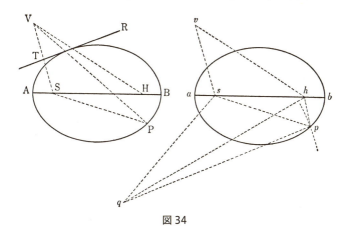

図 34

なぜならば, もし sv が sp に対して sh : sq の比をなすようにひかれ, また角 vsp が角 hsq に等しく, 角 vsh が角 psq に等しくされたとすれば, 三角形 svh, spq は相似となり, したがって vh は pq に対し sh : sq の比をなすであろう。換言すれば, (相似三角形 VSP, hsq により) VS : SP あるいは ab : pq の比をなすであろう。ゆえに vh と ab とは相等しい。ところが, 相似三角形 VSH, vsh から, VH : SH は vh : sh に等しい。換言すれば, いま描いた円錐曲線の軸がその焦点間の距離に対する比は, 軸 ab が焦点間の距離 sh に対する比に等しく, したがっていま描いた図形は図形 apb に相似である。ところが, 三角形 PSH は三角形 psh に相似であるから, この図形は点 P を通り, また VH はその軸に等しく, VS は直線 TR によって垂直に二等分されているから, 上記の図形は直線 TR に接する。よって見いだされた。

補助定理 16

与えられた 3 点から未知の第 4 点へと 3 線分をひき，それらの差を与えられた長さ，あるいは零にすること。

場合 1. 与えられた点を A, B, C とし，Z を見いだすべき第 4 点とする〔図 35〕。線分 AZ と BZ との差は与えられているから，点 Z の軌跡は，その焦点が A, B であり，主軸が与えられた差に等しいような一つの双曲線である。その主軸を MN とする。PM : MA を MN : AB の比に等しくとり，PR を AB に垂直に立て，ZR を PR に垂直に下す。そうすれば，双曲線の本性から，ZR : AZ = MN : AB である。また同様な議論により，Z の軌跡は，焦点が A, C で，主軸が AZ と CZ との差であるような他の 1 双曲線であろう。そして，AC への垂線 QS をひき，その QS へこの双曲線の任意の点 Z から垂線 ZS を下したときに，ZS が AZ に対し，AZ と CZ との差が AC に対する比をなすようにする。そうすれば，ZR および ZS の AZ に対する比は与えられ，したがって ZR と ZS との相互の比も与えられる。ゆえに，もし直線 RP, SQ が T において交わり，かつ TZ および TA がひかれたとすれば，図形 TRZS はその種類がきまり，点 Z がその上のどこかにあるべき直線 TZ の位置がきまるであろう。また直線 TA および角 ATZ もきまるであろう。そして AZ および TZ の ZS に対する比は与えられるから，それら

第 IV 章　与えられた焦点から楕円軌道，放物線軌道…

の相互の比も与えられる。したがって，頂点が点Zであるような三角形 ATZ も与えられるであろう。よって見いだされた。

場合 2. もしこの 3 線分のうちの二つ，たとえば AZ と BZ とが相等しいならば，線分 AB を二等分するように直線 TZ をひく。つぎに，上のようにして三角形 ATZ を見いだすのである。よって見いだされた。

場合 3. もし 3 線分がすべて相等しいならば，点 Z は，点 A, B, C を通る円の中心となる。よって見いだされた。

この問題の補助定理は，ヴィエタ（Vieta）によって補訂された〈ペルガの〉アポロニウス（Apollonius〈of Perga〉）の『接触論（*Book of Tactions*）』においても同様に解かれている。

命題 21．問題 13

与えられた 1 焦点のまわりに，与えられた諸点を通り，かつ位置の与えられた諸直線に接する円錐曲線を描くこと。

焦点 S，点 P および接線 TR が与えられていて，他の焦点 H が見いだされるべきものとする〔図36〕。接線 TR 上へ垂線 ST を下し，それを Y まで延長して，TY を ST に等しくしたとすれば，YH は主軸に等しいで

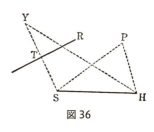

図 36

あろう。SP, HP を結べば，SP は HP と主軸との間の差となるであろう。このようにして，もしさらに多くの接線 TR が与えられたならば，あるいはさらに多くの点 P が与えられたならば，つねに上記の点 Y あるいは点 P から焦点 H へとひ

かれた，軸に等しいか，あるいは軸と与えられた長さSPだけ異なるような，つまり互いに等しいか，あるいは与えられた差をもつような，それだけの数の線分YHあるいはPHがきまるであろう。それらから（上の補助定理により）他の焦点Hが与えられる。ところが，両焦点と軸の長さ（YH, あるいは，もし円錐曲線が楕円ならばPH+SP，またもしそれが双曲線ならばPH−SP）とが与えられたとすれば，円錐曲線はきまるわけである。よって見いだされた。

注

円錐曲線が双曲線であるときは，その共役双曲線をこの双曲線の名のもとに包括することはしないことにする。というのは，連続運動をもって進行しつつある1物体が，一つの双曲線からその共役双曲線へと移ることはけっしてないからである。

3点が与えられた場合は，もっとたやすく，つぎのようにして解かれる。B, C, Dを与えられた点とする〔図37〕。BC, CDを結び，それらをE, Fまで延長して，EB : ECをSB :

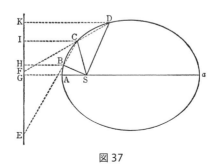

図37

第IV章　与えられた焦点から楕円軌道，放物線軌道…

SCと等しくし，またFC:FDをSC:SDと等しくする。EFをひき，延長して，その上へ垂線SG, BHを下し，また無限に延長されたGS上に，GA:ASおよびGa:aSをHB:BSに等しくとる。そうすれば，Aは円錐曲線の頂点となり，Aaは主軸となるであろう。そしてGAがASより大きいか，相等しいか，より小さいかにしたがって，曲線は楕円か，放物線か，双曲線になるであろう。点aは，第1の場合には直線GFに対しAと同じ側におち，第2の場合には無限遠の距離へと去り，第3の場合には直線GFの他の側におちる。なぜならば，もしGF上に垂線CI, DKを下せば，ICはHBに対しEC:EBの比，すなわちSC:SBの比になり，また交換により，IC:SCはHB:SBあるいはGA:SAの比になる。また同様な議論により，KDはSDに対し同一の比になることが証明できる。ゆえに，点B, C, Dは焦点Sのまわりに描かれた1円錐曲線上にあり，そして焦点Sから曲線上のいくつかの点へとひかれた線分は，いずれも同じ諸点から直線GF上へと下された垂線と，その与えられた比をなすからである。

　かの優れた幾何学者ド・ラ・ヒール氏（M. de la Hire）は，その著『円錐曲線論（*Conics*）』，第VIII巻，命題25において，この問題をほぼ同じような方法によって解いた。

第 V 章
いずれの焦点も与えられないときに，どのようにして軌道を見いだしたらよいか

補助定理 17

与えられた円錐曲線上の任意の 1 点 P から，その曲線に内接する任意の四辺形 ABDC の延長された 4 辺 AB, CD, AC, DB へ，同数の線分 PQ, PR, PS, PT が，それぞれ与えられた角をなすように，各線分が各辺へとひかれたならば，対辺 AB, CD に対する線分の積 PQ·PR と，他の 2 対辺 AC, BD に対するそれらの積 PS·PT との比は，与えられた比をなすであろう。

場合 1．まず，1 対の対辺へとひかれた線分が，他の辺のいずれかに平行だと仮定する〔図 38〕。すなわち，たとえば PQ および PR は辺 AC に平行で，また PS および PT は辺 AB に平行だとする。さらに，AC と BD のような 1 対の対辺が互いに平行だとする。そうすれば，これらの平行な辺を二等分する直線は，円錐曲線の一つの直径であり，そしてそれは RQ をも二等分するであろう。O を RQ が二等分される点とすれば，PO はその直径に対する縦線となる。PO を

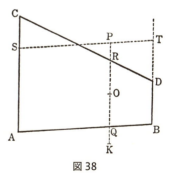

図 38

135

Kまで延長し，OKをPOに等しくすれば，OKはその直径の他の側の縦線となる。ゆえに，点A, B, PおよびKはこの円錐曲線上にあり，かつPKはABをある与えられた角で切るから，積PQ・QKは（アポロニウスの『円錐曲線論』，第III巻，命題17, 19, 21および23により），積AQ・QBに対し，与えられた比をなすであろう[98]。ところが，QKとPRとは相等しい線分OK, OP，およびOQ, ORの差であるから相等しく，したがって積PQ・QKと積PQ・PRとは相等しく，したがって積PQ・PRは積AQ・QBに対し，すなわちPS・PTに対し，与えられた比をなす。よって証明された。

場合2. つぎに，四辺形の対辺ACおよびBDが平行でないとする〔図39〕。BdをACに平行にひき，直線STとtにおいて，また円錐曲線とdにおいて交わらせる。Cdを結び，PQをrにおいて切らせ，またDMをPQに平行にひき，CdとMにおいて，またABとNにおいて

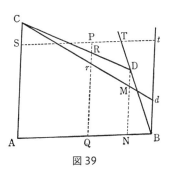

図39

交わらせる。そうすれば（相似三角形BTt, DBNから）BtあるいはPQがTtに対する比はDN：NBに等しい。同様に，RrがAQあるいはPSに対する比はDM：ANに等しい。ゆえに，前項どうしを掛け合わせ，また後項どうしを掛け合わせることにより，積PQ・Rrと積PS・Ttとの比は，積DN・DMと積NA・NBとの比に等しくなる。また（場合1により）それは積PQ・Prと積PS・Ptとの比にも等しく[99]，また差比によ

第Ⅴ章　いずれの焦点も与えられないときに, …

り、それは積PQ・PRと積PS・PTとの比にも等しくなる。よって証明された。

場合 3. 最後に, 四つの線分 PQ, PR, PS, PT が辺 AC, AB に平行ではなくて, それらとある傾きをなしているものと仮定する〔図40〕。それらの位置において, Pq, Pr を

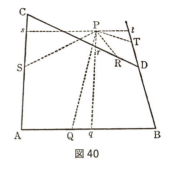

図40

AC に平行に, また Ps, Pt を AB に平行にひく。そうすれば, 三角形 PQq, PRr, PSs, PTt の角はすべて与えられているのであるから, 比 PQ:Pq, PR:Pr, PS:Ps, PT:Pt もまた与えられるであろう。したがって, 複比 PQ・PR:Pq・Pr および PS・PT:Ps・Pt は与えられる。ところが, 前に証明したことから, 比 Pq・Pr:Ps・Pt は与えられる。したがって比 PQ・PR:PS・PT もまた与えられる。よって証明された。

補助定理 18

同じ仮定のもとに, もし四辺形の二つの相対する辺にひかれた線分の積 **PQ・PR** と, 他の 2 辺にひかれたそれらの積 **PS・PT** との比が与えられるならば, それらの線分がそこからひかれた点 **P** は, その四辺形のまわりに描かれた円錐曲線の上にある。

点 A, B, C, D を通って描かれるべき一つの円錐曲線を考え〔図41〕, 無数の点 P のうちの一つ, たとえば p を考えれば, 点 P は常にこの円錐曲線上にあるというのである。もしこのことを否定したとして, AP を結んで, この円錐曲線とど

こかで，できればP以外の1点，たとえばbにおいて交わらせたとする。そうすれば，もしこれらの点pおよびbから，四辺形の辺に対して与えられた角をもって線分pq, pr, ps, pt, およびbk, bn, bf, bdをひけば，$bk \cdot bn : bf \cdot bd$は（補助定理17

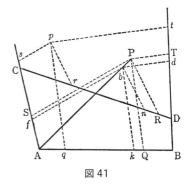

図41

により）$pq \cdot pr : ps \cdot pt$に等しく，また（仮定により）PQ・PR：PS・PTに等しい。そして相似四辺形bkAf, PQASから，$bk : bf$はPQ：PSに等しい。ゆえに，前の比例式の項を後の比例式の対応する項で割って，$bn : bd = $PR：PTを得る。したがって等角四辺形D$nbd$, DRPTは相似であり，したがってそれらの対角線Db, DPは一致する。ゆえに，bは線分AP, DPの交点につき，したがってPに一致する。ゆえに，点Pは，それがどこにとられようとも，指定された円錐曲線上におちるのである。よって証明された。

系． ゆえに，もし3線分PQ, PR, PSが，共通の1点Pから，位置の与えられた同数の他の直線AB, CD, ACに，それぞれ与えられた角をなしてひかれ，かつひかれたそれらの線分の任意の二つの積PQ・PRが，第3の線分の自乗PS^{2}に対してある与えられた比をなすならば，そこから線分がひかれたそのPという点は，点AおよびCにおいて直線AB, CDに接する一つの円錐曲線上にある。またその逆も真である。なぜならば，3直線AB, CD, ACの位置を変えずに，直線BD

第Ⅴ章　いずれの焦点も与えられないときに，…

を直線ACに近づけ，そして一致させ，したがってまた，線分PTを同様に線分PSに一致させたならば，積PS・PTはPS^{2}となり，以前は曲線を点AおよびB, CおよびDにおいて切った直線AB, CDは，もはや曲線を切らなくなり，それらの一致した点において曲線に接するだけとなるからである。

注

この補助定理において，円錐曲線という名称は，円錐の底に平行な円切線をも，また円錐の頂点を通る直線切線をも含めた広い意味に解されるべきものである。というのは，もし点 p がたまたま点AとD，あるいはCとBを結ぶ直線上にあるならば，円錐曲線は2本の直線に，すなわち，その一つは点 p がその上に落ちる直線に，また他は4点のうちの他の2点を結ぶ直線に，変わるからである。もしも四辺形の二つの対角の和が2直角に等しく，かつ，もしも四つの線分PQ, PR, PS, PTがそれらの辺に直角に，あるいは他の任意の角をなしてひかれ，そしてひかれたそれらの線分のうちの二つ，PQおよびPRがつくる積PQ・PRが，他の二つ，PSおよびPTがつくる積PS・PTに等しいならば，円錐曲線は円となるであろう。もしも四つの線分が任意の角をなしてひかれ，そしてひかれた線分のうちの1対がつくる積PQ・PRと，他の1対がつくる積PS・PTとの比が，後の2線分PS, PTがなすようにひかれたその角S, Tの正弦の積と，はじめの2線分PQ, PRがなすようにひかれた角Q, Rの正弦の積との比に等しいならば，やはり同じことが起こるであろう[100]。その他のすべての場合において，点Pの軌跡は，普通に円錐

曲線の名でとおっている
三つの図形のうちの一つ
である。ただし，四辺形
ABCDの代わりに，二つ
の対辺が対角線のように
相交わる四辺形で置き換
えてもよい。また，4点
A,B,C,Dのうちの1点
もしくは2点が無限の距
離へと遠ざかるものと考

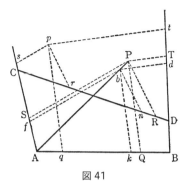

図41

えてもよく，その場合には，それらの点に集まる図形の辺
は平行となるであろう。そして，この場合には，円錐曲線
は他の点を通り，かつ平行線とともに無限へと進むであろ
う。

補助定理 19

1点Pを見いだし，その点から四つの線分PQ, PR, PS,
PTを，位置の与えられた同数の直線AB, CD, AC, BDに，
それぞれ与えられた角をなすようにひき，ひかれたそれらの
線分のうちの二つの積PQ・PRと，他の二つの積PS・PTと
が，与えられた比をなすようにすること。

積の一つをつくる二つの線分PQ, PRが，直線AB, CDへ
とひかれ〔図42〕，それらの直線AB, CDが，位置の与えられ
た他の2直線と点A, B, C, Dにおいて交わるものとする。そ
れらの点のうちの一つ，たとえばAから，任意の直線AHを
ひき，求める点Pはその上に見いだされるべきものとする。
このAHが，相隣る直線BD, CDをHおよびIにおいて切る

第V章 いずれの焦点も与えられないときに, …

ものとする。そうすれば, 図形のすべての角が与えられているのであるから, 比PQ:PAおよびPA:PS, したがって比PQ:PSもまた与えられるであろう。この比で与えられた比PQ・PR:PS・PTを割れば, 比PR:PTが与えられ

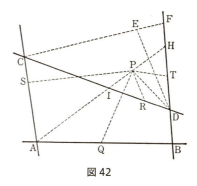

図 42

る。そしてそれと, 与えられた比PI:PRおよびPT:PHとを掛け合わせれば, 比PI:PHが, したがって点Pが与えられるであろう。よって見いだされた。

系I. ゆえにまた, すべてのP点の軌跡上の任意の点Dにおいて一つの接線がひける。なぜならば, 点PとDとが重なるところ, すなわち, AHが点Dを通ってひかれるところでは, 弦PDは一つの接線となるからである。その場合には, 次第に減少する線分IPおよびPHの窮極の比は, 上のようにして見いだされる。ゆえに, ADに平行にCFをひき, BDとFにおいて交わらせ, それをEにおいて同じ窮極比に切れば, DEは接線となるはずである。なぜならば, CFと漸減するIHとは平行であり, かつEおよびPにおいて同じ比に分割されるからである。

系II. ゆえにまた, すべてのP点の軌跡も決定される。点A,B,C,Dのうちの任意の一つ, たとえばAを通って, この軌跡に接するAEをひき〔図43〕, また他の任意の点Bを通って, その接線に平行に, 軌跡とFにおいて交わるBFをひ

き，本補助定理によって点Fを見いだす。BFをGにおいて二等分し，無限直線AGをひけば，これはBG, FGを縦線とする直径の位置をとるであろう。このAGが軌跡とHにおいて交わるとすれば，AHはその直径あるいは横径であり，それと通径との比は

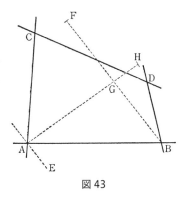

図43

AG・GHとBG^{2}との比になるであろう。もしAGが軌跡とどこででも交わらなければ，直線AHは無限大となるわけで，軌跡は放物線となる。そして直径AGに対応する通径は $\frac{BG^2}{AG}$ となるであろう。しかし，もしそれがどこかで交わるならば，軌跡は，点AとHとが点Gの同じ側にあるときは双曲線となり，またもし点Gが点AとHとの間に落ちるときは楕円となる。ただし，角AGBが直角で，同時にBG^{2}が積GA・GHに等しい場合はおそらく例外で，その場合には軌跡は円となるであろう。

このようにして，この系において，ユークリッド (Euclid) に始まり，アポロニウス (Apollonius) によって続けられた4直線に関する古代人の有名な問題の1解答が与えられたのである——しかもこれを解析的な計算法ではなくて，古代人が要求したような幾何学的な作図として。

第 V 章　いずれの焦点も与えられないときに, …

補助定理 20

　もし任意の平行四辺形 ASPQ の相対する二つの角点 A および P が, 任意の円錐曲線に点 A および P において内接し, かつそれらの角の一つをなす辺 AQ, AS を無限に延長して, 同じ円錐曲線と B および C において交わらせ, かつそれらの交点 B および C から, 円錐曲線上の任意の第 5 点 D に二つの直線 BD, CD をひき, 平行四辺形の他の 2 辺 PS, PQ（あるいはその延長）と T および R において交わらせるならば, 両辺から切り取られた部分 PR および PT は, 常に互いに与えられた比をなす。また, 逆に, もしこれらの切り取られた部分が互いに与えられた比をなすならば, 点 D の軌跡は 4 点 A, B, C, P を通る一つの円錐曲線である。

　場合 1．BP, CP を結び〔図44〕, 点 D から 2 直線 DG, DE をひき, 第 1 の DG を AB に平行につくり, PB, PQ, CA と H, I, G において交わらせる。また他の DE を AC に平行につくり, PC, PS, AB と F, K, E において交わらせる。そうすれ

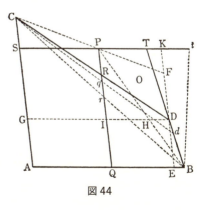

図44

ば,（補助定理17により）積 DE・DF は積 DG・DH に対して与えられた比をなすであろう。ところが, PQ は DE（あるいは IQ）に対し, PB：HB の比をなし, したがって PT：DH の比をなす。ゆえに交換により, PQ：PT は DE：DH に等しい。

同様にして，PR：DF は RC：DC に等しく，したがって（IG または）PS と DG との比に等しい。したがって，交換により，PR：PS は DF：DG に等しい。これらの比を組み合わせることにより，積 PQ・PR と積 PS・PT との比は，積 DE・DF と積 DG・DH との比となり，したがって与えられた比をなす。ところが PQ および PS は与えられているから，PR：PT の比は与えられる。よって証明された。

場合 2. しかし，もし PR と PT とが互いに与えられた比をなすとすれば，ふたたび逆の道をたどることにより，また同様の推理により，積 DE・DF は積 DG・DH に対し，与えられた比をなすことが結果として出てくるであろう。したがって，点 D は（補助定理 18 により）その軌跡としての，点 A, B, C, P を通る一つの円錐曲線上にあるであろう。よって証明された。

系 I. ゆえに，もし BC をひいて PQ を r において切らせ，かつ PT 上に Pt をとり，Pt：Pr の比を PT：PR の比に等しくさせれば，Bt は円錐曲線に点 B において接するであろう。なぜならば，点 D が点 B に重なり，したがって弦 BD が零となるものとすれば，BT は接線となるであろうし，また CD および BT は CB および Bt と一致するだろうからである。

系 II. また逆に，もし Bt が接線であり，直線 BD, CD が円錐曲線上の任意の点 D において交わるならば，PR は PT に対し，Pr：Pt の比をなすであろう。そして逆に，もし PR：PT が Pr：Pt に等しいならば，BD および CD は円錐曲線上のある 1 点 D において交わるであろう。

系 III. 一つの円錐曲線は，他の円錐曲線を 4 点以上にお

第 V 章　いずれの焦点も与えられないときに，…

いて切ることはできない。なぜならば，もしそれが可能だとして，二つの円錐曲線が5点 A, B, C, P, O を通るものとし，かつ直線 BD がそれらを点 D, d において切り，また直線 Cd が直線 PQ を q において切るものとする。その結果 PR : PT は Pq : PT に等しくなり，したがって PR と Pq とは相等しくなって，仮定に反するからである。

補助定理 21

もし与えられた点 B, C を極とし，それらを通ってひかれた可動な，かつ無限な直線 BM, CM が，それらの交点 M によって，位置の与えられた第 3 の直線 MN を描き，また他の二つの無限直線 BD, CD が，前の 2 直線と与えられた点 B, C において与えられた角 MBD, MCD をなすようにひかれるならば，これらの 2 直線 BD, CD は，それらの交点 D によって点 B, C を通る一つの円錐曲線を描くであろう。また逆に，もし直線 BD, CD が，それらの交点 D によって，与えられた点 B, C, A を通る一つの円錐曲線を描き，かつ角 DBM は与えられた角 ABC と常に等しく，また角 DCM は与えられた角 ACB と常に等しいならば，点 M は，その軌跡としての，位置の与えられた 1 直線上にあるであろう。

なぜならば，直線 MN 上に 1 点 N が与えられたとし〔図 45〕，可動点 M が不動点 N と重なるときに，可動点 D が不動点 P と重なるものとする。CN, BN, CP, BP を結び，点 P から直線 PT, PR をひき，BD, CD と T および R において交わらせ，かつ角 BPT を与えられた角 BNM に等しくし，角 CPR を与えられた角 CNM に等しくする。そうすれば，（仮定により）角 MBD, NBP は相等しく，また角 MCD, NCP も相

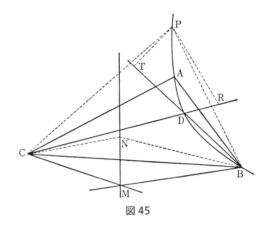

図 45

等しいから，共通な角 NBD および NCD を引き去れば，そこに相等しい角 NBM と PBT，NCM と PCR が残るであろう。ゆえに，三角形 NBM, PBT は相似であり，また三角形 NCM, PCR も相似である。ゆえに，PT : NM は PB : NB の比に等しく，PR : NM は PC : NC の比に等しい。ところが，点 B, C, N, P は不動であり，したがって PT および PR は NM に対して与えられた比をなし，したがってまたそれら自身の間において与えられた比をなす。ゆえに，(補助定理 20 により) 可動直線 BT および CR が常に相会するところの点 D は，点 B, C, P を通る1円錐曲線上にあるであろう。よって証明された。

また逆に，もし可動点 D〔図46〕が与えられた点 B, C, A を通る一つの円錐曲線上にあって，角 DBM が与えられた角 ABC に常に等しく，また角 DCM が与えられた角 ACB に常に等しく，かつ点 D が円錐曲線上の任意の二つの不動点 p, P

第Ⅴ章　いずれの焦点も与えられないときに, …

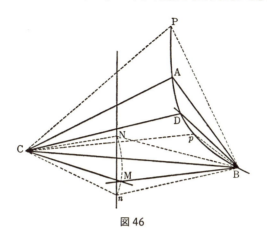

図46

とつぎつぎに重なるときに，可動点 M が二つの不動点 n, N とつぎつぎに重なるものとする。これらの点 n, N を通って直線 nN をひけば，この直線 nN は，その可動点 M の不断の軌跡であろう。なぜならば，かりにそれが可能だとして，点 M が任意の1曲線上にあるものとする。そうすれば，点 M が不断に1曲線上にあるときに，点 D は5点 B, C, A, p, P を通る1円錐曲線上にあるであろう。ところが，前に証明されたことから，点 D は，点 M が不断に1直線上にあるときに，同じ5点 B, C, A, p, P を通る1円錐曲線上にある。したがって，二つの円錐曲線がともに同じ5点を通ることになり，補助定理20，系Ⅲに反する。ゆえに，点 M が1曲線上にあると仮定することは不合理である。よって証明された。

命題22．問題14
与えられた5点を通る一つの円錐曲線を描くこと。

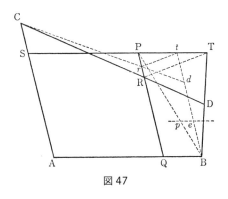

図47

　与えられた5点をA, B, C, P, Dとする〔図47〕。それらのうちの任意の1点，たとえばAから，極とも呼ぶべき他の任意の2点，たとえばB, Cに直線AB, ACをひき，それらに平行に第4の点Pを通る直線TPS, PRQをひく。つぎに，二つの極B, Cから，第5点Dを通って二つの無限直線BDT, CRDをひき，さきにひいた直線TPS, PRQと（前者は前者どうし，後者は後者どうし）TおよびRにおいて交わらせる。つぎに，TRに平行に直線trをひき，直線PT, PRから，PT, PRに比例する任意の線分Pt, Prを切り取る。そして，もしこれらの端t, r，および極B, Cを通って直線Bt, Crをひき，dにおいて交わらせれば，そのd点は求める円錐曲線上にあるであろう。なぜならば，（補助定理20により）点dは4点A, B, C, Pを通る一つの円錐曲線上にあり，かつ線分Rr, Ttが零となるときは，点dは点Dと一致する。ゆえに円錐曲線は5点A, B, C, P, Dを通る。よって証明された。

別法． 与えられた点のうちの任意の3点，たとえばA, B,

第V章　いずれの焦点も与えられないときに，…

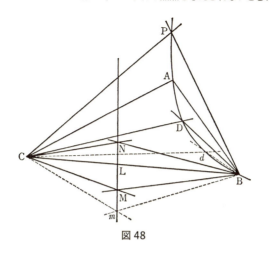

図48

Cを結び〔図48〕，それらのうちの2点B, Cを極として，それらのまわりに与えられた大きさの角ABC, ACBを回転させながら，脚BA, CAをはじめは点Dに，つぎに点Pに当てはめ，いずれの場合においても，他の脚BL, CLが相交わる点をM, Nとしるしづける．無限直線MNをひき，かつそれらの可動角をそれぞれの極B, Cのまわりに回転させ，その際，脚BL, CL，あるいはBM, CMの相交わる点——いまこれをmとしよう——がその無限直線MN上に常に落ちるようにする．そうすれば，脚BA, CA，あるいはBD, CDの交点——いまこれをdとしよう——は，求める円錐曲線PADdBを描くであろう．なぜならば，（補助定理21により）点dは点B, Cを通る1円錐曲線上にあり，しかも点mが点L, M, Nと一致するときは，点dは（作図により）点A, D, Pと一致するであろう．したがって5点A, B, C, P, Dを通る1円錐曲線が

描かれるであろう。よって問題は解けた。

系 I. ゆえに，与えられた任意の点 B において円錐曲線への接線となるべき 1 直線が容易にひけるであろう。すなわち，点 d を点 B と一致させるならば，直線 Bd は求める接線となるであろう。

系 II. したがってまた，補助定理 19，系 II におけるように，円錐曲線の中心，直径，および通径が見いだされるであろう。

注

これらの作図のうちの前者〔図 47〕は，B, P を結び，その直線上に，もし必要ならば延長して，Bp : BP を PR : PT に等しくとり，p を通って SPT に平行に無限直線 pe をひき，この直線 pe 上において，pe を常に Pr に等しくとり，かつ直線 Be, Cr をひいて d において交わらせることにより，いっそう簡単になるであろう。なぜならば，Pr : Pt, PR : PT, pB : PB, pe : Pt はすべて同じ比になるから，pe と Pr とは

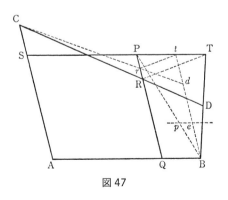

図 47

第V章　いずれの焦点も与えられないときに，…

常に等しくなるはずだからである．この方法により，円錐曲線上の諸点は，第2の作図の場合のように，むしろ曲線を機械的に描く場合を除いて，最も容易に見いだされるのである．

命題23．問題15

与えられた4点を通り，与えられた1直線に接する一つの円錐曲線を描くこと．

場合1． HBを与えられた接線，Bを接点，C, D, Pを他の与えられた3点とする〔図49〕．BCを結び，BHに平行にPSを，BCに平行にPQをひき，平行四辺形BSPQを完成する．BDをひき，SPとTにおいて交わらせ，またCDをひいてPQとRにおいて交わらせる．最後に，任意の直線 tr をTRに平行にひき，PQ, PSからそれぞれPR, PTに比例する線分 Pr, Pt を切り取り，かつ Cr, Bt をひけば，それらの交点 d は（補助定理20により）常に求める円錐曲線上にあるであろう．

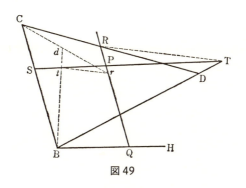

図49

別法. 与えられた大きさの角CBHを極Bのまわりに回転させ〔図50〕，また両方に延長されたまっすぐな径DCを極Cのまわりに回転させる。角の他の脚BHがその同じ径と点PやDにおいて交わるとき，角の脚BCがその径を切る点に点M，Nとしるしをつける。つぎに，無限直線MNをひき，その径CPまたはCDと角の脚BCとが常にこの直線上において交わ

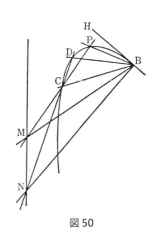

図50

るようにする。そうすれば，他の脚BHとその径との交点は，求める円錐曲線を描くであろう。

なぜならば，前問の作図〔図48〕において，点Aが点Bと一致するならば，直線CAとCBとは一致し，直線ABはその最後の位置において接線BHとなり，したがってそこに設定された作図は，ここに記述された作図と同じものとなるからである。したがって，脚BHと径との交点は点C, D, Pを通り，かつ点Bにおいて直線BHに接する一つの円錐曲線を描くであろう。よって問題は解けた。

場合2. 4点B, C, D, Pが接線HIの外にあって与えられているものとする〔図51〕。2点ずつを直線BD, CPで結んで，それをGで交わらせ，また接線とHおよびIにおいて交わらせる。接線をAにおいて切るのに，HAがIAに対する比を，CGとGPとの間の比例中項と，BHとHDとの間の比例中項との積が，GDとGBとの間の比例中項と，PIとICとの

第Ⅴ章 いずれの焦点も与えられないときに, …

間の比例中項との積に対する比に等しくなるようにする。そうすれば, A は接点となるであろう。なぜならば, もし直線 PI に平行な直線 HX が円錐曲線を任意の点 X および Y において切ったとすれば, 点 A は, (円錐

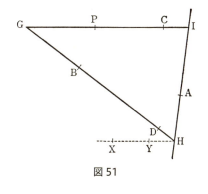

図 51

曲線の性質[101]により) 比 HA² : AI² が, 積 HX・HY と積 BH・HD との比, あるいは積 CG・GP と積 DG・GB との比, および積 BH・HD と積 PI・IC との比の複比に等しいようなそういう位置にくるからである。ところが, 接点 A が見いだされた後は, 場合 1 におけると同じようにして円錐曲線が描かれるであろう。よって問題は解けた。ただし, 点 A は点 H と I との中間にも, また外側にもとられうる。したがって二様の円錐曲線が描かれうる。

命題 24. 問題 16

与えられた 3 点を通り, かつ与えられた 2 直線に接する一つの円錐曲線を描くこと。

HI, KL を与えられた接線とし, B, C, D を与えられた点とする〔図 52〕。それらの点のうちの任意の二つ, たとえば B, D を通って無限直線 BD をひき, 接線と点 H, K において交わらせる。つぎに, 同じくこれらの点のうちの他の任意の二つ, たとえば C, D を通って無限直線 CD をひき, 接線と点 I,

Lにおいて交わらせる。
これらのひかれた直線を
RおよびSにおいて切
るのに，比HR：KRが，
BHとHDとの間の比例
中項と，BKとKDとの
間の比例中項との比に等
しく，また比IS：LSが，
CIとIDとの間の比例中
項と，CLとLDとの間

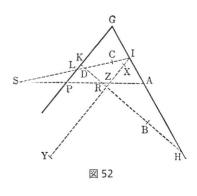

図52

の比例中項との比に等しいようにする。ただし，この切断
は，点KおよびH，点IおよびLの内側，すなわち中間でな
されても，あるいはまたその外側でなされてもかまわない。
つぎに，RSをひいて，接線をAおよびPにおいて切らせれ
ば，AおよびPは接点となるであろう。なぜならば，もしA
およびPが，接線上のどこか他の場所に位置する接点である
とし，点H,I,K,Lのうちの任意の1点，たとえば接線HI上
に位置するIを通って，他の接線KLに平行に直線IYをひ
き，曲線とXおよびYにおいて交わらせ，かつその直線上，
IZをIXとIYとの比例中項に等しくとれば，積XI・IYある
いはIZ^2は（円錐曲線の性質により）LP^2に対し，積CI・ID が積
CL・LDに対する比，すなわち（作図により）SI^2がSL^2に対す
る比をなし，したがってIZ：LP＝SI：SLである。ゆえに，
点S,P,Zは1直線上にある。さらに，接線はGにおいて交
わるから，積XI・IYあるいはIZ^2は（円錐曲線の性質により）
IA^2に対してGP^2：GA^2の比をなし，したがってIZ：IA＝
GP：GAである。ゆえに，点P,Z,Aは1直線上にあり，し

第V章 いずれの焦点も与えられないときに，…

たがって点 S, P および A も 1 直線上にある。そして同様の議論により，点 R, P および A も 1 直線上にあることが証明できる。ゆえに，接点 A および P は直線 RS 上にある。ところが，これらの点が見いだされた後は，前問の場合 1 におけると同じようにして円錐曲線が描かれるであろう。よって問題は解けた。

本命題および前命題の場合 2 においては，直線 XY が円錐曲線を X および Y において切っても切らなくても作図は同じであり，その切断には無関係である。作図は直線が曲線を切る場合について示されているが，それが切らない場合の作図も知られている。それゆえ，簡単のため，それらについてのこれ以上の論証は省略することにする。

補助定理 22
図形を同種の他の図形に変換すること。

任意の図形 HGI が変換されるべきものとする〔図 53〕。二つの平行線 AO, BL を任意にひき，位置の与えられた第 3 の直線 AB と A および B において交わらせ，図形上の任意の点 G から OA に平行な任意の直線 GD をひき，直線 AB と点 D で交わらせる。つぎに，直線 OA 上の任意の与えられた点 O から，点 D に直線 OD をひき，

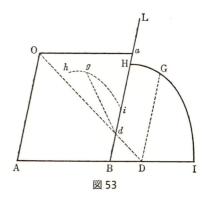

図 53

BLとdにおいて交わらせる。そしてこの交点から直線BLと任意の与えられた角をなし,かつ Od に対して DG：OD の比をなすような線分 dg をひけば，g は点 G に対応する新しい図形 hgi 上の点となるであろう。また同様にして，はじめの図形上の各点は，新しい図形上に，それと同数の対応点を与えるであろう。ゆえに，もし点 G がある連続的な運動により，はじめの図形上のすべての点を通って動かされるものと想像するならば，点 g もやはり新しい図形上のすべての点を通るある連続的な運動によって動かされ，その図形を描くであろう。ことがらをはっきりさせるために，DG をはじめの縦線，dg を新しい縦線，AD をはじめの横線，ad を新しい横線，O を極，OD を切断半径，OA をはじめの縦半径，そして Oa（それによって平行四辺形 OABa が完成される）を新しい縦半径と呼ぶことにしよう。

　そうすれば，もし点 G がある与えられた直線上にあるならば，点 g もまたある与えられた直線上にあるであろう[102]。もし点 G が一つの円錐曲線上にあるならば，点 g もまた一つの円錐曲線上にあるであろう。なお，ここでは円を円錐曲線の一つとして理解している。ところで，さらに，もし点 G が3次曲線上にあるならば，点 g もまた3次曲線上にあり，またさらに高次の曲線の場合においても同様である。点 G, g がのっている二つの線は常に同じ次数のものである。なぜならば，ad：OA＝Od：OD＝dg：DG＝AB：AD であるから，したがって AD は $\frac{\text{OA}\cdot\text{AB}}{ad}$ に等しく，また DG は $\frac{\text{OA}\cdot dg}{ad}$ に等しい。さて，もし点 G が一つの直線上にあり，したがって横線 AD と縦線 DG との間の関係を表わす任意の方程式に

第Ⅴ章　いずれの焦点も与えられないときに, …

おいて, それら不定の線分 AD および DG が1次以上のものでないならば, この方程式の AD の代わりに $\frac{\text{OA} \cdot \text{AB}}{ad}$, DG の代わりに $\frac{\text{OA} \cdot dg}{ad}$ と書くことによって, 新しい方程式が生まれる[103]が, それにおいて, 新しい横線 ad と新しい縦線 dg とは1次になるだけであり, したがって一つの直線を表わさねばならない。ところが, もし AD と DG（あるいはそれらのいずれか）がはじめの方程式において2次となったならば, ad と dg もやはり第2の方程式において2次となったであろう。3次あるいはより高次の場合も同様である。第2の方程式における ad, dg や, 第1の方程式における AD, DG などの不定な線分は, 常に同じ次数のものとなるはずであり, したがって点 G, g がのるべき線は同じ次数のものである。

　さらに, もし任意の直線がはじめの図形における曲線に接するならば, その曲線とともに同じやり方で新しい図形へと変換されたその直線は, 新しい図形中の曲線に接するであろう。そしてその逆も成り立つ。なぜならば, もし第1の図形中の曲線上の任意の2点が互いに接近し, ついに一致するようになるとすれば, 変換されたその同じ2点は, 新図形中においても互いに接近し, ついに一致するようになるであろうし, したがって, それらの点を結びつける両直線は, それぞれの図形における曲線の接線となるだろうからである。これらの断定の証明をもっと幾何学的な形式で与えることもできたであろうが, しかしここでは簡単を旨として研究することにしよう。

　そこで, もし一つの直線図形が他の直線図形へと変換されるべきものとすれば, 単に第1の図形を構成する直線の交点

を変換し，その変換された交点を通って新図形における直線をひくだけで足りる。しかし，もしもある曲線図形が変換されるべきであるとすれば，それによって曲線が定義されるところの点，接線，および他の直線を変換しなければならないのである。

　本補助定理はもっと困難な問題を解くのにも役立つ。というのは，もし提供された図形が複雑であったならば，それをもっと簡単なものに変換することもできるからである。すなわち，1点に収束する任意の直線は，はじめの縦半径として収束直線の交点を通る任意の直線をとることによって平行線へと変換される。それは，この方法により，それらの交点が無限遠へと持ち去られるからであり，平行線は無限遠の1点へと向かうような直線だからである。そして問題が新図形において解かれた後に，もし逆の操作によって新図形をはじめの図形へと変換しもどすならば，求める解が得られるであろう。

　本補助定理はまた立体問題にも利用しうる。というのは，二つの円錐曲線の交わりによって問題が解けるようなことが起こった場合にはいつも，それらのうちの一つは，もしそれが双曲線か放物線であるならば楕円へと変換することができ，つぎにこの楕円は容易に円へと変換できるからである。同様にして，平面問題の解釈においても，直線と円錐曲線とは直線と円とに変換できるであろう。

命題 25．問題 17
　与えられた2点を通り，与えられた3直線に接する一つの円錐曲線を描くこと。

第 V 章　いずれの焦点も与えられないときに，…

　任意の二つの接線が相交わる点と，第 3 の接線が与えられた 2 点を通る直線と相交わる点とを通って一つの無限直線をひき，この直線をはじめの縦半径にとり，この図形を上の補助定理によって一つの新しい図形へと変換する。こ

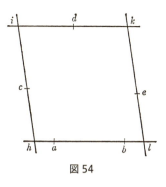

図 54

の図形においては，それら二つの接線は互いに平行となり，また第 3 の接線は与えられた 2 点を通る直線に平行となるであろう。hi, kl をこれら二つの平行な接線とし，ik を第 3 の接線，そして hl をそれに平行で，かつこの新図形において円錐曲線が通るべき 2 点 a, b を通る直線とする〔図 54〕。平行四辺形 $hikl$ を完成し，直線 hi, ik, kl を c, d, e において切るのに，hc が積 $ah \cdot hb$ の平方根に対比すると，ic が id に対する比，および ke が kd に対する比を，いずれも線分 hi と kl との和が，三つの線分，すなわち第 1 は線分 ik で，他の二つは積 $ah \cdot hb$ の平方根と積 $al \cdot lb$ の平方根とであるそれらの和に対する比に等しくとる。そうすれば，c, d, e は接点となるであろう。なぜならば，円錐曲線の性質[104]により

$$hc^2 : ah \cdot hb = ic^2 : id^2 = ke^2 : kd^2 = el^2 : al \cdot lb$$

ゆえに

$$hc : \sqrt{ah \cdot hb} = ic : id = ke : kd = el : \sqrt{al \cdot lb}$$
$$= hc + ic + ke + el : \sqrt{ah \cdot hb} + id + kd + \sqrt{al \cdot lb}$$

$$= hi + kl : \sqrt{ah \cdot hb} + ik + \sqrt{al \cdot lb}$$

したがって，その与えられた比から，新図形における接点 c, d, e が得られるであろう．それらの点を前の補助定理の逆の操作によってはじめの図形に移換すれば，問題 14 により，そこに円錐曲線が描かれるであろう．よって問題は解けた．ただし，点 a, b が点 h, l の中間にくるか，あるいはその外部にくるかにしたがい，点 c, d, e は点 h, i, k, l の中間に，あるいはその外部にとらねばならない．もし点 a, b のうちの一つが点 h, l の中間にきて，他の一つが h, l の外部にくるならば，問題は不能である．

命題 26．問題 18
与えられた 1 点を通り，与えられた 4 直線に接する一つの円錐曲線を描くこと．

接線のうちの任意の二つの共通交点から，他の二つの共通交点に無限直線をひき，この線をはじめの縦半径にとり，図形を（補助定理 22 により）一つの新しい図形へと変換する．そうすれば，前に 1 対ずつがはじめの縦半径上において相交わっていた 2 対の接線は，いまは平行となるであろう〔図 55〕．hi と kl，ik と hl を平行四辺形 $hikl$ を形づくるそれら 2 対の平行線とする．また p を，もとの図形上の与えられた点に対

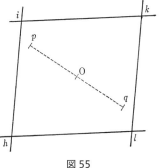

図 55

第Ⅴ章　いずれの焦点も与えられないときに，…

応するこの新図形上の点とする。図形の中心 O を通って pq をひき，Oq を Op に等しくすれば，q はこの新図形において円錐曲線が通るべきもう一つの点である。この点を補助定理 22 の逆の操作によってはじめの図形へと移換させれば，そこに求める円錐曲線が通るべき二つの点が得られるであろう。ただし，それらの点を通るその円錐曲線は命題 17 によって描くことができる。

補助定理 23

与えられた点 **A, B** に終わる二つの与えられた線分，たとえば **AC, BD** が，互いに与えられた比をなし，かつ不定の点 **C, D** を結ぶ線分 **CD** が **K** において与えられた比に分けられるものとする。そうすれば，点 **K** はある与えられた直線上にあるであろう。

なぜならば，直線 AC, BD を E において交わらせ〔図 56〕，BE 上において BG：AE が BD：AC に等しくなるように BG をとり，かつ FD を常に与えられた線分 EG に等しくさせる。そうすれば，作図により，EC：GD，すなわち比 EC：EF は，AC：BD の比に等しく，したがって与えられた比をなすであろう。したがって，三角形 EFC の種類がきまるであろう。CF を L において切るのに，CL：CF を CK：CD の比に等しくさせ

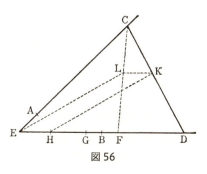

図 56

れば，この比は与えられているから，三角形 EFL の種類は
きまり，したがって点 L は与えられた直線 EL 上にあるであ
ろう。LK を結べば，三角形 CLK, CFD は相似となり，かつ
FD は与えられた線分であり，LK : FD は与えられた比をな
すから，LK もまたきまるであろう。EH をこれに等しくと
れば，ELKH は常に平行四辺形となる。したがって点 K は
常にその平行四辺形のきまった辺 HK 上にある。よって証
明された。

系． 図形 EFLC の種類がきまっているから，3 線分 EF,
EL および EC，すなわち GD, HK および EC は互いに与えら
れた比をなす。

補助定理 24

もし三つの直線のうちの二つが平行で，その位置が与えら
れ，かつ任意の円錐曲線に接するならば，それら二つの直線
に平行な円錐曲線の半径は，それら二つの接点と第 3 の接線
との間にはさまれた切片の比例中項である。

AF, GB を円錐曲線 ADB と A および B において接する平
行線とし〔図57〕，EF をこの円錐曲線と I において接し，かつ
前の 2 接線と F および G において交わる第 3 の接線とする。
そして CD を前 2 接線に平行なこの図形の半径とする。そう
すれば，AF, CD, BG は連比例をなすというのである。

なぜならば，もし共役直径 AB, DM が接線 FG と E およ
び H において交わり，かつ互いに C において交わるものと
し，平行四辺形 IKCL を完成すれば，円錐曲線の性質から

$$EC : CA = CA : CL$$

第Ⅴ章 いずれの焦点も与えられないときに, …

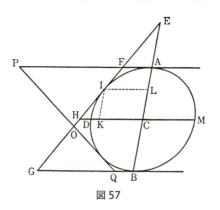

図 57

である[105]。ゆえに

$$EC - CA : CA - CL = EC : CA$$

あるいは

$$EA : AL = EC : CA$$

ゆえに

$$EA : EA + AL = EC : EC + CA$$

あるいは

$$EA : EL = EC : EB$$

である。ゆえに, 三角形 EAF, ELI, ECH, EBG が相似であることから

$$AF : LI = CH : BG$$

163

となる。同じように，円錐曲線の性質から

$$LI \text{（あるいは} CK\text{）}: CD = CD : CH$$

最後の二つの比例式における対応項を掛け合わせ，簡単にすれば

$$AF : CD = CD : BG$$

となる。よって証明された。

系 I. ゆえに，もし二つの接線 FG, PQ が二つの平行接線 AF, BG と F および G, P および Q において交わり，かつ O において互いに交わるならば，この補助定理を EG および PQ に適用することにより

$$AF : CD = CD : BG$$
$$BQ : CD = CD : AP$$

ゆえに

$$AF : AP = BQ : BG$$

また

$$AP - AF : AP = BG - BQ : BG$$

あるいは

$$PF : AP = GQ : BG$$

また

$$AP : BG = PF : GQ = FO : GO = AF : BQ$$

第V章 いずれの焦点も与えられないときに, …

である。

系II. ゆえにまた, 点PとG, およびFとQを通ってひかれた二つの直線PG, FQは, 図形の中心および接点A, Bを通る直線ACB上において相会する。

補助定理25

無限に延長された平行四辺形の4辺が一つの円錐曲線に接し, かつ第5の接線によって切られるならば, 平行四辺形の相対する角に終わる任意の2隣辺の切片をとるときは, そのいずれかの切片と, それが切り取られた辺との比は, 接点と第3辺との間にはさまれた他の隣辺の部分と他の切片との比に等しい。

平行四辺形MLIKの4辺ML, IK, KL, MIが円錐曲線にA, B, C, Dにおいて接し, かつ第5の接線FQがそれらの辺をF, Q, HおよびEにおいて切るものとする〔図58〕。そして, 辺MI, KIの切片ME, KQ, あるいは辺KL, MLの切片KH, MFをとるときは

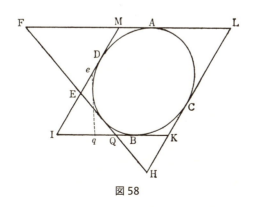

図58

$$\mathrm{ME : MI = BK : KQ}$$

であり,また

$$\mathrm{KH : KL = AM : MF}$$

であるというのである.

なぜならば,前の補助定理の系Iにより,ME：EI＝(AMあるいは) BK：BQである[106]が,加比によりME：MI＝BK：KQだからである.よって証明された.

またKH：HL＝(BKあるいは) AM：AFであり[107],差比により

$$\mathrm{KH : KL = AM : MF}$$

である.よって証明された.

系 I. ゆえに,もし与えられた円錐曲線のまわりに描かれた平行四辺形が与えられるならば,積 KQ・ME,およびそれに等しい積 KH・MF もまた与えられるであろう.なぜならば,相似三角形 KQH, MFE から,それらの積は相等しいからである.

系 II. また,もし第6の接線 eq がひかれ,接線 KI, MI と q および e において交わるならば,積 KQ・ME は積 Kq・Me に等しいであろう.すなわち

$$\mathrm{KQ : M}e = \mathrm{K}q : \mathrm{ME}$$

であり[108],また差比により

$$\mathrm{KQ : M}e = \mathrm{Q}q : \mathrm{E}e$$

第 V 章　いずれの焦点も与えられないときに, …

である。

系 III. ゆえにまた, もし Eq, eQ が結ばれ, そして二等分され, それらの二等分点を通って直線がひかれるならば, この直線は円錐曲線の中心を通るであろう。なぜならば, Qq : Ee ＝ KQ : Me であるから, 同じ直線は（補助定理 23 により）線分 Eq, eQ, MK のすべての中点を通るはずであり, そして線分 MK の中点は円錐曲線の中心だからである。

命題 27. 問題 19

位置の与えられた 5 個の直線に接する一つの円錐曲線を描くこと。

ABG, BCF, GCD, FDE, EA を位置の与えられた接線とする〔図 59〕。それらのうちの任意の 4 個をもって作られた四辺形の対角線 AF, BE を M および N において二等分すれば, （補助定理 25, 系 III により[109]）それらの二等分点を通ってひか

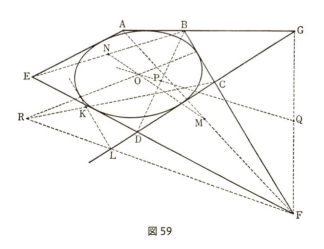

図 59

れた直線 MN は，円錐曲線の中心を通るであろう。また，他の任意の 4 接線をもってつくられた四辺形 BGDF の対角線（もしそれらをそのように呼びうるならば）BD, GF を P および Q において二等分すれば，それらの二等分点を通ってひかれた直線 PQ も円錐曲線の中心を通るであろう。したがって，中心はそれら二等分線の交点において与えられるであろう。それを O とする。任意の接線 BC に平行に，中心 O が平行線間の中央に位置するような距離において KL をひく。この KL は求める円錐曲線に接するであろう。これを他の任意の 2 接線 GCD, FDE と L および K において交わらせる。平行でない接線 CL, FK が，平行な接線 CF, KL と交わる点 C および K, F および L を通って CK, FL をひき，R において交わらせる。そうすれば，直線 OR をひいて延長したものは，平行接線 CF, KL を接点において切るであろう。このことは補助定理 24, 系 II から明らかである。そして，同じ方法により他の接点も見いだすことができ，したがって問題 14 により，円錐曲線が描かれうるであろう。よって問題は解けた。

注

上述の諸命題には，円錐曲線の中心か，または漸近線かのいずれかが与えられた諸問題が包含されている。というのは，点と接線，そして中心が与えられた場合には，中心の他の側の，等しい距離にある同数の他の点，および同数の他の接線が与えられるからである。そして，漸近線は一つの接線と考えられ，その無限に遠ざかった極端（もしそう言いうるならば）は接点である。ある任意の接線の接点が無限遠へと遠ざかったと考えれば，その接線は漸近線となり，上の諸問題の

第Ⅴ章 いずれの焦点も与えられないときに,…

作図は,漸近線が与えられた場合のそれらの問題の作図に変わるであろう。

円錐曲線が描かれた後に,その軸および焦点をつぎのようにして見いだすことができる。すなわち,補助定理21の作図および図形〔図45〕において,動角PBN, PCNの脚であり,それらの交わりによって円錐曲線が描かれたところのBP, CPを互いに平行になるようにし〔図60,図61〕,そしてその位置を保ちながら,それらを図上でそれらの極

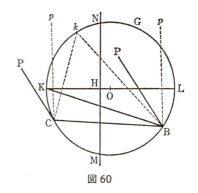

図60

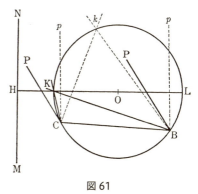

図61

B, Cのまわりに回転させる。いっぽう,それらの角の他の脚CN, BNで,それらの交点Kあるいはkによって円BGKCを描かせる[110]。この円の中心をOとする。そしてこの中心から,円錐曲線が描かれていた間それらの脚CN, BNが交わったところの罫線MN上に垂線OHを下し,円とKおよびLにおいて交わらせる。そうすれば,それら他の脚CK, BKがこの罫線に最も近い点Kにおいて交わるとき,はじめの

169

脚 CP, BP は長軸に平行となり，短軸に垂直となるであろう。また，もしそれらの脚が最も遠い点 L において交わるならば，反対のことが起こるであろう。したがって，もし円錐曲線の中心が与えられるならば，両軸〔の長さ〕は与えられ，またそれらが与えられれば，焦点は容易に見いだされるであろう。

ところが，両軸の自乗は互いに KH : LH の比をなす。したがって四つの与えられた点を通って与えられた種類の円錐曲線を描くことは容易である。なぜならば，もし与えられた点のうちの二つが極 C, B となるならば，第3の点は可動角 PCK, PBK を与えるであろうが，しかもそれらは与えられており，円 BGKC は描かれうるからである。

つぎに，円錐曲線の種類は知られているから，OH : OK の比，したがって OH 自身は知られるであろう。中心 O のまわりに，距離 OH をもって，もう一つの円を描く。そうすれば，この円に接し，かつはじめの脚 CP, BP が第4の与えられた点において交わるときに，脚 CK, BK の交点を通る直線は，それによって円錐曲線が描かれる罫線 MN となるであろう。ゆえにまた一方において，与えられた種類の一つの四辺形を（いくつかの不可能な場合を除き）与えられた円錐曲線に内接させうるであろう。

このほか，与えられた諸点を通り，与えられた諸直線に接する与えられた種類の円錐曲線を描くのに助けとなる補助定理がある。それはつぎのようなものである。すなわち，もし位置の与えられた任意の1点を通り，与えられた1円錐曲線と2点において交わるような1直線がひかれ，そしてそれら交点間の距離が二等分されるならば，その二等分点は，その

第Ⅴ章　いずれの焦点も与えられないときに，…

円錐曲線と同種の，かつそれの軸と平行な軸をもつ他の1円錐曲線に対する接点となるというのである。しかし，もっと有用なことがらへと急ごう。

補助定理26

種類と大きさとが与えられた三角形の三つの角を，互いに平行でない，位置の与えられた同数の直線に関し，それぞれの頂点がそれぞれの直線に接するように置くこと。

三つの無限直線AB, AC, BCの位置が与えられ〔図62〕，そして三角形DEFを，その頂点Dが直線ABに，その頂点Eが直線ACに，またその頂点Fが直線BCに接するように置くことが求められているの

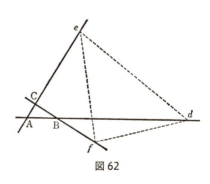

図62

である。DE, DFおよびEF上に，それぞれ角BAC, ABC, ACBに等しい角を容れる三つの円の弓形DRE, DGF, EMFを描く〔図63〕。ただし，それらの弓形は，文字DREDが文字BACBと同じ順序に，文字DGFDが文字ABCAと同じ順序に，また文字EMFEが文字ACBAと同じ順序にめぐるように，直線DE, DF, EFのそういう側に描く。

つぎに，それらの弓形を全円周にまで完成し，前の二つの円を互いにGにおいて交わらせ，またPおよびQをそれらの円の中心とする。つぎに，GP, PQを結び

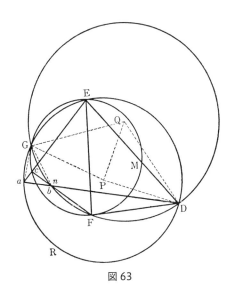

図 63

$$Ga : AB = GP : PQ$$

ととり，そして中心 G のまわりに距離 Ga をもって円を描き，第 1 の円 DGE と a において交わらせる。aD を結び，第 2 の円 DFG と b において交わらせ，同様に aE を第 3 の円 EMF と c において交わらせる。図形 abcDEF に相似でかつ等しい図形 ABCdef を完成すれば，それで事は終わったというものである。

なぜならば，Fc をひいて aD と n において交わらせ，aG, bG, QG, QD, PD を結べば，作図により角 EaD は角 CAB に等しく，角 acF は角 ACB に等しく，したがって三角形 anc は三角形 ABC と等角である。ゆえに角 anc あるいは FnD は角 ABC に等しく，したがって角 FbD に等しい。したがっ

第V章　いずれの焦点も与えられないときに，…

て点 n は点 b と重なる。さらに，中心角 GPD の半分である角 GPQ は円周角 GaD に等しく，また中心角 GQD の半分である角 GQP は円周角 GbD の補角に等しく，したがって角 Gba に等しい。それゆえ，三角形 GPQ, Gab は相似であり

$$Ga : ab = GP : PQ$$

また，作図により

$$GP : PQ = Ga : AB$$

である。ゆえに ab と AB とは相等しく，したがって，さきに相似であることが証明された三角形 abc, ABC はまた合同でもある。したがって，三角形 DEF の頂点 D, E, F がそれぞれ三角形 abc の辺 ab, ac, bc に接しているから，図形 ABCdef は図形 abcDEF に相似でかつ等しく作ることができ，その完成によって問題は解けるであろう。よって解決された。

系． ゆえに，その各部分の長さがそれぞれ与えられた長さをもって，位置の与えられた3直線の間に挿入されるように1直線をひくことができる。三角形 DEF が，その点 D を辺 EF に近づけることにより，また辺 DE, DF を同一直線上に置くことにより，その与えられた部分 DE が，位置の与えられた直線 AB, AC の間にはさまれるべき1直線と化し，またその与えられた部分 DF が，位置の与えられた直線 AB, BC の間にはさまれるものと考えれば，上の作図をこの場合に応用することによって，問題は解かれるであろう。

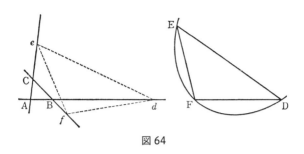

図 64

命題 28．問題 20

種類も大きさもともに与えられ，かつその与えられた諸部分が位置の与えられた 3 直線の間にはさまれるような，そういう一つの円錐曲線を描くこと．

1 円錐曲線が曲線 DEF に相似で，かつ等しいように描かれるべきものとし〔図 64〕，かつ位置の与えられた 3 直線 AB, AC, BC によって，この曲線の与えられた部分に相似で，かつ等しい DE および EF の部分に切られるものと考える．

直線 DE, EF, DF をひき，この三角形 DEF の頂点 D, E, F を，位置の与えられたこれらの直線に接するように置く（補助定理 26 による）．つぎにその三角形のまわりに，曲線 DEF に相似で，かつ等しい円錐曲線を描く．よって問題は解けた．

補助定理 27

すべてが互いに平行ではなく，また 1 個の共通点に収束もしないような，位置の与えられた 4 個の直線に関し，種類の与えられた一つの四辺形を描き，その各頂点がこれらの直線にそれぞれ接するようにすること．

第Ⅴ章　いずれの焦点も与えられないときに，…

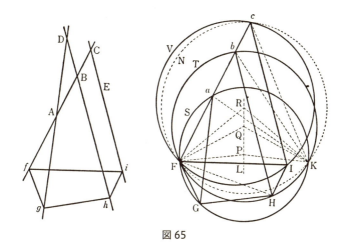

図 65

　4 直線 ABC, AD, BD, CE の位置が与えられ，第 1 が第 2 を A において，第 3 を B において，第 4 を C において切るものとする〔図 65〕。そして一つの四辺形 fghi が四辺形 FGHI に相似となるように，かつ与えられた角 F に等しい角 f が直線 ABC に接し，他の与えられた諸角 G, H, I に等しい諸角 g, h, i がそれぞれ他の直線 AD, BD, CE に接するように描かれたものと仮定する。

　FH を結び，FG, FH, FI の上に同数だけの円の弓形 FSG, FTH, FVI を描き，その第 1 のものである FSG が角 BAD に等しい角を含み，第 2 の FTH が角 CBD に等しい角を，また第 3 の FVI が角 ACE に等しい角を含むようにする。ただし，弓形は文字 FSGF の循環順序が文字 BADB の循環順序と同じになるように，また文字 FTHF は文字 CBDC と同じ順序にまわるように，また文字 FVIF は文字 ACEA と同じ

順序になるように，直線 FG, FH, FI のそういう側へと描かれるものとする．弓形を全円周にまで完成し，P を第 1 円 FSG の中心とし，Q を第 2 円 FTH の中心とする．PQ を結んで，双方へと延長し，その上に QR をとり，QR：PQ＝BC：AB となるようにする．ただし，QR は，文字 P, Q, R の順序と文字 A, B, C の順序とが同じになるように，点 Q のそういう側にとられるものとする．そして，中心 R のまわりに半径 RF をもって第 4 の円 FNc を描き，第 3 円 FVI と c において交わらせる．Fc を結び，第 1 円と a において，第 2 円と b において交わらせる．aG, bH, cI をひき，図形 ABC$fghi$ を図形 abcFGHI に相似になるようにする．そうすれば，四辺形 $fghi$ は求める四辺形となるであろう．

なぜならば，はじめの二つの円 FSG, FTH を K において相交わらせ，PK, QK, RK, aK, bK, cK を結び，QP を L まで延長する．円周角 FaK, FbK, FcK は中心角 FPK, FQK, FRK の半分であり，したがって，それらの角の半分 LPK, LQK, LRK に等しい．ゆえに，図形 PQRK は図形 abcK と等角かつ相似であり，したがって，ab と bc との比は，PQ と QR との比，すなわち AB と BC との比に等しい．ところが，作図により，角 fAg, fBh, fCi は角 FaG, FbH, FcI に等しい．ゆえに，図形 ABC$fghi$ は，図形 abcFGHI に相似となるよう完成されうる．これがなされたときは，四辺形 $fghi$ は四辺形 FGHI に相似につくられ，その角点 f, g, h, i によって直線 ABC, AD, BD, CE に接するであろう．よって問題は解けた．

系． ゆえに，位置の与えられた 4 直線の間に，与えられた順序ではさまれたその各部分が，相互の間である与えられた

第V章　いずれの焦点も与えられないときに，…

比を保つように，1直線をひくことができる。いま，直線 FG, GH, HI が1直線上に横たわるようになるまで角 FGH, GHI が増大したとする。そうすれば，この場合の問題の作図をすることにより，位置の与えられた4直線の二つずつの間，すなわち AB と AD との間，AD と BD との間，BD と CE との間にはさまれたその各部分 fg, gh, hi が互いに線分 FG, GH, HI の比をなすように，しかも相互に同じ順序にあるように，1直線 $fghi$ がひかれるであろう。

ところで，同じことはつぎのようにして，もっと容易になされる。すなわち，AB を K まで，また BD を L まで延長し〔図66〕，BK と AB との比を HI と GH との比に，また DL と BD との比を GI と FG との比に等しくさせ，KL を結び，直線 CE と i において交わらせる。iL を M まで延長し，LM と iL との比を GH と HI との比に等しくさせる。つぎに，

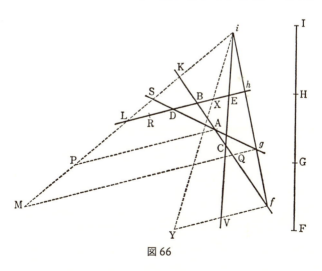

図66

MQ を LB に平行にひき，直線 AD と g において交わらせ，また gi を結び，AB, BD と f, h において交わらせる。そうすれば，それで事はすんだというものである。

なぜならば，Mg を直線 AB と Q において，また AD を直線 KL と S において交わらせ，AP を BD に平行にひき，iL と P において交わらせれば，gM : Lh ($gi : hi$, Mi : Li, GI : HI, AK : BK) および AP : BL は同じ比となるであろう。DL を R において切るのに，比 DL : RL がその同じ比となるようにする。そうすれば，gS : gM, AS : AP, および DS : DL は同じ比となるから，AS : BL, および DS : RL は gS : Lh と同じ比となり，したがって

$$BL - RL : Lh - BL = AS - DS : gS - AS$$

である。すなわち，BR : Bh は AD : Ag に等しく，したがって BD : gQ に等しい。あるいはまた，BR : BD は Bh : gQ に，あるいは fh : fg に等しい。ところが，作図により，直線 BL は D と R とにおいて，直線 FI が G と H とにおいて切られたと同じ比に切られた。したがって，BR : BD は FH : FG に等しい。ゆえに，fh : fg は FH : FG の比に等しい。ゆえに，gi : hi も同様に Mi : Li の比，すなわち GI : HI の比に等しいのであるから，直線 FI, fi も同様に G と H において，また g と h において等しい比に切られることは明白である。

この系の作図において，直線 LK が CE を i において切るようにひかれた後に，iE を V まで延長し，EV : Ei が FH : HI の比に等しくなるようにし，Vf を BD に平行にひいてもよい。また中心 i のまわりに，距離 IH をもって，BD を X において切る円を描き，iX を Y まで延長して iY を IF

第V章　いずれの焦点も与えられないときに，…

に等しくなるようにし，つぎにYfをBDに平行にひいても同じことになる。

クリストファー・レン卿（Sir Christopher Wren）およびワリス博士（Dr. Wallis）は，久しい以前にこの問題の別解を与えた。

命題29．問題21

位置の与えられた4直線により，順序と種類と比とが与えられた部分に切られるような，与えられた種類の1円錐曲線を描くこと。

曲線FGHIに相似な一つの円錐曲線が描かれるべきものとし〔図67〕，前者の部分FG, GH, HIに相似で，かつ比例する後者の部分が，位置の与えられた直線ABとAD，ADとBD，BDとCEの間に，つまり，第1の部分はそれらの直線の第1対の間に，第2の部分は第2対の間に，第3の部分は第3対の間にはさまれるものとする。直線FG, GH, HI, FIをひき，そして（補助定理27により）四辺形FGHIに相似で，かつその頂点 f, g, h, i が位置の与えられた直線AB, AD, BD, CE

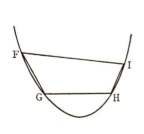 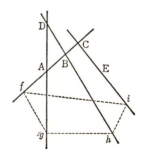

図67

に，それぞれその順序にしたがって接するような四辺形 $fghi$ を描く。つぎにこの四辺形のまわりに円錐曲線を描けば，その円錐曲線は曲線 FGHI に相似となるであろう。

注

この問題はつぎのようにしても作図できる。FG, GH, HI, FI を結び〔図68〕，GF を V へと延長し，FH, IG を結び，角 CAK, DAL を角 FGH, VFH に等しくつくる。AK, AL を直線 BD と K および L において交わらせ，つぎに KM, LN をひき，KM で角 GHI に等しい角 AKM をつくり，かつ KM と AK との比を HI : GH の比になるようにし，また LN で角 FHI に等しい角 ALN をつくり，かつ LN と AL との比を HI : FH の比に等しくなるようにする。ただし，AK, KM, AL, LN は，直線 AD, AK, AL に対して，文字 CAKMC, ALKA, DALND が文字 FGHIF と同じ順序にまわるような側へとひかれるものとする。また，MN をひき，直線 CE と i において交わらせる。角 iEP を角 IGF に等しくつくり，PE : Ei を FG : GI の比に等しくし，また P を通って PQf

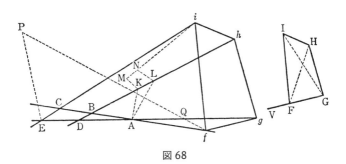

図68

をひき，それと直線 ADE とで角 FIG に等しい角 PQE を含むように，また直線 AB と f において交わるようにし，fi を結ぶ。ただし，PE および PQ は，直線 CE, PE に対して，文字 PEiP および PEQP の循環順序が文字 FGHIF のそれと同じになるような側へひかれるものとする。そしてもし直線 fi 上に，四辺形 FGHI と文字の順が同じで，かつ相似な四辺形 $fghi$ が描かれ，そのまわりに，種類の与えられた1円錐曲線が外接させられたとすれば，問題は解けたことになる。

　以上は軌道を見いだすことについてであった。このようにして見いだされた軌道上における物体の運動をきめること，それはなお残された問題である。

第 VI 章
与えられた軌道において，運動をどのようにして見いだしたらよいか

命題 30．問題 22

任意の指定された時刻において，与えられた放物線上を動く物体の位置を見いだすこと．

S を放物線の焦点，A をその主頂点とする〔図 69〕．そして $4\mathrm{AS}\cdot\mathrm{M}$ を，物体が頂点を出発してから動径 SP によって描かれた，またはそれがそこに到達する以前に描かれるべき放物線の面積 APS に等しいものとする．さて，切り取られるべきその面積の大きさは，それに比例する

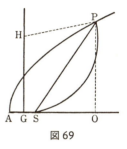

図 69

時間から知られる．AS を G において二等分し，3 M に等しい垂線 GH を立てれば，中心 H のまわりに半径 HS をもって描かれた円は，求める点 P において放物線を切るであろう．なぜならば，PO を軸に垂直に下し，かつ PH をひけば

$$\mathrm{AG}^2+\mathrm{GH}^2(=\mathrm{HP}^2=(\mathrm{AO}-\mathrm{AG})^2+(\mathrm{PO}-\mathrm{GH})^2)$$
$$=\mathrm{AO}^2+\mathrm{PO}^2-2\mathrm{AO}\cdot\mathrm{AG}-2\mathrm{GH}\cdot\mathrm{PO}+\mathrm{AG}^2+\mathrm{GH}^2$$

したがって

$$2\mathrm{GH}\cdot\mathrm{PO}(=\mathrm{AO}^2+\mathrm{PO}^2-2\mathrm{AO}\cdot\mathrm{AG})=\mathrm{AO}^2+\frac{3}{4}\mathrm{PO}^2$$

となるであろう。AO^2 の代わりに $AO \cdot \dfrac{PO^2}{4AS}$ と書き，つぎにすべての項を 3PO で割り，そしてそれらに 2AS をかければ

$$\dfrac{4}{3}GH \cdot AS \left(= \dfrac{1}{6}AO \cdot PO + \dfrac{1}{2}AS \cdot PO = \dfrac{AO + 3AS}{6} \cdot PO \right.$$

$$\left. = \dfrac{4AO - 3SO}{6} \cdot PO = \overline{\text{面積, APO}}^{[111]} - \overline{\text{SPO}} \right) = \overline{\text{面積 APS}}$$

となる。ところが，GH=3M であったから

$$\dfrac{4}{3}GH \cdot AS = 4AS \cdot M$$

である。ゆえに，切り取られる面積 APS は，切り取られるべき面積 4AS・M に等しい。よって証明された。

系 I. ゆえに，GH と AS との比は，物体が弧 AP を描く時間と，物体が頂点 A および焦点 S から軸に立てた垂線の間の弧を描く時間との比に等しい[112]。

系 II. また絶えず動点 P を通る一つの円 ASP を考えれば，点 H の速度と，物体が頂点 A でもっていた速度との比は 3：8 の比に等しい[113]。したがって，線分 GH と，物体が頂点 A でもっていた速度で，A から P まで動く時間内に描かれるべき線分との比も同じ比となる。

系 III. ゆえにまた，いっぽうにおいて，物体が任意の指定された弧 AP を描く時間が見いだされる。すなわち，AP を結び，その中点において垂線を立て，直線 GH と H において交わらせるのである[114]。

補助定理 28
勝手な直線によって切り取られた曲線図形の面積が，有限

第VI章 与えられた軌道において, …

な項と次数とをもつ任意個数の方程式によって一般に見いだされうるような, そういう曲線図形は存在しない。

　曲線図形の内部に任意の1点が与えられ, それを極としてそのまわりに1直線が常に一様な速度で回転し, いっぽう, その直線上に動点があって, 極を出発して常に前方へと向かい, 曲線図形内にあるその直線の部分の自乗に比例する速度をもって運動するものと考える。この運動により, その点は無限の旋回をもつ螺線を描くであろう。いま, もしその直線によって切り取られる曲線図形の面積の部分が, 一つの有限な方程式によって見いだされたとしたならば, この面積に比例する極からその点までの距離[115]は, 同じ方程式によって見いだされるはずで, したがって螺線上のすべての点もまた一つの有限な方程式によって見いだされうるであろう。したがって, 位置の与えられた1直線と螺線との交点もまた一つの有限な方程式によって見いだされうるであろう。ところが, 無限に延長されたすべての直線は, 1螺線と無数の点において交わり, また二つの線の交点の任意の一つを与える方程式は, 同時にそれらのすべての交点を同数の根によって示し, したがって, 存在する交点の数と同数の次元を生ずる。二つの円は二つの点において相交わるから, それらの交点の一つは, それによって他の交点もまた見いだされるべきである2次の方程式なしには見いだされるはずがない。二つの円錐曲線は4点において相交わるから, それらのうちの任意の一つは, それらがすべて同時にそれによって見いだされるべき4次の方程式なしには一般に見いだされるはずがない。なぜならば, もしそれらの交点がそれぞれ別個に見いだされるとするならば, すべての法則と条件とは同じであるから, 計

算法はすべての場合について同一であり，したがってそれらの交点のすべてを同時にそれ自身のうちに包含し，かつそれらのすべてを公平に示すべき結論は常に同じだからである。ゆえに，円錐曲線と3次曲線との交点は，その数が6となるから，6次の方程式によって共にあらわされ，また二つの3次曲線の交点は，その数が9となるから，9次の方程式によって共にあらわされる。もしもこのことが必ずしも起こらなかったとしたならば，すべての立体問題を平面の問題に，また立体よりも高次の問題を立体の問題にひきなおすことができるはずである。ところで，ここで述べている曲線は，冪をさらに低減することのできないものである。というのは，もし曲線を定義する方程式がより低次の冪に低減されうるものならば，その曲線は単一の曲線ではなくて，その交点が異なる計算によってそれぞれ見いだされうるところの，二つあるいはそれ以上の曲線の組み合わせであるだろうからである。同じようにして，直線と円錐曲線との二つの交点は常に2次の方程式によってあらわされ，直線と低減されえない3次の曲線との三つの交点は3次の方程式によって，また直線と低減されえない4次の曲線との四つの交点は4次の方程式によってあらわされる。以下同様である。ゆえに，一つの直線と一つの螺線との無数の交点は，その螺線がただ単一な1曲線であって，より多くの曲線に分かれえないものであるからには，無数の次元と根とをもつ方程式を要求し，それによって次元と根とが全部同時に示されるようなものであるはずである。それというのは，法則と計算法とが全部同じだからである。すなわち，もしその交わっている直線へ極から垂線が下されたとし，かつその垂線がその交切直線と共に極のまわり

に回転するとすれば，螺線との交点は互いに一方から他方へと移り，最初のもの，すなわち最も近かったものは1回転の後には第2のものとなり，2回転の後には第3のものとなり，以下同様である。すなわち，方程式はその間に変わることがなく，ただ交切直線の位置をきめるそれらの諸量の大きさが変わるだけである。ゆえに，それらの諸量が各回転ごとにはじめの量にもどるから，方程式はそのはじめの形にもどり，したがって同一の方程式がすべての交点をあらわすことになり，したがってそれは無数の根を有し，それらの根によって交点のすべてがあらわされることになるのである。ゆえに，1直線と1螺線との交点は，一般にどのような有限な方程式によっても見いだされえず，したがって，勝手な直線によって切り取られた曲線図形の面積が，一般にこのような方程式によってあらわせるようなそういう曲線図形は存在しないのである。

同じ議論により，もし極と螺線を描く点とのあいだの間隔が，切り取られる曲線の周囲の部分に比例してとられるとすれば[116]，周囲の長さは一般にどのような有限な方程式によってもあらわされえないことが証明されるであろう。ただし，ここでいう曲線とは，無限遠まで延びる共役な図形に接するようなものではない。

系． ゆえに，焦点から運動する物体へとひかれた動径によって描かれる楕円の面積は，有限な方程式によって与えられる時間からは見いだせるものではなく，したがって，幾何学的に有理な曲線の描出によって決定されうるものではない。ここに，幾何学的に有理な曲線と呼ぶそれらの曲線は，その

上のすべての点が方程式によって定義されうる長さによって，つまり，長さの複比によって決定されうるようなものである。他の曲線（たとえば螺線，求積曲線，およびサイクロイドのようなもの）を幾何学的に無理な曲線と呼ぶ。なぜならば，（ユークリッドの『原論』，第Ⅹ巻により）整数と整数との比に等しい長さか，もしくはそうでない長さが，算術的に有理な，もしくは無理な長さだからである。ゆえに，つぎのようにして，幾何学的に無理なある一つの曲線[117]により，一つの楕円から，描かれる時間に比例する面積が切り取られるのである。

命題 31．問題 23

与えられた楕円上を動く1物体の，指定された任意の時刻における位置を見いだすこと。

Aを楕円 APB の主頂点，Sを焦点，Oを中心とし，Pを見いだされるべき物体の位置とする〔図70〕。OA を G まで延長し，OG：OA＝OA：OS となるようにする。垂線 GH を立て，中心Oのまわりに，半径 OG をもって円 GEF を描き，規

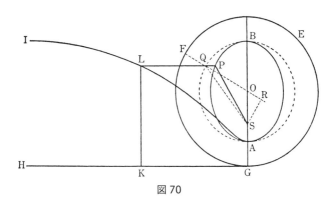

図70

第VI章 与えられた軌道において，…

線GH上に，それを基底として車輪GEFがその軸のまわりに回転しつつ前進し，そのあいだに，その点AによってサイクロイドALIを描くものとする。これがなされたならば，GKと車輪の周EFGとの比を，物体がAから出発して弧APを描く時間と，楕円上における全回転の時間との比に等しくさせる。垂線KLを立て，サイクロイドとLにおいて交わらせる。そうすれば，KGに平行にひかれたLPは，物体の求める位置Pにおいて楕円と交わるであろう。

なぜならば，中心Oのまわりに半径OAをもって半円AQBを描き，LPを，もし必要ならば延長して，弧AQとQにおいて交わらせ，SQ, OQを結ぶ。OQを弧EFGとFにおいて交わらせ，OQ上に垂線SRを下す。面積APSは面積AQSに比例して，すなわち扇形OQAと三角形OQSとの差に比例して，あるいは積 $\frac{1}{2}$OQ・AQ と $\frac{1}{2}$OQ・SR との差に比例して変わる。つまり，$\frac{1}{2}$OQ は与えられているから，弧AQと線分SRとの差に比例して変わる。したがって（SRと弧AQの正弦[118]との比，OS:OA, OA:OG, AQ:GFなどの与えられた比は相等しく，また差比により，それはAQ−SRとGF−弧AQの正弦との比にも等しいから），弧GFと弧AQの正弦との差GK[119]に比例して変わる。よって証明された。

注

しかしこの曲線をえがくのがむずかしいので，むしろある近似解をとるのがよい。すなわち，まず第1に，57.29578度の角，すなわち半径に等しい弧が張る角に対して，焦点間の距離SH〔図71〕が楕円の長径ABに対する比をなすようなあ

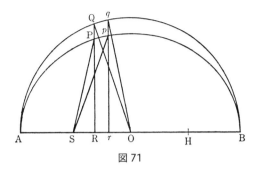

図71

る一つの角Bが見いだされたとする。第2に,半径に対して同じ比の逆比をなすような長さLを見いだす。そしてそれらが見いだされたならば,問題はつぎのような解析によって解かれるであろう。

任意の作図により(あるいは推測によってでも),物体の真の位置pに近い位置Pが知られたとする。そうすれば,楕円の軸に縦線PRを下せば,楕円の両軸の比から,外接円AQBの縦線RQが与えられるであろう。その縦線は,AOを半径と考えれば角AOQの正弦[120]であり,また楕円とPにおいて交わるものでもある。もしその角[121]が,ある近似計算により,真に近い数値で見いだされたとするならば,それで充分であろう。また,つぎのような,時間に比例する角も知られていると仮定する。すなわち,その角と4直角との比が,物体が弧Apを描く時間と,楕円上を1周する時間との比に等しいようなそういう角である。この角をNとする[122]。つぎに角Dをとり,それと角Bとの比が,角AOQの正弦と半径との比に等しいようにする。また角Eをとり,それと角N−AOQ+Dとの比が,長さLと,その長さLから角AOQ

第VI章　与えられた軌道において, …

の余弦[123]をさし引いたもの（その角が直角よりも小さいとき）またはそれを加えたもの（その角が直角よりも大きいとき）との比をなすようにする[124]。つぎに角Fをとり, それと角Bとの比が, 角AOQ+Eの正弦と半径との比となるように, また角Gをとり, それと角N−AOQ−E+Fとの比が, 長さLと, その長さLから角AOQ+Eの余弦をさし引いたもの（その角が直角よりも小さいとき）またはそれを加えたもの（その角が直角よりも大きいとき）との比となるようにする。3度目には角Hをとり, それと角Bとの比を, 角AOQ+E+Gの正弦と半径との比に等しくなるように, また角Iをとり, それと角N−AOQ−E−G+Hとの比が, 長さLと, その長さLから角AOQ+E+Gの余弦をさし引いたもの（その角が直角よりも小さいとき）またはそれを加えたもの（その角が直角よりも大きいとき）との比となるようにする。以下同様にして無限に進むことができる。最後に, 角AOqを角AOQ+E+G+I+……に等しくとる。そうすれば, その余弦Orと縦線pr──ただしprとその正弦qrとの比は楕円の短軸と長軸との比に等しい──とから, 物体の正しい位置pが得られるであろう。

　角N−AOQ+Dが負となるようなことが起これば, 角Eの+符号はどこでも−に変えねばならないし, また−の符号は+に変えねばならない。また同様なことは, 角N−AOQ−E+Fや角N−AOQ−E−G+Hが負となるような場合に, 角Gや角Iの符号についても理解されるべきである。ただし, AOQ+E+G+I+……という無限級数は極めて急速に収束するから, 第2項Eをこえてそれ以上にまで進む必要はほとんどないであろう。そしてこの計算法は次の定理に基づくものである。すなわち, 面積APSは, 弧AQと焦点

Sから半径OQ上に下した垂線との差に比例して変わるということである。

　また似たような計算により，問題は双曲線についても解かれる。いま，その中心をO，その頂点をA，その焦点をSとし，漸近線をOKとする

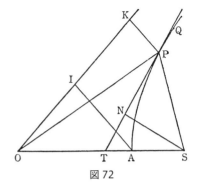

図72

〔図72〕。また，切り取られるべき面積の大きさは，時間に比例するものとして知られていると仮定する。それをAとし，また推測により，真に近い面積APSを切り取る直線SPの位置が知られているものとする。OPを結び，AおよびPからその漸近線へ，他の漸近線に平行にAI, PKをひく。そうすれば，対数表により，面積AIKPは与えられるであろうし，またそれに等しい面積OPA[125]を三角形OPSから減ずることによって，切り取られる面積APSが残るであろう。そして2APS−2Aあるいは2A−2APS, すなわち切り取られるべき面積Aと切り取られる面積APSとの差の2倍を，焦点Sから接線TPに下された垂線SNで割ることによって，弦PQの長さが得られるであろう。弦PQは，もし切り取られる面積APSが切り取られるべき面積Aよりも大きいならば，AとPとの間にはさまれるべきであり，そうでない場合には，点Pの反対側にくるはずである。そして点Qは物体のいっそう精確な位置となるであろう。そこで，この計算を繰り返すことにより，位置はますます精確に求められる

第VI章　与えられた軌道において，…

であろう．

そしてこのような計算により，この問題の一般的な解析解を得るのであるが，しかしつぎに述べる特殊な計算法は，天文学的な目的にはいっそう適切なものである．AO, OB, OD を楕円の半軸とし

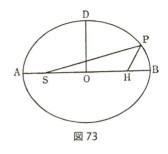

図73

〔図73〕，Lをその通径，そしてDを半短軸ODと通径の半分 $\frac{1}{2}$L との差とする．一つの角Yが見いだされたとし，その正弦と半径との比[126]が，その差Dと両軸の和の半分AO+ODとの積と，長軸ABの自乗との比に等しくされたとする．また角Zを見いだし，その正弦と半径との比が，焦点間の距離SHとその差Dとの積の2倍と，半長軸AOの半分の自乗の3倍との比に等しいとする．それらの角がひとたび見いだされたならば，物体の位置は次のようにして決定できる．すなわち，角Tを弧BPが描かれた時間に比例するように，あるいは平均運動と呼ばれるものに等しくとり，また平均運動の第1均差である角Vと，最大第1均差である角Yとの比を，角Tの2倍の正弦と半径との比に等しくとる．また第2均差である角Xと，最大第2均差である角Zとの比を，角Tの正弦の3乗と半径の3乗との比に等しくとる．

つぎに，平均運動である角BHPをとり，もし角Tが直角よりも小さいならば，角T, V, Xの和T+X+Vに等しくなるように，またもし角Tが直角よりも大きく，2直角よりも小さいならば，同じものの差T+X-Vに等しくなるように

する.そして,もしHPが楕円とPにおいて交わるとし,SPをひいたとすれば,それは時間にほぼ比例する面積BSPを切り取るであろう.

これの実行は充分に手早くできると思われる.というのは,秒の端数でとられた角VおよびXは,もし欲するならば,極めて小さいものであるから,はじめの数字の二つか三つを見いだせば,それで充分だろうからである.しかもそれは,惑星の運動の理論に応ずるためにも同じく充分に精確なものである.というのは,最大中心差が10度である火星の軌道においてすら,その誤差が1秒を超えることはまれだからである.しかし,BHPに等しいとおかれた平均運動の角が見いだされたならば,真運動の角BSPおよび距離SPは,既知の方法により容易に得られるのである.

以上は曲線上における物体の運動に関してであった.ところで,運動体が1直線上を上昇または下降する場合も起こりうる.それで,こんどはそのような種類の運動に属することがらの説明にはいることにしよう.

第 VII 章
物体の直線的上昇および下降

命題 32. 問題 24

求心力が中心からその場所までの距離の自乗に逆比例するものとして,まっすぐに落下する1物体が,与えられた時間内に描く距離を定めること。

場合 1. もし物体がまっすぐに落下しないとすれば,(命題 13, 系 I により) その物体は,力の中心にその焦点を置くようなある一つの円錐曲線を描くであろう。その円錐曲線を ARPB とし,それの焦点を S とする〔図 74〕。まずはじめに,図形が楕円であるとし,その長軸 AB 上に半円 ADB を描き,そして直線 DPC は軸と直角をなしつつ,その落体を通過するものとする。また DS, PS をひけば,

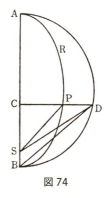

図 74

面積 ASD は面積 ASP に比例するであろうし[127],したがってまた時間にも比例するであろう。軸 AB を固定したまま,楕円の幅を次第に減少させたとする。そのときも,面積 ASD が常に時間に比例することに変わりはなかろう。その幅が無限に減少したと考えれば,その場合には軌道 APB は軸 AB と一致し,焦点 S は軸の端点 B と重なり,物体は直線 AC 上を降下し,かつ面積 ABD は時間に比例することとなるであろう。ゆえに,もし面積 ABD が時間に比例してとられ,かつ点 D から直線 AB 上に直線 DC を垂直に下すなら

195

ば，物体が与えられた時間内に，場所 A からのその垂直降下により描く距離 AC が与えられるであろう。よって見いだされた。

場合 2. もし図形 RPB が双曲線であるとすれば，同じ主軸 AB 上に直角双曲線 BED を描く〔図75〕。そうすれば，それぞれの面積，および高さ CP や CD の間には次の関係が存在する：

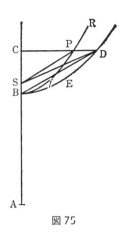

図 75

CSP : CSD = CBfP : CBED
= SPfB : SDEB = CP : CD

かつ，面積 SPfB は，物体 P が弧 PfB に沿って動くであろうその時間に比例して変わる。ゆえに，面積 SDEB もまたその時間に比例して変わるはずである。

双曲線 RPB の通径が限りなく小さくなり，いっぽう交軸のほうはそのまま変わりないとすれば，弧 PB は直線 CB に重なり，焦点 S は頂点 B に来，また直線 SD は直線 BD と一致するであろう。したがって面積 BDEB は，物体 C がその垂直降下により，直線 CB を描く時間に比例して変わるであろう。よって見いだされた。

場合 3. また同様の議論により，もし図形 RPB が放物線であって〔図76〕，同じ主頂点 B に対し，もう一つの放物線 BED が描かれ，それが与えられたままの状態でいつまでもとどまり，いっぽう，前者，すなわち，その周上を物体 P が動くところの放物線は，その通径を減少してついに零となる

第VII章 物体の直線的上昇および下降

ことにより,直線CBと一致するに至るとすれば,放物線の弓形の部分BDEBは,物体PあるいはCが中心SあるいはBまで降下する時間に比例して変わるであろう。よって見いだされた。

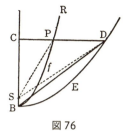

図76

命題33. 定理9

上に見いだされたことがらを仮定すれば,任意の場所Cにおける落体の速度と,中心Bのまわりに距離BCをもって円を描く1物体の速度との比は,円もしくは直角双曲線の遠いほうの頂点Aからの物体の距離ACと,図形の主半径(半長軸)$\frac{1}{2}$ABとの比の平方根の比をなす。

両図形RPB, DEB〔図77〕の共通直径ABがOにおいて二等分されているものとし,図形RPBにPにおいて接するような直線PTをひき,また同じくその共通直径AB(もし必要ならばそれを延長したもの)とTにおいて交わらせる。またSYをこの直線に垂直に,BQをこの直径に垂直にひき,また図形RPBの通径をLとする。命題16, 系IXから,線RPBに沿い中心Sのまわりに運動しつつある物体の,任意の点Pにおける速度と,同じ中心のまわりに距離SPをもって円を描きつつある物体の速度との比は,積$\frac{1}{2}$L·SPとSY^{2}との比の平方根の比をなすことは明らかである。ところで,円錐曲線の性質[128]により,AC·CB : CP^{2}は2AO : Lに等しく,したがって$\frac{2CP^2 \cdot AO}{AC \cdot CB}$はLに等しい。ゆえにこれらの速度は,

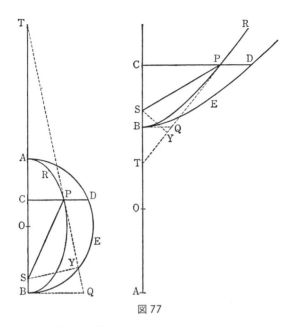

図 77

互いに比 $\dfrac{CP^2 \cdot AO \cdot SP}{AC \cdot CB} : SY^2$ の平方根の比をなす。さらに，円錐曲線の性質により

$$CO : BO = BO : TO$$

したがって

$$CO + BO : BO = BO + TO : TO$$

また

$$CO : BO = CB : BT$$

第VII章 物体の直線的上昇および下降

である。これから

$$BO - CO : BO = BT - CB : BT$$

また

$$AC : AO = TC : BT = CP : BQ$$

そして $CP = \dfrac{BQ \cdot AC}{AO}$ であるから

$$\frac{CP^2 \cdot AO \cdot SP}{AC \cdot CB} = \frac{BQ^2 \cdot AC \cdot SP}{AO \cdot BC}$$

を得る。

いま,図形RPBの幅CPが無限に小さくなって,点Pが点Cと一致し,また点Sが点Bに,直線SPが直線BCに,直線SYが直線BQに重なったとする。そうすれば,いまや直線CBに沿って鉛直に降下する物体の速度と,中心Bのまわりに距離BCをもって円を描く1物体の速度との比は,$\dfrac{BQ^2 \cdot AC \cdot SP}{AO \cdot BC}$ と SY^2 との比の平方根の比をなすであろう。換言すれば (1に等しい比 SP:BC および $BQ^2:SY^2$ を省略して) AC:AO $\left(\text{あるいは} \dfrac{1}{2}AB\right)$ の比の平方根の比をなすであろう。よって証明された。

系 I. 点BとSとが一致するようになると,比 TC:TS は,比 AC:AO に等しくなるであろう。

系 II. 中心から与えられた距離において任意の円上を回転する物体は,上向きに転向されたその運動により,中心からのその距離の2倍だけ上昇するであろう。

命題34. 定理10

もし図形 BED が放物線ならば，任意の点 C における落体の速度は，中心 B のまわりに間隔 BC の半分をもって一様に円を描く1物体の速度に等しい。

なぜならば，（命題16, 系 VII により）中心 S のまわりに放物線 RPB〔図78〕を描く物体の，任意の点 P における速度は，同じ中心 S のまわりに間隔 SP の半分をもって一様に円を描く1物体の速度に等しい。放物線の幅 CP を無限に小さくし，放物線の弧 PfB が直線 CB と一致し，中心 S が

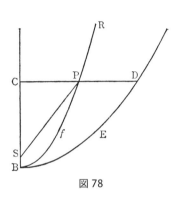

図78

頂点 B に，また間隔 SP が間隔 BC に重なるようになれば，命題は明白となるであろう。よって証明された。

命題35. 定理11

同じことがらを仮定すれば，不定な半径 SD によって描かれる図形 DES の面積は，1物体が同じ時間内に，この図形 DES の半通径に等しい半径をもって，中心 S のまわりに一様に回転することによって描く面積に等しい。

なぜならば，1物体 C が落下中，ごく微小時間のうちに無限小の線分 Cc を描くものとし〔図79〕，いっぽう他の1物体 K が，中心 S のまわりに円 OKk 上を一様に回転しつつ弧 Kk を描くものと想像する。垂線 CD, cd を立て，図形 DES と D,

第VII章 物体の直線的上昇および下降

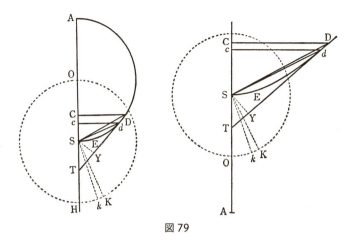

図79

d において交わらせる。SD, Sd, SK, Sk を結び、また Dd をひいて、軸 AS と T において交わらせ、それに垂線 SY を下す。

場合1. もし図形 DES が円あるいは直角双曲線であるとすれば、その横の直径 AS を O において二等分する。そうすれば、SO は通径の半分となるであろう。そして

  TC : TD = Cc : Dd および TD : TS = CD : SY

であるから、TC : TS = CD・Cc : SY・Dd となる。

ところが、(命題33、系Iにより) TC : TS = AC : AO、すなわち、もし点 D, d が重なるときには、線分の窮極の比がとられ、したがって

  AC : AO (あるいはSK) = CD・Cc : SY・Dd

である。

201

さらに，落体のCにおける速度と，中心Sのまわりに間隔SCをもって円を描く1物体の速度との比は，(命題33により) ACとAO (あるいはSK) との比の平方根の比をなし，またこの速度[129]と円 OKk を描く1物体の速度との比は，(命題4, 系VIにより) SKとSCとの比の平方根の比をなす。したがって，最初の速度と最後の速度との比，換言すれば微小線分 Cc と弧 Kk との比は，ACとSCとの比の平方根に，換言すればACとCDとの比に等しい。ゆえに

$$CD \cdot Cc = AC \cdot Kk$$

ゆえに

$$AC : SK = AC \cdot Kk : SY \cdot Dd$$

したがって SK·Kk＝SY·Dd，したがって $\frac{1}{2}$SK·Kk＝$\frac{1}{2}$SY·Dd である。すなわち，面積 KSk は面積 SDd に等しい。ゆえに，各瞬間において面積の相等しい二つの微小部分 KSk および SDd が作られ，それらは，もしその大きさが減少し，その数が無限に増大するときにも等しい比を保つので，結局 (補助定理4, 系により) 集成された全面積どうしは常に相等しい。よって証明された。

場合 2. しかし，もし図形 DES が放物線であるならば〔図80〕，上と同様にして

$$CD \cdot Cc : SY \cdot Dd = TC : TS$$
$$(すなわち) = 2 : 1$$

であることが見いだされるであろう。ゆえに

第VII章 物体の直線的上昇および下降

$$\frac{1}{4}\text{CD}\cdot\text{C}c = \frac{1}{2}\text{SY}\cdot\text{D}d$$

である。

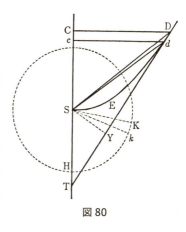

図80

ところが，Cにおける落体の速度は，（命題34により）間隔 $\frac{1}{2}$SC をもって一様に円が描かれるときの速度に等しい。そしてこの速度と，半径 SK をもって円が描かれるときの速度との比，つまり微小線分 Cc と弧 Kk との比は，（命題4，系VI により）SK と $\frac{1}{2}$SC との比の平方根に，換言すれば SK と $\frac{1}{2}$CD との比に等しい。ゆえに，$\frac{1}{2}$SK・Kk は $\frac{1}{4}$CD・Cc に等しく，したがってまた $\frac{1}{2}$SY・Dd に等しい。すなわち，上と同様に，面積 KSk は面積 SDd に等しい。よって証明された。

命題36．問題25

与えられた場所 A から落下する物体の下降時間を定めること。

はじめにおける，中心からの物体の距離 AS を直径として，その上に半円 ADS を描き，また同じく，それと等しい半円 OKH を，中心 S のまわりに描く〔図81〕。物体の任意の位置 C から縦線 CD を立てる。SD を結

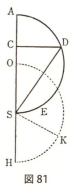

図81

び，扇形 OSK を ASD の面積に等しくする。中心 S のまわりに一様に回転する他の 1 物体が，弧 OK を描くと同じ時間内に，落下中のその物体が距離 AC を描くであろうことは（命題 35 により）明らかである。よって問題は解けた。

命題 37．問題 26

与えられた場所から上方あるいは下方へと投射された 1 物体の上昇あるいは下降の時間を定めること。

物体が与えられた場所 G から出て，任意の速度をもって直線 GS の方向に進むものと考える〔図 82〕。この速度と，物体が中心 S のまわりに与えられた間隔 SG をもって回転するときの，円上における一様な速度との比の自乗比を $GA : \frac{1}{2}AS$ に等しくとる。もしこの比が 2 : 1 に等しければ，点 A は無限遠にあり，この場合には，命題 34 から知られるように，任意の通径をもち，かつ S を頂点とし SG を軸とするような一つの放物線が描かれるべきである。しかし，もしこの比が

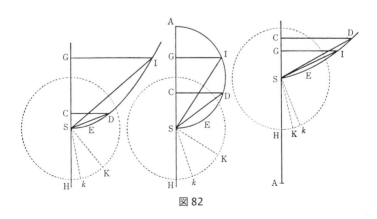

図 82

第VII章 物体の直線的上昇および下降

2:1よりも小であるか,あるいは大である場合には,命題33から知られるように,前者の場合には円が,後者の場合には直角双曲線が,直径SA上に描かれるべきである。

つぎに,中心Sのまわりに,通径の半分に等しい半径をもって円HkKを描き,上昇あるいは下降する物体の位置Gにおいて,また他の任意の位置Cにおいて,垂線GI, CDを立て,円錐曲線または円とIおよびDにおいて交わらせる。次にSI, SDを結び,扇形HSK, HSkを弓形SEIS, SEDSに等しくすれば,(命題35により)物体Gは,物体Kが弧Kkを描くと同じ時間内に距離GCを描くであろう。よって問題は解けた。

命題38. 定理12

求心力が高度すなわち中心からその場所までの距離に比例するものとすれば,落体の時間および速度,およびそれらが描く距離は,それぞれ弧,および弧の正弦および正矢に比例する。

物体が任意の点Aから直線ASに沿って落下するものと考える〔図83〕。そして力の中心Sのまわりに,半径ASをもって円AEの象限を描く。またCDを任意の弧ADの正弦[130]とする。そうすれば,物体Aは時間AD内に距離ACを描いて

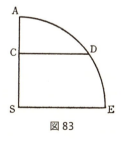

図83

落下し,位置Cにおいて速度CDを得るであろう。これは,命題32が命題11から証明されたと同じように,命題10から証明される[131]。

系 I. ゆえに，1 物体が点 A から落下して中心 S に達する時間と，他の 1 物体が旋回しつつ象限弧 ADE を描く時間とは相等しい。

系 II. ゆえに，物体がどの位置から落下しても，中心に達する時間はすべて相等しい。なぜならば，（命題 4，系 III により）回転体の周期はすべて等しいからである。

命題 39．問題 27

任意の種類の求心力を考え，かつ曲線図形の求積を許すとして，直線上を上昇あるいは下降する物体の，それが通過する各点での速度を見いだすこと。また，それが任意の位置に達すべき時間を見いだすこと。およびその逆。

物体 E が任意の場所 A から直線 ADEC に沿って落下するものとする〔図 84〕。そしてその場所 E から，常に中心 C に向かうその場所での求心力に比例して立てられた垂線 EG を想像し，かつ BFG を点 G の軌跡である 1 曲線とする。また，運動のはじめにおいて，EG は垂線 AB と一致するものと仮定する。そうすれば，任意の位置 E における物体の速度は，その自乗が曲線面積 ABGE に等しいような 1 線分に比例するであろう[132]。これが求める速度である。

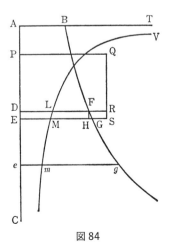

図 84

第VII章　物体の直線的上昇および下降

EG上において，EMを，自乗が面積ABGEに等しいような線分に逆比例するようにとり，またVLMを，点Mが常にその上にあるべき曲線とし，かつ直線ABの延長がその曲線への漸近線であるとする。そうすれば，物体が落下において線分AEを描く時間は，曲線面積ABTVMEに比例するであろう[133]。これが求める時間である。

なぜならば，直線AE上に与えられた長さの微小線分DEをとり，またDLFを，物体がDにあったときの直線EMGの位置とする。そして，もし自乗が面積ABGEに等しいような線分が，落体の速度に比例するように求心力が働くとすれば，面積そのものは速度の自乗に比例するであろう。すなわち，もしDおよびEにおける速度をVおよびV+Iと書くならば[134]，面積ABFDはVV[135]に比例し，面積ABGEはVV+2VI+IIに比例するであろう。よって，差し引きにより，面積DFGEは2VI+IIに比例し，したがって$\frac{\text{DFGE}}{\text{DE}}$は$\frac{2\text{VI}+\text{II}}{\text{DE}}$に比例するであろう。換言すれば，もしそれらの量が，ちょうど生成したばかりのときの最初の比[136]をとるならば，長さDFは$\frac{2\text{VI}}{\text{DE}}$という量に比例し，したがってまた，その半分の量である$\frac{\text{I}\cdot\text{V}}{\text{DE}}$にも比例する。ところが，物体が落下中，ごく微小な線分DEを描く時間は，その線分〔の長さ〕に正比例し，速度Vに逆比例する。また，力は速度の増分Iに正比例し，時間に逆比例するであろう。したがって，もしそれらの量がちょうど生成したばかりのときの最初の比をとるならば，それは$\frac{\text{I}\cdot\text{V}}{\text{DE}}$に，すなわち長さDFに比例す

207

る。ゆえに，DF あるいは EG に比例する力は，自乗が面積 ABGE に等しいような線分〔の長さ〕に比例する速度をもって物体を降下させるであろう。よって証明された。

さらに，与えられた長さの微小線分 DE が描かれるべき時間は，速度に逆比例し，したがってまた，自乗が面積 ABFD に等しいような線分〔の長さ〕にも逆比例するから，そしてまた，線分 DL，したがってそれによって生成される面積 DLME は同じ線分〔の長さ〕に逆比例するから，時間は面積 DLME に比例することとなり，すべての時間の和は，すべての面積の和に比例することになる。換言すれば（補助定理 4，系により）線分 AE が描かれる全時間は全面積 ATVME に比例することになる。よって証明された。

系 I． P を物体がそこから落下すべき点とし，そしてその物体がある任意の，かつ既知の一様な求心力（たとえば重力は普通そのように考えられるが，そのような力）に作用されたときに，位置 D において得る速度が，たとえどのような力にせよ，ある任意の力により，落下する他の 1 物体がその D 点において得た速度と等しくなっているものとする。垂線 DF に沿って DR をとり，DR と DF との比を，位置 D におけるその一様な力と，他の力との比に等しくなるようにする。長方形 PDRQ を完成し，この長方形に等しい面積 ABFD を切り取る。そうすれば，A は他の物体がそこから落下したその位置となるであろう。なぜならば，長方形 DRSE を完成すれば，面積 ABFD と面積 DFGE との比は，VV と 2VI との比をなすから，したがってそれは $\frac{1}{2}$V と I との比，すなわち，全速度の半分と，変化する力によって落下する物体の速度の増分との比をなす。また同様にして，面積 PQRD と面積 DRSE との

第VII章 物体の直線的上昇および下降

比は,全速度の半分と,一様な力によって落下する物体の速度の増分との比をなす。そしてこれらの増分は(生成時間が等しいという理由により)生成力に比例し,つまり縦線 DF と DR との比をなし,したがって生成面積 DFGE と DRSE との比をなす。ゆえに,全面積 ABFD, PQRD 互いに全速度の半分どうしの比をなすであろうし,したがって,速度が相等しいのであるから,それらどうしもまた相等しくなる。

系 II. ゆえに,もし任意の物体がある与えられた速度をもって,任意の点 D から上向きに,あるいは下向きに投射され,かつそれに働く求心力の法則が与えられるならば,他の任意の点,たとえば e におけるそれの速度は,次のようにして見いだされるであろう。すなわち,縦線 eg を立て,その速度と点 D における速度との比を,自乗が長方形 PQRD と,もし点 e が点 D よりも下方にあるならば,その長方形に曲線面積 DFge を加えたもの,またもしそれがより高くにあるならば,これから同じ面積 DFge だけを差し引いたものに等しいような線分と,自乗が長方形 PQRD だけに等しいような線分との比に等しくとるのである。

系 III. また時間は次のようにして知られる。すなわち,PQRD±DFge の平方根に逆比例する縦線 em を立て,そして物体が線分 De を

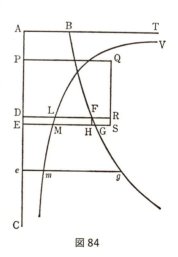

図84

描く時間と，他の1物体が一様な力をもってPから落下してDに達するまでの時間との比を，曲線面積DLmeと積2PD・DLとの比に等しくとるのである。なぜならば，一様な力をもって落下する1物体が線分PDを描いた時間と，同じ物体が線分PEを描いた時間との比は，比PD:PEの平方根の比をなす。換言すれば，(極めて微小な線分DEが生成したばかりのときには) この比はPD:PD$+\frac{1}{2}$DEあるいは2PD:2PD+DEに等しい。したがって，差比により，物体が線分PDを描いた時間と，微小線分DEを描いた時間との比は，2PDとDEとの比に等しく，したがって積2PD・DLと面積DLMEとの比に等しい。また，両物体が，微小線分DEを描いた時間と，変化する運動をする物体が線分Deを描いた時間との比は，面積DLMEと面積DLmeとの比に等しく，したがってこれらの時間の最初のものと最後のものとの比は，積2PD・DLと面積DLmeとの比に等しいからである。

第 VIII 章
任意の種類の求心力に働かれつつ 回転する物体の軌道の決定

命題 40. 定理 13

もし任意の求心力に働かれる物体が任意の仕方で運動し，かつ他の 1 物体が 1 直線上を上昇あるいは下降し，そしてそれらの速度が高度の等しいある一つの場合において相等しいならば，それらの速度は，他のすべての等しい高度においてもまた相等しいであろう。

1 物体が A から D と E とを通って中心 C へと落下するものとし〔図 85〕，また他の 1 物体が V から曲線 VIKk に沿って運動するものとする。中心 C から，任意の距離をもって，同心円 DI, EK を描き，直線 AC と D および E において，また曲線 VIK と I および K において交わらせる。IC をひいて KE と N において交わらせ，また IK 上に垂線 NT を下し，円周間の間隔 DE あるいは IN が極めて微小なるものとし，かつ物体が D および I において等しい速度をもつものと考える。そうすれば，距離 CD および CI は相等しいから，D および I における求心力もまた相等

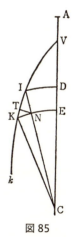

図 85

しい。これらの力が等しい微小線分 DE および IN であらわされたとし，また力 IN が（運動の法則の系 II により）他の二つ，

NT および IT, に分解されたとする。そうすれば，物体の経路 ITK に垂直な直線 NT の方向に働く力 NT は，その経路に沿う物体の速度には何ら影響を及ぼさず，すなわちそれを変化させず，ただ単にそれを直線経路から偏向させるのみであり，そしてそれを絶えず軌道の接線から偏れさせ，曲線経路 ITKk 上を進ませるのである。ゆえに，その全力はこの効果を生ずるのに費やされるであろう。ところが，物体の進路の方向に働く他の力 IT は，それを加速するのに全部使われ，与えられた微小時間内にそれ[137]自身に比例する加速度を生ずるであろう。ゆえに，等しい時間内に生じた，D および I における物体の加速度は，（もし生成しはじめの線分 DE, IN, IK, IT, NT の最初の比[138]をとるならば）線分 DE, IT の比をなし，また不等時間内においては，それらの線分と時間との積の比をなす[139]。ところが，DE および IK が描かれる時間は，（D および I における）速度が等しいという理由により，描かれた距離 DE および IK に比例し，したがって，線分 DE および IK を通しての物体の進路における加速度は DE：IT および DE：IK の複比をなす。換言すれば DE の自乗と積 IT・IK との比をなす。ところが，積 IT・IK は IN の自乗に等しく，すなわち DE の自乗に等しい。したがって，物体が D および I から E および K への通過に際し生ずる加速度は相等しい。ゆえに，E および K における物体の速度もまた相等しい。そして同じ推論により，それらはその後の相等しい任意の距離において常に相等しいことが見いだされるであろう。よって証明された。

　同じ推論により，等しい速度をもち，かつ中心から等しい距離にある物体は，等しい距離の上昇に際し等しく減速させ

第VIII章　任意の種類の求心力に働かれつつ…

られるであろう。よって証明された。

系I. ゆえに，もし1物体が糸でつるされて振動するか，あるいは任意の磨かれた，そして完全に滑らかな障害物によって曲線上を運動させられるかし，そして他の1物体が1直線上を上昇あるいは下降し，それらの速度がある一つの等しい高度において相等しいならば，それらの速度は他のすべての等しい高度においてもまた相等しいであろう。なぜならば，振子の糸により，あるいは完全に滑らかな容器の障害により，横からの力NTによると同じことが行なわれるだろうからである。物体はそれによって加速もされず，減速もされず，ただ単にその直線経路から離れさせられるだけである。

系II. 物体が振動しつつあるか，あるいは曲線上を旋回しつつあるか，いずれにせよ，それが曲線上の任意の点から，その点においてもつ速度で上方に投射された場合に，物体が上昇しうる中心からの最大距離をPとする。また軌道上の他の任意の1点における物体の中心からの距離をAとし，かつ求心力は常にAという量の$n-1$乗，すなわちA^{n-1}に比例するものとする。ただし，冪指数$n-1$は任意の数nから1を減じたものである。そうすれば，すべての高度Aにおける速度は$\sqrt{P^n-A^n}$に比例するであろうし，したがって与えられるであろう。なぜならば，命題39により，直線上を上昇あるいは下降する物体の速度はちょうどこの比をなすからである[140]。

命題41．問題28

任意の種類の求心力を仮定し，かつ曲線図形の求積を許すとして，物体が運動するその軌道の曲線を見いだすこと。ま

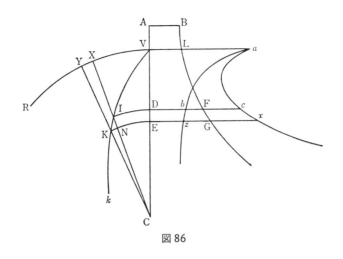

図86

た見いだされたその曲線上におけるそれらの運動の時間を求めること。

　任意の求心力が中心Cに向かうものとし〔図86〕，軌道の曲線VIKkを見いだすことが求められたとする．中心Cから任意の半径CVをもって描かれた円VRが与えられたものとし，また同じ中心から他の任意の円ID, KEを描き，軌道とIおよびKにおいて，また直線CVとDおよびEにおいて交わらせる．つぎに，直線CNIXをひき，円KE, VRとNおよびXにおいて交わらせ，また直線CKYを円VRとYにおいて交わらせる．点IとKとを限りなく近づかせ，かつ物体をVからIとKを経てkへと行かせる．また点Aを他の1物体がそこから落下すべき位置とし，かつその物体は位置Dにおいて，第1の物体がIにおいてもつ速度と等しい速度を得るものとする．そうすれば，事態は命題39におけると同じ

第VIII章 任意の種類の求心力に働かれつつ…

で，与えられた微小時間内に描かれる小線分 IK は速度に比例するであろう。したがってそれは，自乗が面積 ABFD に等しいような線分に比例するであろう。また，その時間に比例する[141]三角形 ICK は与えられるであろう。したがって，KN は高度 IC に逆比例するであろう。すなわち，（もし任意の量 Q が与えられ，そして高度 IC を A と呼ぶならば）KN は $\dfrac{Q}{A}$ に比例するであろう。この $\dfrac{Q}{A}$ という量を Z と呼び，かつ Q の大きさがある一つの場合において

$$\sqrt{ABFD} : Z = IK : KN$$

のようなものとする。そうすれば，すべての場合において

$$\sqrt{ABFD} : Z = IK : KN$$

であり，したがって

$$ABFD : ZZ = IK^2 : KN^2$$

である[142]。ゆえに，差比により

$$ABFD - ZZ : ZZ = IN^2 : KN^2$$

したがって，

$$\sqrt{ABFD - ZZ} : Z \left(\text{あるいは} \dfrac{Q}{A}\right) = IN : KN$$

ゆえに，

$$A \cdot KN = \dfrac{Q \cdot IN}{\sqrt{ABFD - ZZ}}$$

である。また

$$YX \cdot XC : A \cdot KN = CX^2 : AA$$

であるから,$YX \cdot XC = \dfrac{Q \cdot IN \cdot CX^2}{AA\sqrt{ABFD-ZZ}}$ となる。ゆえに,垂線 DF 上に Db, Dc を引き続いてそれぞれ $\dfrac{Q}{2\sqrt{ABFD-ZZ}}$,$\dfrac{Q \cdot CX^2}{2AA\sqrt{ABFD-ZZ}}$ に等しくとり,かつ点 b, c の軌跡である曲線 ab, ac を描き,また点 V から直線 AC に垂線 Va を立て,曲線面積 VDba, VDca を切り取らせ,また縦線 Ez, Ex を立てる。そうすれば,積 Db・IN あるいは面積 DbzE は積 A・KN の半分,すなわち三角形 ICK に等しく,また積 Dc・IN あるいは面積 DcxE は積 YX・XC の半分,すなわち三角形 XCY に等しい。換言すれば,面積 VDba, VIC の生成したばかりの部分[143]DbzE, ICK は常に相等しく,また面積 VDca, VCX の生成したばかりの部分 DcxE, XCY は常に相等しい。ゆえに,生成した面積 VDba は生成した面積 VIC に等しいであろうし,したがってそれは時間に比例するであろう。また生成した面積 VDca は生成した扇形 VCX に等しい。ゆえに,もし物体が V から動いたその間の任意の時間が与えられるならば,それに比例する面積 VDba もまた与えられるであろう。したがって,物体の高度 CD あるいは CI は与えられるであろう。また,面積 VDca,およびそれに等しい扇形 VCX もその角 VCI と共に与えられるであろう。ところが,角 VCI と高度 CI とが与えられれば,物体がその時間の終わりに見いだされるべき場所 I もまた与えられる。よって見いだされた。

系 I. ゆえに物体の最大および最小の高度,すなわち軌道

第VIII章　任意の種類の求心力に働かれつつ…

の長軸端〔近地点や遠地点〕の位置は極めて容易に見いだされる。なぜならば，軌道の長軸端は，中心を通ってひかれた直線 IC が軌道 VIK 上に垂直に落ちるような点であり，それは線分 IK と NK とがちょうど相等しくなるとき，すなわち面積 ABFD が ZZ に等しくなるときだからである。

系 II. 同様にして，軌道が任意の場所において直線 IC を切る角 KIN もまた，物体の与えられた高度 IC から容易に見いだされるであろう。すなわち，その角の正弦[144]と半径との比を，KN と IK との比に，すなわち，Z と面積 ABFD の平方根との比に等しくすることによってである。

系 III. もし中心 C および主頂点 V に対して，一つの円錐曲線 VRS が描かれ〔図87〕，かつその上の任意の1点，たとえば R から接線 RT がひかれ，無限に延長された軸 CV と点 T において交わらされたとし[145]，つぎに CR を結び，横線 CT に等しく，かつ扇形 VCR に比例する角 VCP

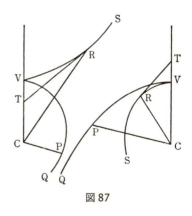

図87

を作る線分 CP がひかれたとする。そしてもし中心からその場所までの距離の3乗に逆比例する求心力が中心 C へと向かうものとし，かつ位置 V から1物体がある適当な速度をもって，直線 CV に垂直な直線の方向に沿って出発するものとすれば，その物体は点 P が常に描くところの曲線 VPQ 上

217

を進むであろう[146]。したがって，もしその円錐曲線VRSが双曲線であるならば，物体は中心へと下降するであろうが，しかし，もしそれが楕円であるならば，それは絶えず上昇し，次第に無限遠へと遠ざかり行くであろう。また，反対に，もし任意の速度を与えられた1物体が場所Vから出発し，そしてそれが中心に向かって斜めに下降し始めるか，あるいはそれから斜めに上昇し始めるかにしたがって，図形VRSが双曲線あるいは楕円となるならば，その曲線は角VCPをある与えられた比において増すか，あるいは減らすかすることによって見いだされるであろう。また求心力が遠心力となった場合には，物体は，角VCPを楕円的扇形VRCに比例してとることにより，かつ前と同じく，長さCPを長さCTに等しくとることによって見いだされるところの曲線VPQに沿って斜めに上昇するであろう。これらのことがらはすべて前述の命題から，ある一つの曲線の求積によって導かれるのであるが，その考案は極めて容易なので，簡単のため省略する。

命題42．問題29

求心力の法則を与えて，与えられた場所から，与えられた速度をもって，与えられた直線の方向に出発する物体の運動を見いだすこと．

前述の3個の命題におけると同様のことがらを仮定し，物体を，位置I〔図88〕から小線分IKの方向に，一様な求心力をもって点Pから落下する他の1物体がDにおいて得ると同じ速度をもって出発させるものとする。そしてこの一様な力は，物体が最初Iにおいて受ける力に対しDR：DFの比をなすものとする。物体がkに向かって進むものとし，中心Cの

第VIII章　任意の種類の求心力に働かれつつ…

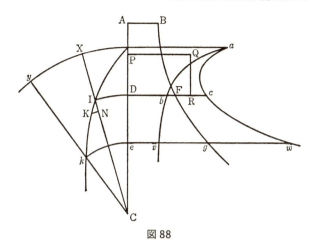

図88

まわりに半径 Ck をもって円 ke を描き、直線 PD と e において交わらせ、そこで縦に直線 eg, ev, ew を立て、曲線 BFg, abv, acw と交わらせる。

与えられた長方形 PDRQ および第1の物体に働く与えられた求心力の法則から、問題27 およびその系Ⅰの作図により、曲線 BFg も与えられる。つぎに、与えられた角 CIK から、生成したばかりの線分[147] IK, KN の比が与えられ、したがって問題28 の作図により、曲線 abv, acw とともに、Q という量が与えられる。したがって、任意の時間 Dbve の終わりにおいて、物体の高度 Ce あるいは Ck と面積 Dcwe とが、それに等しい扇形 XCy や角 ICk や物体がそのときに見いだされるべき位置 k とともに与えられる。よって見いだされた。

これらの諸命題においては、求心力は勝手に想定されたあ

る法則に従い，中心からの距離とともに変わりはするが，しかし中心からの距離が等しいところでは，どこでも同じであると考えた。

　これまでは不動の軌道上における物体の運動を考えてきた。しかし，いまや力の中心のまわりに回転する軌道上におけるそれらの運動に関し，二，三付言すべきことが残っている。

第 IX 章
動く軌道上における物体の運動；
および長軸端の運動

命題 43. 問題 30

1 物体を，力の中心のまわりに回転している軌道上で，静止している同じ軌道上における他の 1 物体と同じように運動させること．

物体 P が VPK という固定軌道上を V から K に向かって回転するものとする〔図 89〕。中心 C から，CP に等しい Cp を連続的にひき，角 VCp を角 VCP に比例させる。そうすれば，線分 Cp が描く面積と，線分 CP が同時に描く面積 VCP との比は，面積を描く線分 Cp の速度

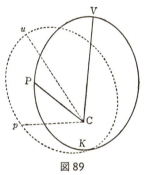

図 89

と，同じく面積を描く線分 CP の速度との比に，換言すれば，角 VCp と角 VCP との比に等しく，それゆえ与えられた比であり，したがって面積は時間に比例するであろう。そこで，線分 Cp が固定平面内において描く面積は時間に比例するから，1 物体がある適当な求心力の作用を受けるとき，点 p とともに，その同じ点 p がいま説明した仕方により，ある固定平面内で描く曲線上を回転すべきことは明らかである。角 VCu を角 PCp に等しくし，線分 Cu を CV に，また図形

221

uCp を図形 VCP に等しくする。そうすれば，物体は常に点 p に位置しつつ，回転する図形 uCp の周上を運動し，他の物体 P が固定図形 VPK 上において相似でかつ等しい弧 VP を描くと同じ時間内に，その（回転しつつある）弧 up を描くであろう。つぎに物体を，点 p が固定平面内で描く曲線上で回転させるような求心力を命題 6，系 V によって見いだせば，それで問題は解けるであろう。よって解決した。

命題 44．定理 14

2 物体に，一つは固定軌道上で，他は回転しつつある同じ軌道上で，相等しい運動を行なわせる力の差は，それらの共通の高度の 3 乗に逆比例する．

固定軌道の部分 VP, PK が，回転軌道の部分 up, pk に相似で，かつ相等しいとし，また点 P と K との距離が極めて小さいとする〔図 90〕。点 k から直線 pC に垂線 kr を下し，それを m まで延長して，$mr : kr$ の比を角 VCp と角 VCP との比に等しくさせる。2 物体の高度 PC と pC，および KC と kC とは常に相等しいから，線分 PC および pC の増分あるいは減分が常に相等しいことは明らかである。ゆえに，もし位置 P および p における物体のおのおのの運動が（運動の法則の系Ⅱにより）それぞれ二つに分解され，一つは中心に向かい，つまり直線 PC, pC に沿い，また前者に垂直な他のものは，直線 PC および pC に垂直な方向をもつとすれば，中心に向かう運動どうしは相等しく，また物体 p の横の運動と物体 P の横の運動との比は，直線 pC の角運動と直線 PC の角運動との比に，換言すれば，角 VCp と角 VCP との比に等しいであろう。ゆえに，物体 P がその両方の運動により点 K にく

第 IX 章　動く軌道上における物体の運動；…

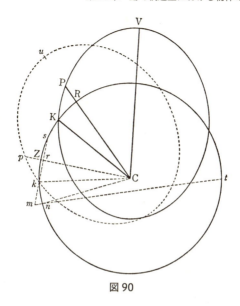

図 90

ると同時に，中心へと向かう等しい運動をもつ物体 p は，p から C へと向かって等しく運動させられるであろう。ゆえに，その時間の終わりには，それは点 k を通り直線 pC に垂直な直線 mkr 上のどこかに見いだされるであろう。またその横の運動により，それは直線 pC からある距離を獲得するであろうが，その距離と，他の物体 P が直線 PC から獲得する距離との比は，物体 p の横運動と他の物体 P の横運動との比に等しいであろう。ゆえに，kr は物体 P が直線 PC から獲得する距離に等しく，かつ $mr : kr$ は角 VCp と角 VCP との比，すなわち物体 p の横運動と物体 P の横運動との比に等しいのであるから，その時間の終わりには，物体 p は位置 m にあることは明らかである。これらのことがらは，物

223

体 p および P が直線 pC および PC の方向に沿って等しく動かされ，したがってそれらの方向に沿う等しい力の作用を受ける場合でも同様である。ところが，もし角 pCn と角 pCk との比が，角 VCp と角 VCP との比に等しいようなある一つの角 pCn をとり，かつ nC を kC に等しくするならば，その場合には，物体 p は，時間の終わりには確かに n にきており，したがって，もし角 nCp が角 kCp よりも大きいならば，すなわち，仮に直線 CP が前方へと運ばれる速度の 2 倍よりも大きい速度をもって，軌道 upk が前方あるいは後方へと動くとするならば，物体 p は物体 P よりも大きい力を受けるし，またもし軌道の後退運動がより緩慢であるならば，より小さい力を受ける。そしてその力の差は，物体がその差の作用により，与えられた時間内に運ばれるべき場所の隔たり mn に比例する。中心 C のまわりに，距離 Cn あるいは Ck をもって円を描き，直線 mr, mn の延長と s および t において交わらせたとすれば，積 $mn \cdot mt$ は積 $mk \cdot ms$ に等しく，したがって mn は $\frac{mk \cdot ms}{mt}$ に等しいであろう。ところが，三角形 pCk, pCn は，与えられた時間内においては与えられた大きさをもっているので，kr と mr，およびそれらの差 mk，およびそれらの和 ms 等は高度 pC に逆比例し，したがって積 $mk \cdot ms$ は高度 pC の自乗に逆比例する。さらに，mt は $\frac{1}{2}mt$ に比例し，つまり高度 pC に比例する。これらは生成する線分の最初の比[148]であり，したがって $\frac{mk \cdot ms}{mt}$，すなわち，生成する微小線分 mn，およびそれに比例する力の差は，高度 pC の 3 乗に逆比例する。よって証明された。

系 I. ゆえに，場所 P と p，あるいは K と k における力の

第IX章　動く軌道上における物体の運動；…

差と，物体Pが固定軌道に沿って弧PKを描くと同じ時間内に，1物体がRからKまで円運動をしながら回転するときの力との比は，生成される線分mnと，生成される弧RKの正矢[149]との比，すなわち$\dfrac{mk \cdot ms}{mt}$と$\dfrac{rk^2}{2kC}$との比，あるいは$mk \cdot ms$とrkの自乗との比に等しい。換言すれば，もし与えられた量FおよびGを，互いに角VCPが角VCpに対すると同じ比にとるならば，GG−FFとFFとの比に等しい。ゆえに，もし中心Cから任意の距離CPあるいはCpをもって，全面積VCP，すなわち固定軌道上を回転する物体が，中心にひかれた動径により，任意の時間内に描く面積に等しい円扇形を描くならば，物体Pを固定軌道上で回転させる力と，物体pを可動軌道上で回転させる力との差は，他の1物体が，中心にひかれた動径により，面積VCPが描かれると同じ時間内にその扇形を一様に描きうるような求心力に対し，GG−FFとFFとの比をなすであろう。なぜならば，その扇形，および面積pCkは，それらが描かれる時間に互いに比例するからである。

系II. もし軌道VPKが，その焦点をCにもち，その最長軸端〔遠日点あるいは遠地点〕をVにもつような一つの楕円であるとし，また楕円upkがそれに相似で，かつ等しく，つまりpCはPCに等しく，また角VCpは角VCPに対して与えられた比G:Fをなすものとする。また高度PCあるいはpCをAとおき，楕円の通径を2Rとおくならば，物体を可動楕円上で回転させる力は$\dfrac{FF}{AA}+\dfrac{RGG-RFF}{A^3}$に比例するであろう。またその逆も成り立つ。いま，物体を固定楕円上で回転させる力を$\dfrac{FF}{AA}$という量であらわしたとする。そ

うすれば，Vにおけるその力は $\dfrac{FF}{CV^2}$ であろう。ところが，物体を，CVの距離を保つ円周上で，楕円軌道上の物体がVにおいてもつと同じ速度で回転させる力は，楕円上を回転する物体が長軸端Vにおいて受ける力に対して，楕円の半通径が円の半径CVに対する比をなす[150]。したがってそれは $\dfrac{RFF}{CV^3}$ に比例する。またこれに対してGG−FF：FFの比をなす力は $\dfrac{RGG-RFF}{CV^3}$ に比例する[151]。そしてこの力は，(本命題の系Iにより) 固定楕円VPKに沿って物体Pを回転させる力と，可動楕円upkに沿って物体pを回転させる力との，Vにおける差である。ゆえに，本命題により，他の任意の高度Aにおけるその差と，高度CVにおけるそのものとの比

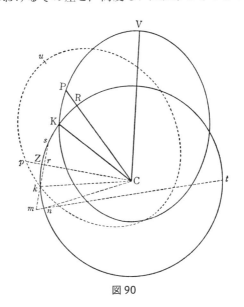

図90

第IX章 動く軌道上における物体の運動；…

は $\dfrac{1}{A^3} : \dfrac{1}{CV^3}$ の比をなすのであるから，各高度 A における同じ差は $\dfrac{RGG-RFF}{A^3}$ に比例するであろう。ゆえに，物体を固定楕円 VPK 上で回転させる力 $\dfrac{FF}{AA}$ に，$\dfrac{RGG-RFF}{A^3}$ という余分のものを加えれば，その和は，物体を同じ時間内に可動楕円 *upk* 上で回転させるところの全体の力 $\dfrac{FF}{AA} + \dfrac{RGG-RFF}{A^3}$ となるであろう。

系III. 同様にして，もし固定軌道 VPK が，その中心を力の中心 C にもつ一つの楕円であり，またそれに相似で，かつ等しく，かつ同心の可動楕円 *upk* があって，2R をその楕円の主通径，2T を横径すなわち長軸とし，また角 VC*p* が角 VCP に対して絶えず G：F の比をなすとすれば，物体を等しい時間内に，固定の，および可動の楕円上で回転させる力の比は，それぞれ $\dfrac{FFA}{T^3}$ と $\dfrac{FFA}{T^3} + \dfrac{RGG-RFF}{A^3}$ との比をなすであろう[152]。

系IV. また一般に，物体の最大高度 CV を T と呼び，軌道 VPK が V においてもつ曲率半径，すなわち等しい曲がり方をする円の半径を R と呼び，また物体を任意の固定曲線 VPK 上で回転させる求心力の，場所 V における値を $\dfrac{VFF}{TT}$ と呼び，他の場所 P におけるものを不定的に X と書き，そして高度 CP を A と呼び，また G と F との比を角 VC*p* と角 VCP との与えられた比に等しくとる。そうすれば，同じ物体に，同じ時間内に，ある円運動をしながら回転する同じ曲線 *upk* に沿って同じ運動を行なわせる求心力は，力の和

$$X + \frac{\text{VRGG} - \text{VRFF}}{A^3}$$ に比例するであろう[153]。

系 V. ゆえに，固定軌道上における物体の運動が与えられるならば，力の中心のまわりのその角運動は，与えられた比において増減されることになり，したがって，物体が新しい求心力によって回転すべき新しい固定軌道が見いだされうるであろう。

系 VI. ゆえに，もし不定の長さの直線 VP を，位置の与えられた直線 CV に垂直に立て〔図91〕，そして CP をひき，またそれに等しく Cp を，角 VCp が角 VCP に対して与えられた比をなすようにつくれば，点 p が連続的に描く曲線 Vpk に沿って物体を回転させ

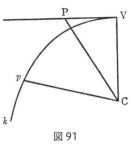

図91

る力は，高度 Cp の3乗に逆比例する。なぜならば，その慣性によるだけで，何ら他の力の作用を受けない物体 P は，直線 VP 上を一様に前進するであろうし，それゆえ，高度 CP あるいは Cp の3乗に逆比例するような，中心 C に向かう力を加えるならば，(いま説明されたことにより) 物体は直線運動から曲線 Vpk へと偏れるであろう。ところが，この曲線 Vpk は，命題41，系Ⅲにおいて見いだされた曲線 VPQ と同じものであって，その際，このような力に引かれる物体は斜めに上昇するであろうと述べたその曲線だからである。

命題 45．問題 31

円に極めて近い軌道における長軸端〔遠日点や近日点，あるい

第 IX 章 動く軌道上における物体の運動；…

は遠地点や近地点など〕**の運動を求めること。**

　この問題は（上の命題の系 II や系 III におけるような）可動楕円上を回わる 1 物体が，固定平面内で描く軌道を，長軸端を求めているところのその軌道の図形へとひき直し，つぎにその物体が固定平面内で描く軌道の長軸端を探すことによって，算術的に解かれるものである。ただし，軌道を描く求心力どうしをくらべたときに，もしそれらが等しい高度において互いに比例しているならば，軌道はいずれも同一の図形となるはずである。

　点 V を最高長軸端〔遠日点あるいは遠地点〕とし，最大高度 CV を T と書き，他の任意の高度 CP あるいは Cp を A，また高度の差 CV−CP を X と書く。そうすれば，物体を（系 II の場合のように）焦点 C のまわりに回転する楕円軌道に沿って動かす力，すなわち系 II において $\frac{FF}{AA} + \frac{RGG - RFF}{A^3}$ に，すなわち $\frac{FFA + RGG - RFF}{A^3}$ に比例した力は，A を T−X と置き換えることによって，$\frac{RGG - RFF + TFF - FFX}{A^3}$ に比例することになるであろう。同様にして，他の任意の求心力も，その分母が A^3 で，分子が同類項をひとまとめにすることによって同次となるような，ある一つの分数に変えられるはずである。いまこれを例題によって明示しよう。

例題 1． 求心力が一様であると仮定し，したがって $\frac{A^3}{A^3}$ に比例するものとする。あるいは，分子における A の代わりに T−X と書いて，$\frac{T^3 - 3TTX + 3TXX - X^3}{A^3}$ に比例するものとする。そうすれば，分子の対応項どうし，すなわち，与

えられた量から成るものは与えられた量のものどうし，与えられない量のものは与えられない量のものどうしを対照して

$$RGG - RFF + TFF : T^3 = -FFX : -3TTX + 3TXX - X^3$$
$$= -FF : -3TT + 3TX - XX$$

さて，軌道は円に極めて近いと仮定されているのであるから，いまそれを円と一致させてみよう。その場合には，RとTとは等しくなり，Xは無限小となるから，上の比は

$$GG : T^2 = -FF : -3TT$$

また

$$GG : FF = TT : 3TT = 1 : 3$$

となり，したがって G：F，すなわち，角 VCp と角 VCP との比は $1 : \sqrt{3}$ となる。したがって，物体は固定楕円上において，上方の長軸端〔遠日点あるいは遠地点〕から下方の長軸端〔近日点あるいは近地点〕まで下降する間に，180°といういわば一つの角を描くのであるから，可動楕円上の——したがってわれわれが取り扱っている固定平面内の——他の物体は，上方の長軸端から下方の長軸端までのその下降において $\dfrac{180°}{\sqrt{3}}$ の角 VCp を描くであろう。そしてこれは，一様な求心力の作用を受ける物体が描くこの軌道と，回転しつつある楕円に沿って巡回を行なう物体がある固定平面内で描くであろうその軌道とは，類似のものだという理由から起こることである。

諸項のこの対照により，これらの軌道は相似なものとされるが，それは一般的にではなくて，ただそれらが円形に極め

第 IX 章 動く軌道上における物体の運動；…

て近いときにだけそうなのである。ゆえに，ほぼ円形の軌道上を一様な求心力をもって回転する物体は，常に中心において $\frac{180°}{\sqrt{3}}$ すなわち $103°55'23''$ という角を描き，一度その角を描きおえるときに上方の長軸端から下方の長軸端まで動き，またふたたびその角を描きおえるときに上方の長軸端へと戻り，このようにして無限にそれを繰り返すであろう。

例題 2. 求心力が高度 A の任意の冪，たとえば A^{n-3}，すなわち $\frac{A^n}{A^3}$ に比例するものとする。ここに，$n-3$ および n は整数あるいは分数，有理あるいは無理の，また正あるいは負の任意の冪指数をあらわす。A^n あるいは $(T-X)^n$ というこの分子は，私の〔考案した〕収束級数の方法[154]によって不定級数〔冪級数〕に直すことができ

$$T^n - nXT^{n-1} + \frac{nn-n}{2}XXT^{n-2}\cdots\cdots$$

となるであろう。

そしてこれらの諸項を他の分子の諸項

$$RGG - RFF + TFF - FFX$$

と比較すれば

$$RGG - RFF + TFF : T^n$$
$$= -FF : -nT^{n-1} + \frac{nn-n}{2}XT^{n-2}\cdots\cdots$$

となる。

そして軌道が円に近づいた場合の上の比をとれば

$$RGG : T^n = -FF : -nT^{n-1},$$

あるいは　$GG : T^{n-1} = FF : nT^{n-1}$

となり，さらに $GG : FF = T^{n-1} : nT^{n-1} = 1 : n$ となる。

ゆえに G と F との比，すなわち角 VCp と角 VCP との比は，1 と $\sqrt{n}$ との比になる。したがって，物体が楕円の上方の長軸端から下方の長軸端まで降下する間に描かれる角 VCP は 180°であるから，A^{n-3} という冪に比例する求心力をもって1物体が描くところの円に近い軌道上において，上方の長軸端から下方の長軸端までの物体の降下に際し描かれる角 VCp は角 $\dfrac{180°}{\sqrt{n}}$ に等しく，そしてこの角が繰り返されれば，物体は下方の長軸端から上方の長軸端へともどり，このようにして無限につづくであろう。

もし求心力が中心からの物体の距離に，すなわち A あるいは $\dfrac{A^4}{A^3}$ に比例するならば，n は4に等しく，$\sqrt{n}$ は2に等しいであろう。したがって，上方の長軸端と下方の長軸端との間の角は $\dfrac{180°}{2}$，すなわち 90°に等しい。ゆえに，1回転の4分の1を終えた物体は下方の長軸端に達し，またさらに次の4分の1を終えたときには上方の長軸端に達し，このようにして無限につづくであろう。これはまた命題10からも明らかである。なぜならば，この求心力に働かれる物体は，その中心が力の中心である一つの固定楕円上を回転するからである。

もし求心力が距離に逆比例するならば，すなわち $\dfrac{1}{A}$ あるいは $\dfrac{A^2}{A^3}$ に比例するならば，n は2であり，したがって上と下の長軸端の間の距離は $\dfrac{180°}{\sqrt{2}}$，すなわち 127°16′45″ であり，

第 IX 章　動く軌道上における物体の運動；…

したがって，このような力をもって回転する物体は，この角の継続的な繰り返しにより，交互に上の長軸端から下の長軸端へ，また下の長軸端から上の長軸端へと限りなく運動するであろう。

　同様にして，また，もし求心力が高度の $\frac{11}{4}$ 乗冪すなわち $A^{\frac{11}{4}}$ に逆比例するならば，すなわち $\frac{1}{A^{\frac{11}{4}}}$ あるいは $\frac{A^{\frac{1}{4}}}{A^3}$ に比例するならば，n は $\frac{1}{4}$ に等しく，$\frac{180°}{\sqrt{n}}$ は $360°$ に等しいであろう。したがって，上の長軸端から出発して，そこから絶えず降下する物体は，それが 1 回転を完了したときには下の長軸端に達し，ついで上昇をつづけ，さらに次の 1 回転を完了したときにはふたたび上の長軸端に達し，このように同じことを交互に限りなくつづけるであろう。

　例題 3. m と n を高度の任意の冪指数としてとり，b と c を任意の与えられた数としてとったときに，求心力が $(bA^m + cA^n) \div A^3$ に，すなわち $[b(T-X)^m + c(T-X)^n] \div A^3$ に，あるいは（上に述べた収束級数の方法により）

$$\left[bT^m + cT^n - mbXT^{m-1} - ncXT^{n-1} + \frac{mm-m}{2}bXXT^{m-2} \right.$$
$$\left. + \frac{nn-n}{2}cXXT^{n-2} + \cdots\cdots \right] \div A^3$$

に比例するものとする。そうすれば，分子の諸項を比較して
$$RGG - RFF + TFF : bT^m + cT^n$$
$$= -FF : -mbT^{m-1} - ncT^{n-1} + \frac{mm-m}{2}bXT^{m-2}$$

$$+ \frac{nn-n}{2}c\mathrm{XT}^{n-2}+\cdots\cdots$$

が成り立つ。

また軌道が円形となったときの上の比をとれば

$$\mathrm{GG} : b\mathrm{T}^{m-1}+c\mathrm{T}^{n-1} = \mathrm{FF} : mb\mathrm{T}^{m-1}+nc\mathrm{T}^{n-1}$$

となり,そしてさらに

$$\mathrm{GG} : \mathrm{FF} = b\mathrm{T}^{m-1}+c\mathrm{T}^{n-1} : mb\mathrm{T}^{m-1}+nc\mathrm{T}^{n-1}$$

となる。この比は,最大高度 CV あるいは T を算術的に 1 で表わすことにより

$$\mathrm{GG} : \mathrm{FF} = b+c : mb+nc = 1 : \frac{mb+nc}{b+c}$$

となる。ゆえに,G と F との比,すなわち角 VCp と角 VCP との比は,1 と $\sqrt{\dfrac{mb+nc}{b+c}}$ との比となる。したがって,固定楕円の場合における,上下の長軸端の間の角 VCP は 180° であるから,$\dfrac{b\mathrm{A}^m+c\mathrm{A}^n}{\mathrm{A}^3}$ に比例する求心力により物体が描く軌道上における同じ長軸端の間の角 VCp は角 $180°\sqrt{\dfrac{b+c}{mb+nc}}$ に等しい。また,同じ推論により,もし求心力が $\dfrac{b\mathrm{A}^m-c\mathrm{A}^n}{\mathrm{A}^3}$ に比例するならば,長軸端の間の角は $180°\sqrt{\dfrac{b-c}{mb-nc}}$ に等しいことが見いだされるであろう。

同じ方法により,問題はさらに困難な場合においても解かれる。求心力が比例すべき量は,常に分母が A^3 であるような一つの収束級数に分解されねばならない。つぎに,その操

第 IX 章　動く軌道上における物体の運動；…

作から生ずる分子の，与えられた部分と，与えられない部分との比が，この分子 RGG－RFF＋TFF－FFX の与えられた部分と，同じ分子の与えられない部分との比に等しいと仮定する。そして余分な量を取り除き，T のかわりに 1 と書けば，G と F との比が得られるのである。

系 I.　ゆえに，もし求心力が高度の任意の冪に比例するならば，その冪を長軸端の運動から見いだすことができる。またその逆も成り立つ。すなわち，もし物体がそれによって同じ長軸端へと帰ってくるその全角運動と，1 回転の角運動すなわち 360° との比が，任意の数 m と他の数 n との比をなすものとし，かつ高度を A と呼ぶならば，力は高度 A の冪 $A^{\frac{nn}{mm}-3}$ に比例し，その冪指数は $\frac{nn}{mm}-3$ である。このことは例題 2 によって明らかである[155]。ゆえに，力は，その中心から遠ざかるときに，高度の 3 乗比よりも大きな割合では減少しえないことは明白である[156]。このような力によって回転し，かつ長軸端から出発する物体は，もしそれがひとたび下降を始めたならば，けっして下の長軸端すなわち最小高度には達しえず，命題 41，系 III において論ぜられた曲線を描きつつ中心に向かって下降するであろう。しかし，もしそれが下の長軸端からのその出発にあたり，たとえわずかにもせよ上昇し始めたとすれば，それは無限に上昇するであろうし，上の長軸端にはけっしてやってこないであろう。そして同系，および命題 44，系 VI において述べた曲線を描くであろう。それゆえ，力が，その中心から遠ざかるときに，高度の 3 乗比よりも大きな割合で減少する場合には，物体は，長軸端からのその出発に際し，それがその運動の始めにおいて

下降するか,あるいは上昇するかに従い,中心に向かって下降するか,あるいは無限に上昇するであろう[157]。

しかし,もし力が,その中心から遠ざかるときに,高度の3乗比よりも小さな割合で減少するか,あるいは高度の任意の比率で増加するならば,物体はけっして中心に向かっては降下せず,ある時刻において下方の長軸端に達するであろう[158]。また逆に,もし物体が一つの長軸端から他の長軸端へと交互に上昇,下降を行ないながら,中心にはけっしてこないとすれば,力は中心から遠ざかるとともに増加するか,あるいは高度の3乗比よりも小さな割合で減少し,物体が一つの長軸端から他の長軸端へと戻ることが速ければ速いほど,力の比は3乗比からますます遠ざかったものになる。

もし物体が8回の,あるいは4回の,あるいは2回の,あるいは$1\frac{1}{2}$回の回転をするうちに,交互の下降と上昇とにより,上方の長軸端へともどるものとする。すなわち,mとnとの比が8,あるいは4,あるいは2,あるいは$1\frac{1}{2}$と1との比をなし,したがって$\frac{nn}{mm}-3$が$\frac{1}{64}-3$,あるいは$\frac{1}{16}-3$,あるいは$\frac{1}{4}-3$,あるいは$\frac{4}{9}-3$であるとする。そのときには,力は$A^{\frac{1}{64}-3}$,あるいは$A^{\frac{1}{16}-3}$,あるいは$A^{\frac{1}{4}-3}$,あるいは$A^{\frac{4}{9}-3}$,に比例するであろう。換言すれば,それは$A^{3-\frac{1}{64}}$,あるいは$A^{3-\frac{1}{16}}$,あるいは$A^{3-\frac{1}{4}}$,あるいは$A^{3-\frac{4}{9}}$に逆比例するであろう。もし物体が1回転ごとに同じ長軸端へともどり,かつその長軸端が不動のままであるならば,mとnとの比は$1:1$の比をなし,したがって$A^{\frac{nn}{mm}-3}$はA^{-2}すなわち$\frac{1}{AA}$

に等しいであろう。したがって，上に証明されたように，力の減少は高度の自乗比で行なわれることになる。

もし物体が全1回転の4分の3, あるいは3分の2, あるいは3分の1, あるいは4分の1で同じ長軸端へともどるとすれば，mとnとの比は$\frac{3}{4}$あるいは$\frac{2}{3}$あるいは$\frac{1}{3}$あるいは$\frac{1}{4}$と1との比になるであろうし，したがってA$^{\frac{nn}{mm}-3}$はA$^{\frac{16}{9}-3}$あるいはA$^{\frac{9}{4}-3}$, あるいはA$^{9-3}$, あるいはA$^{16-3}$に等しく，したがって力はA$^{\frac{11}{9}}$あるいはA$^{\frac{3}{4}}$に逆比例するか，またはA^{6}あるいはA^{13}に正比例する。

最後に，もし物体がその上方の長軸端からふたたび同じ上方の長軸端までの進行のうちに，全1回転をこえてさらに3°だけ行きすぎるとすれば，つまりその長軸端が物体の1回転毎に3°だけ前方へと移動するとすれば，mとnとの比は，363°と360°との比，すなわち121と120との比となり，したがってA$^{\frac{nn}{mm}-3}$はA$^{-\frac{29523}{14641}}$に等しくなり，したがって求心力はA$^{\frac{29523}{14641}}$に逆比例することとなり，あるいはほぼA$^{2\frac{4}{243}}$に逆比例することとなる。ゆえに，求心力は2乗比よりも幾分大きい割合で減少するが，しかし3乗比よりは2乗比のほうに$59\frac{3}{4}$倍だけ近い。

系 II. ゆえにまた，もし物体が高度の2乗に逆比例する求心力の作用を受けて，焦点が力の中心にあるような一つの楕円上を回転し，そして新しい，他の1外力がこの求心力に加わるか，あるいはそれから差し引かれるとすれば，その外力から生ずる長軸端の運動は（例題3によって）知られるであろう。またその逆も成り立つ。すなわち，もし物体を楕円軌道

に沿って回転させる力が $\dfrac{1}{AA}$ に比例し,またその外力が cA に比例するとし,したがって残りの力が $\dfrac{A-cA^4}{A^3}$ に比例するとするならば,(例題3により) b は1に等しく,m は1に等しく,また n は4に等しいであろう。したがって,長軸端の間の回転の角は $180°\sqrt{\dfrac{1-c}{1-4c}}$ に等しい。

この外力が,物体を楕円軌道に沿って回転させる他の力よりも 357.45 倍小さいと仮定する。すなわち,A あるいは T が1に等しいときに,c が $\dfrac{100}{35745}$ であるとする。そうすれば,$180°\sqrt{\dfrac{1-c}{1-4c}}$ は $180°\sqrt{\dfrac{35645}{35345}}$ あるいは $180.7623°$,すなわち $180°45'44''$ となる。ゆえに,上の長軸端から出発した物体は,$180°45'44''$ という角運動とともに下の長軸端に達し,この角運動が繰り返されるとき,上の長軸端へともどり,したがって1回転ごとに上の長軸端は $1°31'28''$ だけ前方へと進むであろう。月の軌道の長軸端〔遠地点〕はこれの約2倍の速さをもつ。

軌道面が力の中心を通るような物体の軌道運動については以上の通りであるが,残る問題は,離心平面〔中心を通らない平面〕内におけるそれらの運動を決めることである。というのは,重い物体の運動をとり扱う著者たちは,そのような物体の上昇や下降を,垂直方向においてのみならず,任意の与えられた平面上におけるあらゆる傾度において考えるのを常としたからである。そして同じ理由から,われわれはここで,それらの物体が離心平面内で動くときに,任意の力によって中心へと向かう諸物体の運動を考えるべきである。これらの平面は完全に磨かれており,滑らかであって,そのために物

体の運動は少しも妨げられないものと仮定する。なお，これらの証明においては，それらの物体が転がり，あるいは滑るところのその平面，すなわち物体に対する接平面のかわりに，それらに平行で，物体の中心がその上を動き，その運動によって軌道を描くところのその平面を用いることにする。そしてそのあとで，同じ方法により，曲面上で行なわれる物体の運動を決めることにする。

第 X 章
与えられた面の上での物体の運動；
および物体の振動

命題 46. 問題 32

任意の種類の求心力を考え，また力の中心と，物体が回転すべき任意の平面とが与えられ，かつ曲線図形の求積が許されるとして，与えられた場所から，与えられた速度をもって，その平面内の与えられた直線の方向に沿って出発する物体の運動を決定すること。

S を力の中心とし〔図 92〕，SC を与えられた平面からのその中心の最短距離[159]，P を場所 P から直線 PZ の方向に出発しようとする物体，Q をその曲線軌道に沿って回転しつつある同じ物体，そして PQR を与えられたその平面内で描かれ

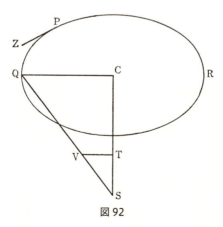

図 92

る所求の軌道自身とする。CQ, QS を結び，そして QS 上に SV をとり，これが物体を中心 S へと引く求心力に比例するようにし，また VT を CQ に平行にひいて SC と T において交わらせたとする。そうすれば，力 SV は（運動の法則の系 II により）力 ST と力 TV の二つに分解されるであろう。そのうちの ST は，物体をその平面に垂直な直線の方向に引くものであって，その平面内の物体の運動には何らの変化をも及ぼすものではない。しかし，平面自身の位置と一致する他の力 TV の作用は，物体をその平面内の与えられた点 C に向かって引く。したがって，物体を，この平面内において，あたかも力 ST が取り去られ，物体が自由空間内で中心 C のまわりに力 TV のみによって回転すると同様に運動させる。ところが，物体 Q を与えられた中心 C のまわりに，自由空間内で回転させる求心力 TV は与えられているのであるから，（命題 42 により）物体が描く軌道 PQR と，任意の与えられた時刻において物体があるべき位置 Q と，そして最後に，その位置 Q での物体の速度は与えられる。またその逆も成り立つ。よって見いだされた。

命題 47．定理 15

求心力が中心からの物体の距離に比例するものとすれば，任意の平面内で回転するすべての物体は楕円を描き，等しい時間内にそれらの回転を完了し，また直線上を交互に前後へと動く物体は，同じ時間内にそれぞれの往復の周期を完了するであろう。

なぜならば，すべてのことがらが前命題におけると同じだとすれば，任意の平面 PQR 上を回転する物体が，中心 S に

第X章　与えられた面の上での物体の運動；および物体の振動

向かって引かれる力SVは距離SQに比例し，したがって，SVとSQ, TVとCQは比例するから，物体が軌道面内の与えられた点Cに向かって引かれる力TVは距離CQに比例する。ゆえに，平面PQR上にある物体が点Cに向かって引かれる力は，同じ物体がいずれにせよ中心Sへと向かって引かれるその力に相当する距離に比例する。したがって，物体は，自由空間内で中心Sのまわりに行なうと同じように，任意の平面PQR上において，中心Cのまわりに，同じ時間内に，かつ同じ図形を描いて動くであろう。したがって，(命題10, 系II, および命題38, 系IIにより) それらは等しい時間内に，その平面上で中心Cのまわりに楕円を描くか，あるいはその平面上の中心Cを通る直線に沿って前後に運動し[160]，すべての場合において同じ周期を完了するであろう。よって証明された。

注

曲面上における物体の上昇および下降は，さきに述べた運動と近い関係を有する。いま，任意の平面上に曲線が描かれたとし，そしてこれらが力の中心を通る任意の与えられた軸のまわりに回転し，その回転によって曲面を描くものと想像する。そして物体は，その中心が常にそれらの曲面上にあるような種類の運動を行なうものとする。もしそれらの物体が斜めの上昇と下降とをもって前後に振動するならば，それらの運動は軸を通る平面内で行なわれるであろうし，したがってその回転により，それらの曲面を生成するそれらの曲線に沿って行なわれるであろう。ゆえに，これらの場合においては，それらの曲線上における運動を考えるだけで充分であろう。

命題48．定理16

もし1個の球面の外側に，それに直角に1個の輪が置かれ，そしてその輪がそれ自身の軸のまわりに回転しつつ，球面の一つの大円に沿って前進するとすれば，輪の周辺上の任意の与えられた点が，その球面に接触したときから描いた曲線経路（この曲線経路をサイクロイドあるいはエピサイクロイドと呼ぶ）の長さは，そのときから後，その上方を通過するに当たって球面と接触した弧の半分の正矢の2倍に対し，球と輪との直径の和が球の半径に対する比をなすであろう。

命題49．定理17

もし1個の凹球面の内側に，それに直角に1個の輪が置かれ，そしてその輪がそれ自身の軸のまわりに回転しつつ，球面の一つの大円に沿って前進するとすれば，輪の周辺上の任意の与えられた点が，その球面に接触したときから描いた曲線経路の長さは，その上を通過するに当たって球面と絶えず接触した弧の半分の正矢の2倍に対し，球と輪との直径の差が球の半径に対する比をなすであろう。

ABLを球とし〔図93および94〕，Cをその中心，BPVをその上に置かれた輪，Eを輪の中心，Bを接点，そしてPを輪の周上の与えられた点とする。この輪がAからBを通ってLへと向かい，大円ABL上を進み，しかもその進行中，弧AB, PBが常に相等しく，かつ輪の周上の与えられた点Pがその間に曲線経路APを描くものと考える。APを，輪がAにおいて球面に接してから後に描かれた全曲線経路とすれば，この経路APの長さが，弧$\frac{1}{2}$PBの正矢の2倍に対して，

第Ⅹ章 与えられた面の上での物体の運動；および物体の振動

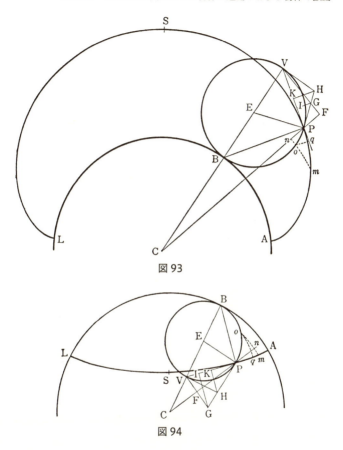

図 93

図 94

2CE：CB の比をなすというのである。

なぜならば，直線 CE を（必要ならば延長して）輪と V において交わらせ，CP, BP, EP, VP を結び，また CP を延長して，その上に垂線 VF を下す。H において交わる PH, VH は P

およびVにおいて円に接するものとし,またPHをVFとGにおいて交わらせ,かつVPに垂線GI, HKを下す。中心Cから任意の半径をもって円弧 nom を描き,直線CPと n において交わらせ,輪の周辺BPと o において,また曲線経路APと m において交わらせる。また中心Vから半径Voをもって円弧を描き,VPの延長と q において交わらせる。

輪はその進行中,常に接点Bのまわりに回転するから,直線BPは輪の点Pが描く曲線APに垂直であり,したがって直線VPがPにおいてこの曲線に接することは明らかである。円 nom の半径をしだいに増し,あるいは減じて,ついに距離CPに等しくすれば,消滅しつつある図形[161] P$nomq$ と図形PFGVIとの相似から,微小線分Pm, Pn, Po, Pq の窮極の比,すなわち曲線AP,直線CP,円弧BP,および直線VPの瞬間的な増分の比は,それぞれ直線PV, PF, PG, PIの比に等しいであろう。ところが,VFはCFに垂直であり,またVHはCVに垂直であって,したがって角HVGと角VCFは相等しく,また(四辺形HVEPの角がVとPにおいて直角であるから)角VHGは角CEPに等しい。ゆえに,三角形VHG, CEPは相似となるであろう。したがって

EP : CE = HG : HV (あるいはHP) = KI : PK

となり,また加比あるいは差比により

CB : CE = PI : PK,またCB : 2CE = PI : PV = Pq : Pm

となる。ゆえに,直線VPの減分,すなわち直線BV−VPの増分と曲線APの増分との比は,CB : 2CEという与えられた比をなし,したがって(補助定理4,系により)それらの増分

第X章　与えられた面の上での物体の運動；および物体の振動

によって生じた長さ BV−VP と AP とは同じ比をなす。ところで，もし BV を半径とするならば，VP は角 BVP あるいは $\frac{1}{2}$BEP の余弦[162]であり，したがって BV−VP は同じ角の正矢[163]であり，したがって半径が $\frac{1}{2}$BV であるこの輪において，BV−VP は弧 $\frac{1}{2}$BP の正矢の2倍となるであろう。ゆえに，AP と弧 $\frac{1}{2}$BP の正矢の2倍との比は，2CE と CB との比をなす。よって証明された。

これらの命題のうちの前者〔命題48〕における線 AP を球面外サイクロイドと名づけ，後者〔命題49〕におけるそれを，区別のために，球面内サイクロイドと名づける。

系 I. ゆえに，もし全体のサイクロイド ASL が描かれ，それが S において二等分されたとすれば，PS の部分の長さと，PV の長さ（これは EB を半径としたときの角 VBP の正弦[164]の2倍にあたる）との比は，2CE と CB との比を，したがって与えられた比をなす[165]。

系 II. また，サイクロイドの半周の長さ AS は，輪の直径 BV に対して 2CE：CB の比をなすような1線分の長さに等しい[166]。

命題 50. 問題 33
振子を与えられたサイクロイド上で振動させること。

C を中心として描かれた球面 QVS 内に，サイクロイド QRS が与えられたとし〔図95〕，それを R において二等分し，そして球の曲面と両端 Q および S において交わらせる。弧 QS を O において二等分する CR をひき，それを A まで延長して，CA と CO との比を CO と CR との比に等しくする。

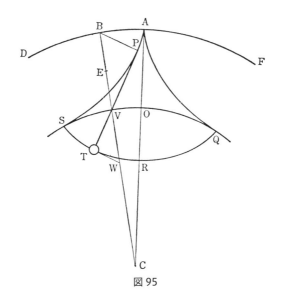

図95

　中心Cのまわりに，半径CAをもって外側の球面DAFを描いたとし，そしてこの球面内に，その直径がAOの輪によって二つの半サイクロイドAQ, ASを描き，内側の球面とQおよびSにおいて接しさせ，また外側の球面とAにおいて交わらせる。その点Aから，線分ARに等しい長さの糸APTで物体Tがつるされ，二つの半サイクロイドAQ, ASの間で，振子が垂線ARから出発するたびごとに，糸APの上部が運動の赴くほうに向かい，半サイクロイドAPSにあたり，あたかもそれが固体の障害物ででもあるかのように，その曲線のまわりに抱きつき，まだ半サイクロイドに接触するに至らない同じ糸PTの残りの部分は引き続き直線をなすようなぐあいに振動させられるものとする。そうすれば，錘

第Ⅹ章 与えられた面の上での物体の運動；および物体の振動

Tは与えられたサイクロイドQRS上を振動するであろう。これが求める振動である。

なぜならば，糸PTがサイクロイドQRSとTにおいて，また円QOSとVにおいて交わるものとし，CVをひく。また糸の直線部分PTに，端点PおよびTから垂線BP, TWを立て，直線CVとBおよびWにおいて交わらせる。作図および相似図形AS, SRの生成から，それらの垂線PB, TWがCVから切り取る長さVB, VWは，輪の直径OA, ORに等しいことは明らかである[167]。ゆえに，TPがVP（これは$\frac{1}{2}$BVが半径であるときの角VBPの正弦の2倍にあたる）に対する比は，BWがBVに対する比に，あるいはAO+ORがAOに対する比に，換言すれば，（CAとCO，およびCOとCR，また分割比によりAOとORとは比例するから）CA+COがCAに対する比に，あるいは，BVがEで二等分されたとすれば，2CEがCBに対する比に等しい。ゆえに，（命題49，系Ⅰにより）糸の直線部分の長さPTは常にサイクロイドの弧PSに等しく，またAPTという糸全体は常にサイクロイドの半分APS，すなわち（命題49，系Ⅱにより）長さARに等しい。また逆に，もし糸が常に長さARに等しいならば，点Tは常に与えられたサイクロイドQRS上を動くであろう[168]。よって証明された。

系． 糸ARは半サイクロイドASに等しく，したがって外球の半径ACに対し，相似な半サイクロイドSRが内球の半径COに対してもつと同じ比をもつ[169]。

命題51．定理18

もしすべての方向について一つの球の中心Cへと向かう求心力が，すべての場所について中心からその場所までの距

離に比例するものとし，かつそれに作用するこの力のみによって物体 T が（上に述べたような仕方で）サイクロイド **QRS** の周辺上で振動するものとすれば，たとえ振動そのものはどんなに相異なろうとも，すべての振動は等しい時間内に行なわれるであろう。

なぜならば，無限に延長された接線 TW 上に垂線 CX を下し，かつ CT を結んだとする〔図 96〕。物体 T を C へと向かわせる求心力は距離 CT に比例するから，これを（法則の系 II により）CX, TX の部分に分解したとする。そのうちで，CX は物体を P から直接に強制して糸 PT を緊張させ，糸の呈する抵抗によってまったく費

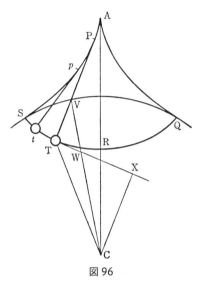

図 96

やされ，ほかに何らの効果をも生じない。けれども，他の部分 TX は，物体を横に，すなわち X のほうへと強制し，直接サイクロイド上の運動を加速する。そうすれば，この加速の力に比例する物体の加速度が，各瞬間において長さ TX に，すなわち（CV, WV, およびそれらに比例する TX, TW は与えられている[170]から）長さ TW に，換言すれば（命題 49，系 I により）サイクロイドの弧の長さ TR に比例することは明らかである。

第 X 章　与えられた面の上での物体の運動；および物体の振動

ゆえに，もし二つの振子 APT, A*pt* が垂線 AR からわきのほうへと不等に引かれ，そして同時に落とされたとすれば，それらの加速度は常に描かれるべき弧 TR, *t*R に比例するであろう。ところが，運動のはじめにおいて描かれた部分は加速度に比例し，すなわち，はじめにおいて描かれるべき全距離に比例し，したがって描き残された部分と，その部分に比例するその次の加速度とは，また全体に比例する[171]。以下同様である。ゆえに，加速度，したがって生じた速度，またそれらの速度をもって描かれた部分，および描かれるべき部分は，常に全体に比例する。ゆえに，描かれるべき部分は，互いに与えられた比を保ちつつ，ともに零となるであろう。すなわち，振動する二つの物体は同時に垂線 AR に達するであろう。またいっぽう，減退運動をもって，最低点 R から同じサイクロイドの弧を通って行なわれる振子の上昇は，それらの下降を加速したと同じ力により，それらが通過するいちいちの場所において減速させられるから，同じ弧を通っての上昇と下降の速度は相等しく，したがって等しい時間内に行なわれることは明らかである。したがってまた，垂線の両側に横たわるサイクロイドの二つの部分 RS および RQ は相似でかつ等しいから，二つの振子は同じ時間内にその振動の半分を完了すると同様に，その全振動を完了するであろう。よって証明された。

系. 物体 T をサイクロイドの任意の点 T において加速あるいは減速させる力と，最高位置 S あるいは Q における同じ物体の全重量との比は，サイクロイドの弧 TR と，弧 SR あるいは QR との比に等しい。

命題 52. 問題 34

それぞれの場所における振子の速度,および全体の振動や,そのいろいろの部分が完了する時間を決定すること。

任意の中心 G のまわりに,サイクロイドの弧 RS に等しい半径 GH をもって半円 HKM を描き,半径 GK によってこれを二等分する〔図 97〕。また,中心からその場所までの距離に比例する求心力が中心 G に向かい,かつそれが円周 HIK 上において球面 QOS 上でのその中心に向かう求心力に等しいとし,また振子 T が最高位置 S から落とされると同時に,1 物体,たとえば L が,H から G に向かって落とされるものとする。そうすれば,物体に働く力は当初において相等しく,かつ描かれるべき距離 TR, LG に常に比例し,したがって,

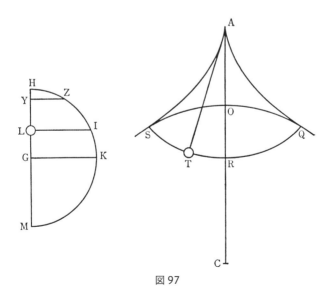

図 97

第X章 与えられた面の上での物体の運動；および物体の振動

もしTRとLGとが相等しければ，位置TおよびLにおいても相等しいから，これらの物体がはじめ等しい距離ST，HLを描き，したがってまた依然等しい力の作用を受け，等しい距離を描き続けることは明らかである。ゆえに，命題38により，物体が弧STを描く時間と，1振動の時間との比は，物体HがLに達するまでの時間，つまり弧HIと，物体HがMにくるまでの時間，つまり半円周HKMとの比に等しい。また位置Tにおける振子の玉の速度と，最低位置Rにおけるそれの速度との比，すなわち位置Lにおける物体Hの速度と位置Gにおけるそれの速度との比，あるいは線分HLの瞬間的増分と線分HGの瞬間的増分（弧HI, HKは一様な速度をもって増す）との比は，縦線LIと半径GKとの比に，あるいは$\sqrt{SR^2-TR^2}$とSRとの比に等しい。ゆえに，不等な振動において，等しい時間内に描かれる弧は振動の全体の弧に比例するゆえ，与えられた時間から，すべての振動における速度と描かれる弧とがいずれも一般に得られるわけである。これがすなわち最初に求められたものである。

さて，こんどは，任意の振子が異なる球面の内部に描かれた異なるサイクロイドに沿って振動するものとし，その絶対力[172]もまた種々異なるものとする。そして任意の球QOSの絶対力をVと呼ぶことにすれば，振子がその中心に向かってまっすぐに動き始めるときに，この球の周上において振子に働く加速力[173]は，その中心から振子の玉までの距離と球の絶対力との相乗積，すなわちCO・Vに比例するであろう。ゆえに，この加速力CO・Vに比例する微小線分HYが与えられた時間内に描かれるであろうが，もしそこで円周とZで交わる垂線YZを立てたとすれば，生成される弧[174] HZはそ

の与えられた時間をあらわすであろう。ところが、この生成中の弧 HZ は積 GH・HY の平方根に比例し、したがって $\sqrt{GH \cdot CO \cdot V}$ に比例する。ゆえに、サイクロイド QRS 上の全振動の時間（それはその全振動をあらわす半円周 HKM に比例し、そして同じく与えられた時間をあらわす弧 HZ に逆比例する）は GH に比例し、$\sqrt{GH \cdot CO \cdot V}$ に逆比例するであろう。すなわち、GH と SR とは相等しいから、$\sqrt{\dfrac{SR}{CO \cdot V}}$ に比例する。あるいは（命題 50, 系により）$\sqrt{\dfrac{AR}{AC \cdot V}}$ に比例する。ゆえに、すべての球面およびサイクロイド上での振動〔の周期〕は、それを行なわせる絶対力の種類の如何を問わず、糸の長さの平方根に比例し、懸垂点と球面の中心との間の距離の平方根に逆比例し、また球の絶対力の平方根に逆比例する。よって見いだされた。

系 I. ゆえにまた、諸物体の振動、落下、および回転の時間は相互に比較することができる。なぜならば、もし球面の内部にサイクロイドを描く輪の直径が、球面の半径に等しいとすれば、サイクロイドは球面の中心を通る直線となり[175]、振動はその直線上での下降およびついで起こる上昇に変わるであろう。ゆえに、任意の場所から中心までの降下時間と、それに等しい時間内に球の中心のまわりを任意の距離をもって一様に回転する物体が 1 象限の弧を描くその時間とがともに与えられることになる。なぜならば、この時間は（第 2 の場合[176]により）任意のサイクロイド QRS 上における半振動の時間に対して $1 : \sqrt{\dfrac{AR}{AC}}$ の比をなすからである。

系 II. ゆえにまた、クリストファー・レン卿（Sir Christo-

第Ⅹ章　与えられた面の上での物体の運動；および物体の振動

pher Wren)やハイゲンス氏（Mr. Huygens）が，通常のサイクロイドに関して見いだしたことがらが当然の結果として出てくる。なぜならば，もし球の直径が無限に増大するとすれば，その球面は平面となり，求心力はその平面に垂直な直線の方向に沿って一様に働くことになり，われわれのサイクロイドは通常のサイクロイドと同じものになるだろうからである。ただし，その場合には，この平面と軌跡を描く点との間のサイクロイドの弧の長さは，クリストファー・レン卿が見いだしたように，同じ平面と軌跡を描く点との間の輪の弧の半分の正矢の4倍に等しくなるであろう[177]。また，二つのこのようなサイクロイドの間の振子は，ハイゲンス氏が証明したように，相似でかつ等しいサイクロイドの上を，等しい時間内に振動するであろう。また，1振動の時間のあいだにおける重い物体の下降も，ハイゲンス氏が示したのと同じものになるであろう。

　ここで証明された諸命題は，地球の大円の一つに沿って動く輪が，その周辺に固定された釘の運動により，球面外サイクロイドを描くかぎりにおいて，地球の真の構成にも当てはまる。また地球の鉱坑や深い洞窟内では，振子は，その振動が等しい時間内に行なわれるためには，球面内サイクロイドに沿って振動しなければならない。なぜならば，重力は（第Ⅲ編で示されるように）地球の表面から遠ざかるにつれて減少し，上に向かっては地球の中心からの距離の自乗の比で[178]，また下に向かってはその距離の1乗に比例して減少するからである。

命題 53. 問題 35

曲線図形の求積が許されるとして，与えられた曲線上を動く物体が，等しい時間内にその振動を常に行ないうるような，そういう力を見いだすこと。

物体 T が，力の中心 C を通る軸 AR をもつ任意の曲線 STRQ に沿って振動するものとする〔図98〕。物体 T の任意の位置において，その曲線に接する TX をひき，その接線 TX 上に，弧 TR に等しく TY をとる。この弧の長さは，図形の求積に用いられる通常の方法から知られる。点 Y から接線に垂直に直線 YZ をひく。CT をひいて YZ と Z において交わらせる。そうすれば，求心力は線分 TZ に比例するであろう。これがすなわち求めるものである。

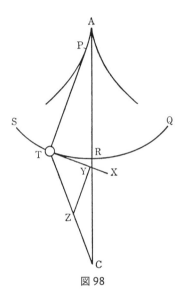

図 98

なぜならば，もし物体を T から C へと向かって引く力を，それに比例してとられた線分 TZ であらわすならば，その力は二つの力 TY, YZ に分解されるであろう。そのうちで，糸 PT の長さの方向に沿って物体を引く YZ は，少しもその運動を変えはしない。しかし，他の力 TY は，曲線 STRQ 上におけるその運動を直接加速あるいは減速させる。ゆえに，そ

第X章　与えられた面の上での物体の運動；および物体の振動

の力は描かれるべき距離 TR に比例しているのであるから，二つの振動の二つの比例部分（大きい方と小さい方と）を描く際の物体の加速度あるいは減速度は，それらの部分に常に比例することになり，したがってそれらの部分はやはり同時に描かれることになる。ところで，全体に比例する諸部分を絶えず同一時間内に描く物体は，全体をも同一時間内に描くであろう。よって証明された。

系 I. ゆえに，もし直線状の糸 AT によって中心 A からつるされた物体 T が，円弧 STRQ を描き〔図99〕，いっぽう，それが平行方向をもって下方へと向かう任意の力に作用され，そしてその力と一様な重力との比が，弧 TR とその正弦 TN との比をなすものとすれば，個々の振動の時間は相等しいであろう。なぜな

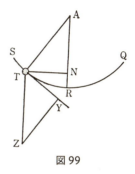

図99

らば，TZ, AR は平行であるから，三角形 ATN, ZTY は相似であり，したがって TZ は AT に対し，TY：TN の比をなす。すなわち，もし重力の一様な力を，与えられた長さ AT で表わすならば，振動に等時性をもたせる力 TZ は，重力 AT に対して，TY に等しい弧 TR が，その弧の正弦 TN に対する比をなすはずだからである。

系 II. ゆえに，時計において，もしある器械によって振子に力が加えられ，運動が続くものとし，かつその力が重力と合成されて，下方へと向かう全体の力が，弧 TR と半径 AR との積を正弦 TN で割ることによって得られる線分と常に比例するようになっているならば，振動はすべて等時性をも

つであろう。

命題 54. 問題 36

曲線図形の求積が許されるとして，物体が任意の求心力により，力の中心を通る 1 平面内の任意の曲線に沿って下降あるいは上昇するときの，その時間を見いだすこと。

物体が任意の場所 S から下降し，力の中心 C を通る 1 平面内に与えられた任意の曲線 STtR に沿って動くものとする〔図100〕。CS を結び，そしてそれを無数の等しい部分に分かち，Dd をそれらの部分の一つとする。中心 C から半径 CD, Cd をもって円 DT, dt を描き，曲線 STtR と T および t において交わらせる。そうすれば，求心力の法則が与えられており，また物

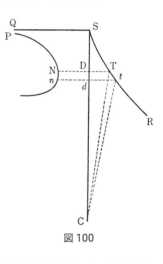

図100

体が最初落下し始めた高さ CS もまた与えられているのであるから，（命題39により）他の任意の高さ CT における物体の速度もまた与えられるであろう。ところが，物体が微小線分 Tt を描く間の時間は，その微小線分の長さに比例する。すなわち，角 tTC の正割に比例し，速度に逆比例する。この時間に比例する縦線 DN を，点 D において直線 CS に垂直につくれば，Dd は与えられているから，積 Dd・DN，すなわち面積 DNnd はその同じ時間に比例するであろう。ゆえに，も

258

第X章　与えられた面の上での物体の運動；および物体の振動

しPNnを，点Nが絶えずその上にある一つの曲線とし，そしてその漸近線が直線CSに直角に立てられた直線SQであるとするならば，面積SQPNDは，物体がその下降に際して線STを描いたその時間に比例するであろう。したがって，その面積が見いだされれば，その時間もまた与えられる。よって見いだされた。

命題55．定理19

1物体が力の中心を通る線を軸とする任意の曲面に沿って動くものとし，かつその物体から軸上へ垂線を下し，そしてそれに平行でかつ等しい線分を軸上の与えられた任意の点からひいたとすれば，その平行線は時間に比例する面積を描くであろう。

BKLを一つの曲面とし〔図101〕，Tをそれに沿って回転する一つの物体，STRをその物体が曲面上で描く曲線，Sをその曲線の始点，OMKを曲面の軸，TNを物体からその軸へ垂直に下した直線とする。OPを軸上の与えられた点Oから，その直線に平行でかつ等しくひかれた線分，APを回転する線分OPが含まれるべき平面AOP上で，点

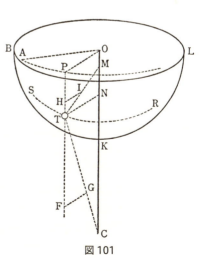

図101

Pによって描かれる軌道，Aを点Sに対応するその軌道の始点，TCを物体から中心へとひかれた線分，TGを物体が中心Cへと向かわせられる求心力に比例するこの線分の部分，TMを曲面に垂直な線分，TIを物体が曲面を押し，したがってそれが曲面によりふたたびMのほうへと押し返されるその圧力に比例するこの線分の部分，PTFを軸に平行でかつ物体を通る直線，そしてGF, IHを点GおよびIからその平行直線PHTFに下した垂線とする。そうすれば，運動の始めから半径OPによって描かれる面積AOPは時間に比例するというのである。なぜならば，力TGは（運動の法則の系IIにより）力TF, FGに分解され，また力TIは力TH, HIに分解される。ところが，平面AOPに垂直な直線PFの方向に働く力TF, THは，物体の運動には何らの変化をももたらさず，ただその平面に垂直な方向において変化を生じさせるだけである。ゆえに，その運動，すなわち軌道の射影APをその平面上に描く点Pの運動は，それが平面の位置と同じ方向をもつかぎり，仮に力TF, THが取り去られて，物体が力FG, HIのみの作用を受けるとしたときと同じである。換言すれば，物体が平面AOP上において，中心Oに向かい，かつ力FGおよびHIの和に等しい求心力により，曲線APを描かせられる場合と同じである。ところが，そのような力をもってすれば，（命題1により）面積AOPは時間に比例して描かれるであろう。よって証明された。

系． 同様の推論により，もし与えられた同一直線CO上にある2個あるいはそれ以上の中心へと向かう力に作用される1物体が，自由空間内に任意の曲線STを描くものとすれば，面積AOPは常に時間に比例するであろう。

第X章　与えられた面の上での物体の運動；および物体の振動

命題56．問題37

曲線図形の求積が許されるとし，かつ与えられた中心に向かう求心力の法則，およびその中心を通る軸をもつ曲面が与えられたものとして，物体がある与えられた場所から，与えられた速度で，その曲面上の与えられた方向に沿って出発するときに，その曲面上に描くべき軌道を見いだすこと。

前の作図をそのまま用い，物体Tが与えられた場所Sから，位置の与えられたある直線の方向に出発して，平面BDO上の正射影がAPであるような求める軌道STRを描くものとする〔図102〕。そうすれば，高度SCにおける物体の与えられた速度から，他の任意の高度TCにおけるその速度もまた与えられるであろう。その速

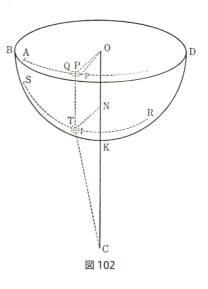

図102

度をもって，物体がある与えられた瞬間のうちに，その軌道の微小部分 Tt を描くものとし，Pp をその描かれた微小部分の平面AOP上における射影とする。Op を結び，かつ曲面上にTを中心としてそのまわりに半径 Tt をもって微小円を描いたとし，その微小円の平面AOP上における射影が楕円 pQ であるとする。そうすれば，その微小円 Tt の大きさ，な

らびに軸COからのその距離TNあるいはPOもまた与えられているから，楕円pQはその種類も大きさも与えられるし，また直線POに対するその位置も与えられる。また面積POpは時間に比例し，したがって時間は与えられるから，それもまた与えられることになり，したがって角POpも与えられることになる。したがって，楕円と直線Opとの共通の交点p，ならびに軌道の射影APpが直線OPを切る角OPpも与えられるであろう。ところが，（命題41とその系IIとを照合することにより）曲線APpの定め方は，それから容易にわかる。ゆえに，その射影の各点Pから平面AOPに垂線PTを立て，曲面とTにおいて交わらせれば，軌道の各点Tが与えられることになる。よって見いだされた。

第 XI 章
求心力をもって互いに作用し合う物体の運動

　これまではある不動の中心へと向かう物体の引力を取り扱ってきた。しかし，そのようなことがらは自然界ではあまりありうることではない。なぜならば，引力は物体の方へと向かって行なわれるが，引かれる物体と引く物体との作用は，〔運動の〕法則 III により，常に逆向きで，かつ大きさ相等しいものであり，したがって，もし二つの物体があるとすれば，引かれるほうも引くほうも，真に静止しているのではなくて，両者は（運動の法則の系 IV により）いわば相互に引かれながら，共通重心のまわりに回転するからである。また，もしより多数の物体があって，それらが 1 物体によって引かれ，その 1 物体がそれらの諸物体によって引っぱり返されるか，あるいはまた，すべての物体が互いに引っぱり合うかするならば，それらの諸物体は，その共通重心が静止しているか，あるいは 1 直線上を一様に進行するようなぐあいに，相互の間で運動を行なうであろう。ゆえに，いま求心力を引力と考えて，相互に引き合う物体の運動を取り扱うことにしよう。ただし，物理的な厳密さから言えば，それらの求心力はむしろ衝力と呼ぶのがいっそう真実に近いであろう。しかし，これらの命題は純粋に数学的なものとして考察されるべきものであり，したがって，いっさいの物理的考察を離れて，数学的な読者らにいっそう容易に理解してもらうために，使い慣れた述べかたをすることにする。

命題57. 定理20

相互に引き合う二つの物体は、それらの共通重心のまわりに、かつ相互のまわりに相似図形を描く。

なぜならば、それらの共通重心からの各物体の距離は、それぞれの物体〔の質量〕に逆比例し、したがって相互に対しある与えられた比をなす。ゆえに、加比により、両物体間の全距離に対してある与えられた比をなす。

さて、これらの距離は、それらの共通端[179]のまわりに一様な角運動をもって運ばれる。なぜならば、それらは同一直線上に横たわりつつ、相互に対する傾きをけっして変えないからである。ところが、互いに与えられた比をなし、かつ一様な角運動をもってそれらの端のまわりに運ばれる線分は、その端とともに静止しているか、あるいは角運動でない任意の運動[180]をもって動かされる平面の上に、まったく相似の図形を、その端のまわりに描く。ゆえに、これらの距離の回転によって描かれる図形は相似である。よって証明された。

命題58. 定理21

もし二つの物体が任意の種類の力をもって互いに引き合い、かつ共通重心のまわりに回転するものとすれば、同じ力により、いずれかの動かない物体のまわりに、両物体が互いに回転しながら描く図形に相似でかつ等しい図形が描かれるであろう。

物体SとPとがそれらの共通重心Cのまわりに回転し、SからTへ、またPからQへと進みつつあるものとする〔図103〕。与えられた点 s から、SP, TQ に等しくかつ平行 sp, sq を連続的にひく。そうすれば、点 p が固定点 s のまわりの

第 XI 章　求心力をもって互いに作用し合う物体の運動

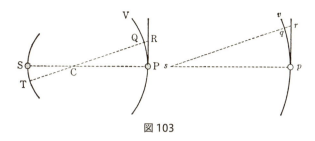

図 103

その回転に際して描く曲線 pqv は，物体 S および P が相互のまわりに描く曲線に相似でかつ等しいであろう。したがって，定理 20 により，それは同じ物体がそれらの共通重心 C のまわりに描く曲線 ST および PQV に相似であろう。そしてそれは，線分 SC, CP, および SP あるいは sp の相互の比が与えられているためにそうである。

　場合 1.　共通重心 C は（運動の法則の系 IV により）静止しているか，あるいは 1 直線上を一様に動いているかである。まず，それが静止しているものとし，s および p に二つの物体が置かれ，一つは s にあって不動であり，他は p において動いており，それらが物体 S および P に相似でかつ等しいものとする。つぎに，直線 PR および pr を，P および p において曲線 PQ および pq に接しさせ，CQ および sq を R および r まで延長する。そうすれば，図形 CPRQ, sprq は相似であるから，RQ と rq との比は，CP と sp との比に等しく，したがって与えられた比をなすであろう。ゆえに，もし仮に物体 P を物体 S のほうへと引く力，したがって中間の中心 C へと引く力が，物体 p を中心 s のほうへと引く力に対して同じ与えられた比をなすとすれば，これらの力は，等しい時間内に

物体を接線 PR, pr から弧 PQ, pq まで，それらの力に比例する間隔 RQ, rq を通して引くはずである。したがって，この最後の（s へと向かう）力は，物体 p を曲線 pqv 上で回転させるはずであり，その曲線 pqv は，第1の力によって物体 P が回転させられる曲線 PQV に相似となるはずで，かつそれらの回転は等しい時間内に完了するはずである。ところが，それらの力は互いに CP と sp との比をなさないで（物体 S と s，P と p が相似でかつ等しいために，また距離 SP, sp が等しいために）互いに等しいのであるから，物体は等しい時間内に接線から等しく引かれるはずであり，したがって物体 p がより大きい距離 rq を通して引かれるためには，それだけ長い時間を要するわけで，その時間は距離の平方根に比例するはずである。なぜならば，補助定理 10 により，運動の始めに描かれる距離は時間の自乗に比例するからである。

そこで，物体 p の速度と物体 P の速度との比が距離 sp と距離 CP との比の平方根に等しく，そのために，互いに簡単な比をなす弧 pq, PQ が，距離の平方根に比例するような時間のあいだに描かれるものと仮定するならば，常に等しい力によって引かれる物体 P, p は，固定中心 C および s のまわりに PQV, pqv という相似図形を描くであろう。そのうちの後者 pqv は，物体 P が可動の物体 S のまわりに描く図形に相似でかつ等しいものである。よって証明された。

場合 2. こんどは，物体がそれら自身の間で空間を動いているその空間といっしょに，共通重心が 1 直線上を一様に進行しているものと仮定する。そうすれば，（運動の法則の系 VI により）この空間内のすべての運動は前と同様に行なわれるであろう。したがって，物体は相互のまわりに前と同じ図形

第XI章　求心力をもって互いに作用し合う物体の運動

を，すなわち図形 pqv に相似でかつ等しい図形を描くであろう。よって証明された。

系I. ゆえに，距離に比例する力をもって相互に引き合う二つの物体は，(命題10により) それらの共通重心のまわりに，かつ相互のまわりに，同心の楕円を描く。また，逆に，もしそのような図形が描かれるとすれば，力は距離に比例する。

系II. また，力がそれらの距離の自乗に逆比例するようなそういう2物体は，(命題11, 12, 13により) それらの共通重心のまわりに，かつ相互のまわりに，円錐曲線を描く。その円錐曲線は，図形がそのまわりに描かれる中心をその焦点とするものである。また，逆に，もしそのような図形が描かれるとすれば，求心力は距離の自乗に逆比例する。

系III. 共通重心のまわりに回転する任意の2物体は，その重心へと引かれた径，および相互へと引かれた径により，いずれも時間に比例する面積を描く。

命題59. 定理22

SおよびPという〔質量をもつ〕2物体が，それらの共通重心Cのまわりに回転する周期と，それらの物体の一つPが，不動に置かれた他の物体Sのまわりに回転して，両物体が相互のまわりに描くのと相似でかつ等しい図形を描くその周期との比は，$\sqrt{S}$ と $\sqrt{S+P}$ との比をなす。

なぜならば，前命題の証明により，任意の相似弧PQおよび pq が描かれる時間は，$\sqrt{CP}$ と $\sqrt{SP}$ あるいは $\sqrt{sp}$ との比，すなわち，$\sqrt{S}$ と $\sqrt{S+P}$ との比をなす。また加比により，すべての相似弧PQおよび pq が描かれる時間の和，すなわち，相似図形の全体が描かれる全時間は，同じ比 $\sqrt{S} : \sqrt{S+P}$ を

なすからである。よって証明された。

命題60．定理23

 もし二つの物体SおよびPが，それらの距離の自乗に逆比例する力をもって互いに引き合いながら，それらの共通重心のまわりに回転するならば，2物体のうちのいずれか一つ，たとえばPが，他の物体Sのまわりのこの運動によって描く楕円の主軸は，同じ物体Pが，同じ周期の間に，静止する他の物体Sのまわりに描くであろう楕円の主軸に対し，2物体の〔質量の〕和S+Pが，その和と他の物体〔の質量〕Sとの間の二つの比例中項のうちの最初のもの〔第1比例中項〕に対すると同じ比をなすであろう。

 なぜならば，もし仮に描かれる楕円が互いに等しいとすれば，それらの周期は，前定理により，物体S〔の質量〕と両物体の〔質量の〕和S+Pとの比の平方根の比をなすはずである。いま，後のほうの楕円における周期がその比において減少するものとすれば，周期は相等しくなるであろう。ところが，命題15により，楕円の主軸は前の比の$\frac{3}{2}$乗の比率で，換言すれば，比S：S+Pがそれの3乗にあたるようなそういう比率で減少するであろう。したがって，その軸と他の楕円の主軸との比は，S+PとSとの間の二つの比例中項の最初のもの〔第1比例中項〕と，S+Pとの比に等しくなるであろう。そして，反対に，可動体のまわりに描かれる楕円の主軸と，不動体のまわりに描かれる楕円の主軸との比は，S+Pと，S+PおよびSの間の二つの比例中項の最初のもの〔第1比例中項〕との比に等しくなるであろう。よって証明された。

第 XI 章　求心力をもって互いに作用し合う物体の運動

命題 61. 定理 24

　もし任意の種類の力をもって互いに引き合い，他に何らの刺激も妨害も受けない二つの物体が，任意の仕方で運動するものとすれば，それらの運動は，あたかもそれらがまったく引き合うことなく，それらの共通重心に置かれた第 3 の物体により，両者が同じ力をもって引かれる場合と同じであろう。また引力の法則は，共通重心からの物体の距離に関し，2 物体間の距離に関するものと同じになるであろう。

　なぜならば，物体が互いに引き合う力は，それらの物体のほうへと向かっており，またそれらの間に直接横たわる共通重心のほうへも向かっている。したがって，それらはあたかも中間の 1 物体から生じていると同じである。よって証明された。

　また，その共通重心から各物体までの距離と 2 物体間の距離との比は与えられているから，一つの距離の任意の冪と，他の距離の同じ冪との比はもちろん与えられている。また，それらの距離の一つに与えられた諸量を任意の仕方で組み合わせて導かれる任意の量と，他の距離から同様の仕方で導かれるもう一つの量との比，およびその与えられた距離の比をもつ任意個数の量と第 1 のものとの比もまた与えられる。ゆえに，一つの物体がもう一つの物体から引かれる力が，それらの物体の相互の距離に，あるいはその距離の任意の冪に，あるいは，最後に，その距離と与えられた諸量とを組み合わせたものから任意の仕方で導かれる任意の量に比例または逆比例するならば，その同じ物体を共通重心へと引く同じ力は，同様に，共通重心からその引かれる物体までの距離に，あるいはその距離の任意の冪に，あるいは，最後に，その距

離と与えられた類似の諸量とを組み合わせたものから同じような仕方で導かれるある一つの量に比例または逆比例するであろう。すなわち，引力の法則は両方の距離に関して同じであろう。よって証明された。

命題 62．問題 38
距離の自乗に逆比例する力をもって互いに引き合い，かつ与えられた場所から落とされる二つの物体の運動を決定すること。

前定理により，それらの物体はあたかもその共通重心に置かれた第3の物体によって引かれたと同じような運動を行なうであろう。また仮定により，それらの運動の始めにおいてその重心は静止しているであろうし，したがって（運動の法則の系 IV により）それは常に不動であろう。ゆえに，両物体の運動は，（問題25により）あたかもそれらが重心に向かう力によって強いられたと同じ仕方で決まるはずである。それから互いに引き合うそれらの物体の運動が得られるであろう。よって見いだされた。

命題 63．問題 39
距離の自乗に逆比例する力をもって互いに引き合いながら，与えられた場所から，与えられた方向に，与えられた速度をもって出発する 2 物体の運動を決定すること。

はじめにおける物体の運動が与えられているというのであるから，共通重心の一様な運動も，この重心とともに 1 直線上を一様に運動する空間の運動も，またこの空間に関しての物体のはじめの，あるいは始まりの運動もまた与えられてい

第XI章　求心力をもって互いに作用し合う物体の運動

る。つぎに（運動の法則の系V，および前定理により）続いて起こる運動は，あたかもその空間が共通重心とともに静止しているかのように，またあたかもそれらの物体が互いに引き合わないで，その重心に置かれた第3の物体によって引かれるかのように，その空間内において同じ仕方で行なわれるであろう。ゆえに，ある与えられた場所から，与えられた方向に，与えられた速度で出発し，かつその重心へと向かう求心力に働かれる各物体のこの可動空間内における運動は，問題9および26によって決定されるはずで，同時に同じ重心のまわりの他の物体の運動が得られるであろう。この運動に，空間とその中で回転している物体との全系の一様な前進運動を組み合わせれば，不動の空間における物体の絶対運動が得られるであろう。よって見いだされた。

命題64．問題40

諸物体が互いに引き合うその力が，中心からのそれらの距離の簡単な比において増加するものと仮定し，それぞれの物体の，それら自身の間における運動を見いだすこと．

最初の2個の物体TおよびLが，それらの共通重心をDにもつものと仮定する〔図104〕。これらは，定理21，系Iにより，Dを中心とする楕円を描くであろう。それらの楕円の大きさは問題5によって知られる。

いま，第3の物体S

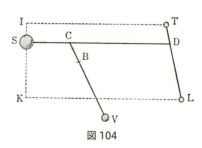

図104

が前2者TおよびLを加速力[181] ST, SLで引き，そしてそれはまたそれらによって引っぱり返されるものとする．力STは（運動の法則の系IIにより）力SD, DTに分解され，また力SLは力SDおよびDLに分解される．

さて，力DT, DLはそれらの和TLに比例し，したがって物体TとLとが互いに引き合うその加速力に比例するが，それらを物体TとLとの力に，前者は前者どうし，後者は後者どうし加えたものは，前と同じく距離DTおよびDLに比例する力を構成する．ただし，その大きさは前の力よりも大きい．ゆえに（命題10，系I，および命題4，系IおよびVIIIにより）それらはそれらの物体に前と同じく楕円を，ただし，より速い運動をもって描かせるであろう．

残りの加速力SDおよびDLは，DSに平行な直線TI, LKの方向に沿って，かつそれらの物体を等しく引くところの，物体〔の質量〕に比例する動的力[182] SD・TおよびSD・Lにより，相互に関するそれらの位置を少しも変えることなしに，ただそれらを等しく直線IKのほうへと近づかせる．ここにIKは，物体Sの真ん中を通り直線DSに垂直に引かれたものと想像されねばならない．ところで，直線IKへのその接近は，いっぽうにおいてはTおよびLという物体系を，また他方においてはSという物体を，固有の速度をもって，共通重心Cのまわりに回転させることにより妨げられるであろう．動的力SD・TおよびSD・Lの和は距離CSに比例する[183]から，物体Sは，そのような運動とともに中心Cへと向かい，その中心のまわりに一つの楕円を描くであろう．また点Dも，線分CSとCDとが比例する[184]から，似たような一つの楕円をその上に描くであろう．ところが，物体Tお

第XI章　求心力をもって互いに作用し合う物体の運動

よびLは，動的力 SD・T および SD・L により，前者は前者によって，また後者は後者によって等しく引かれ，そして前に述べたように，平行線 TI および LK の方向に引かれて，（運動の法則の系VおよびVIにより）前と同じく，可動な中心Dのまわりにそれらの楕円を描き続けるであろう。よって見いだされた。

　第4の物体Vが付加されるとすれば，同様の推論により，この物体と点Cとは，共通重心Bのまわりに楕円を描くことが証明されるであろう。中心DおよびCのまわりの物体T,LおよびSの運動は前と同じで，ただ加速されるだけである。また同じ方法により，さらに多くの物体を任意に付加することもできる。よって見いだされた。

　物体TおよびLが，それらの距離に比例して他の物体を引くその加速力よりも大きな，あるいは小さな加速力をもって互いに引き合うとしても，事態は上と変わらないであろう。すべての加速的引力が，互いにその引力を及ぼす物体〔の質量〕とその距離との積に比例するものとすれば，前述のことがらから，すべての物体が，ある不動の平面内において，それらの共通重心Bのまわりに，等しい周期をもって，種々異なる楕円を描くであろうことが容易に結論されるであろう。よって見いだされた。

命題 65．定理 25
諸物体の及ぼす力が，それらの中心からの距離の自乗とともに減少するようなそういう諸物体は，それら自身の間において楕円軌道上を動くであろう。またそれら諸物体は，焦点へとひかれた動径により，ほぼ時間に比例する面積を描くで

あろう。

　前命題において，運動が正確に楕円に沿って行なわれる場合を証明した。力の法則がその場合における法則から隔たれば隔たるほど，物体はますます相互の運動を掻き乱すであろう。また本命題において仮定された法則に従い互いに引き合う諸物体は，相互からの距離のある比を保つのでなければ，それによって正確に楕円上を動くことは不可能である。しかし，次の場合においては，軌道は楕円とあまり違わないであろう。

場合 1. ある極めて大きな物体のまわりを，それから種々異なる距離において，いくつかのより小さな物体が回転するものと想像し，かつそれらの物体のおのおのに向かう絶対力[185]が，おのおの〔の質量〕に比例するものと仮定する。そうすれば，（法則の系 IV により）それらすべての共通重心は，静止するか，あるいは1直線上を一様に前進するかであるから，いま小さいほうの物体が極めて微小で，そのために大きな物体はほとんどその重心から離れることがないと仮定する。そうすれば，もし大きな物体が共通重心から離れることのために，あるいは小さいほうの物体が互いに及ぼし合う作用のために，導入されるかもしれない誤差を除外するならば，大きな物体は，認めうるほどの誤差を伴わずに，静止するか，あるいは1直線上を一様に前進するであろう。また，小さいほうの物体は，その大きなもののまわりに楕円を描いて回転するであろうし，またそれへひかれた動径により，時間に比例する面積を描くであろう。ところで，小さいほうの物体はいくらでも小さくすることができ，それによって〔共通重心からの大きな物体の〕この隔たりや，諸物体が互いに及ぼし合う作

第XI章　求心力をもって互いに作用し合う物体の運動

用は，任意の指定量よりもさらに小さくなりうるわけで，したがって軌道は楕円となり，また任意の指定量以上の誤差を伴わずに，面積は時間に応ずることになるであろう。よって証明された。

場合2. はなはだ大きな物体のまわりに，さきに述べた仕方で回転している，より小さないくつかの物体の1系，あるいは相互のまわりに回転している2物体の他の任意の1系が，1直線上を一様に前進していて，いっぽうそれがある大きな距離にあるもう一つの遥かに大きな物体の力によってわきのほうへと押しやられるものと想像しよう。そうすれば，それらの物体を平行方向に動かそうとする等しい加速力は，それらの物体の相互の位置を変えないで，ただ系全体にその位置を変えさせるだけであり，各部分はそれら自身の間でのその運動を維持するはずであるから，加速的引力[186]の不等によるか，または引力の働く方向である相互への直線の傾きによるのでなければ，引かれるほうの物体の運動には，大きいほうの物体に対するそれらの引力からは，何の変化も起こりえないことは明らかである。ゆえに，大物体へと向かわされるすべての加速的引力が，それら自身の間において距離の自乗に逆比例するものと仮定し，そして，その大物体の距離を増していって，ついにその物体から他の諸物体へとひかれた線分の差が，それらの長さに対し，またそれらの線分の相互に対する傾きが与えられた任意の量よりも小さくなるようにすることによって，その系の諸部分の運動は，与えられた任意の量を超える誤差を伴わずに，続くであろう。そしてそれらの諸部分の相互の距離が小さいために，全系はあたかも1物体にすぎないかのように引かれるから，したがってそれ

は，この引力により，あたかも1物体ででもあるかのように動かされるであろう。つまり，その重心は大物体のまわりに円錐曲線の一つを（すなわち，引力が弱いときには放物線もしくは双曲線を，またそれがより強いときには楕円を）描くであろう。そしてそれへとひかれた動径により，それは諸部分の隔たりから生ずる誤差以外のどんな誤差をも伴わずに，時間に比例する面積を描くであろう。そしてその誤差は，仮定により極めて小さいものであり，またいくらでも減らしうるものである。よって証明された。

同様の推論により，さらに複雑ないろいろの場合へと無限に進むことができる。

系 I. 場合2において，極めて大きな物体が，2個もしくはより多数の回転体の系に近づけば近づくほど，系の諸部分のそれら自身の間における運動の擾乱はますます大きくなるであろう。なぜならば，その大物体からそれら諸部分へとひかれた直線の傾きはますます大きくなり，また各部分の比の不等もまたますます大きくなるからである。

系 II. しかし，もしすべてのうちの最大の物体へと向かう系の諸部分の加速的引力が，その大物体からの距離の自乗に互いに逆比例しないとしたならば，とくにこの各部分間の比の不等が大物体からの距離の比の不等よりも大きかったならば，擾乱は最も大きくなるであろう。なぜならば，もし平行方向に，かつ一様に働く加速力が系の諸部分の運動に何らの擾乱をもひき起こさないとすれば，それが不均一に働いた場合には，その不均一さの大小に従って，あるいはより大きく，あるいはより小さくなるべき擾乱を，むろんどこかに生ずるにちがいないからである。ある物体には働いて，他の物体に

第XI章　求心力をもって互いに作用し合う物体の運動

は働かないような，より大きな衝力の過剰は，必ずやそれら自身の間でのそれらの位置を変えるにちがいない。そしてこの擾乱は，直線の不等と傾きとから生ずる擾乱に加わって，全体の擾乱をますます大きくさせる。

系 III. ゆえに，もしこの系の諸部分が，何らの著しい擾乱もなしに，楕円あるいは円上を動いているならば，たとえそれらが他のある物体へと向かう加速力によって推し動かされているとしても，その衝力は極めて弱いか，そうでなければほとんど均一で，かつ平行方向に，それらすべての上に加えられていることは明らかである。

命題 66．定理 26

もし3個の物体が，距離の自乗で減少するような力をもって互いに引き合い，かつ任意の2物体の，第3者へと向かう加速的引力が，それら自身の間において距離の自乗に逆比例し，かつ最小な2個が最大なもののまわりに公転するものとする。そうすれば，公転する2物体の内部は，最も内側にある最大の物体へとひかれた動径によってその物体のまわりに面積を描くであろうが，その面積は，その大物体がそれらの引力によって扇動されるとした場合には，仮にその大物体が小物体によってまったく引かれずに静止していたとした場合よりも，あるいはその大物体が遥かに大きな，または遥かに小さな引力を受けたとした場合よりも，あるいはまた，それらの引力により，遥かに大きく，または遥かに小さく扇動されたとした場合よりも，いっそう正確に時間に比例するであろう。また描かれる図形も，それらの動径の交点を焦点とする楕円にいっそう近いであろう。

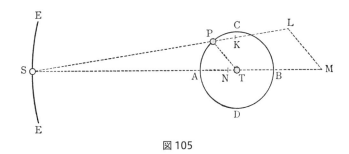

図 105

これは前命題の系 II の証明から充分明らかであると思われる。しかし，それはいっそう明確な，かついっそう広く信じられている推理の方法により，次のようにして証明することもできよう。

場合 1．小さいほうの物体 P および S が，同一平面内において，最大の物体 T のまわりに公転するものとする。ただし物体 P は内側の軌道 PAB を，また S は外側の軌道 ESE を描くものとする〔図 105〕。SK を物体 P と S との平均距離とし，そしてその平均距離における物体 P の S へと向かう加速的引力をその線分 SK であらわすことにする。SL と SK との比を，SK の自乗と SP の自乗との比に等しくさせれば，SL は任意の距離 SP における物体 P の S へと向かう加速的引力となるであろう。

PT を結び，LM をそれに平行にひいて ST と M において交わらせる。そうすれば，引力 SL は（運動の法則の系 II により）引力 SM, LM に分解されるであろう。それで物体 P は 3 重の加速力に作用されることになる。それらの力のうちの一つは T へと向かい，物体 T と P との相互の引力から起こる。もしこの力のみによるとすれば，物体 P は動径 PT により物

第 XI 章　求心力をもって互いに作用し合う物体の運動

体Ｔのまわりに時間に比例する面積を描き，また物体Ｔの中心を焦点とする一つの楕円を描くであろう。そしてこれは，物体Ｔが不動のままでいたとしても，あるいはその引力によって扇動されたとしても行なわれることで，このことは命題11，および定理21の系ⅡおよびⅢから知られることである。他の力は引力LMで，それはＰからＴへと向かうがゆえに，前の力に重なり，かつ一致し，定理21，系Ⅲにより，やはり時間に比例する面積を生ずる。しかし，それは距離PTの自乗には逆比例しないので，それを前者に加えた場合に，その部分とは異なった力を形づくることになり，その変動は，もし他の条件が同じであるならば，その力の前者に対する比が大きいほど大きいであろう。それゆえ，命題11により，また定理21，系Ⅱにより，焦点Ｔのまわりに楕円を描くような力は，当然その焦点へと向かうべきであり，かつ距離PTの自乗に逆比例するべきであるから，その部分と異なったその合成力は，軌道PABを，点Ｔに焦点をもつ楕円の図形とは異なったものにするであろう。そして，もし他の条件が同じであるならば，その部分からの変動が大きければ大きいほど，したがって，第2の力LMと第1の力との比が大きければ大きいほど，大きいであろう。ところが，いまや物体ＰをSTに平行な方向に引く第3の力SMが他の力に組み合わされ，もはやＰからＴに向かわない一つの新しい力を生ずる[187]。そしてこれは，もし他の条件が同じであるならば，この第3の力の他の力に対する比が大きければ大きいほど，ますますその方向からそれることとなり，したがって物体Ｐに，動径TPにより，もはや時間に比例しない面積を描かせることとなる。したがって，この力の他の力に対す

る比が大きければ大きいほど，その比例からのずれは大きくなるのである。ところで，この第3の力は，次の二つの理由により，前述の軌道PABの楕円図形からのずれを増すであろう。すなわち，第1は，その力がPからTに向かわないためであり，第2は，それが距離PTの自乗に逆比例しないためである。これらのことがらが前提となって，その第3の力ができるだけ小さく，ほかのものはそれらの以前の量を保持するときに，面積が最も近似的に時間に比例することが明らかである。しかも，第2と第3の両方の力，特に第3の力ができるだけ小さく，第1の力がそれの以前の大きさを保持するときに，軌道PABは前述の楕円図形に最も近づく。

物体TのSへと向かう加速的引力を線分SNであらわそう。そうすれば，もしも加速的引力SMとSNとが相等しかったならば，物体TおよびPを等しくかつ平行方向に引くこれらは，相互に対するそれらの位置を少しも変えないであろう。その場合には，運動の法則の系VIにより，両物体のそれら自身の間における運動は，あたかもそれらの引力がまったく働かなかったときと同じである。また，同様の推論により，もし引力SNが引力SMよりも小さいならば，引力SMのうちからSNの部分が取り去られることになり，したがってMNという（引力の）部分のみが残り，それが面積と時間との比例性[188]，および軌道の楕円図形を掻き乱すことになるであろう。また同様にして，もし引力SNが引力SMよりも大きい場合でも，軌道や比例性の擾乱はMNという差のみからひき起こされるであろう。このようにして，引力SNは引力SMを常に引力MNに変え，第1および第2の引力は完全に不変のままである。したがって，引力MNが零

第 XI 章　求心力をもって互いに作用し合う物体の運動

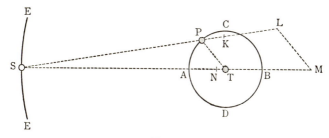

図 105

であるか，またはできるだけ小さい場合に，すなわち，物体 P と T との加速的引力ができるだけ等値に近づくときに，すなわち，引力 SN がまったく零でもなければ，また全引力 SM 中の最小のものよりも小さくもなく，いわばその全引力 SM の最大と最小との中間にあるときに，換言すれば，引力 SK よりも著しく大きくもなければ著しく小さくもないときに，面積と時間とは最も近い比例関係を得，軌道 PAB は上述の楕円図形に最も近づくのである。よって証明された。

場合 2. さてこんどは，小さいほうの物体 P, S が，大きいほうの物体 T のまわりに，異なった平面内で公転するものとしよう。そうすれば，軌道 PAB の平面内にある直線 PT の方向に働く力 LM は，前と同じ効果をもつであろう。それは物体 P をその軌道面から外へ引くことはしないであろう。しかし ST に平行な直線の方向に働く他の力 NM（したがって，物体 S が軌道面 PAB に対して傾いた交点線の外にあるとき）は，さきに述べた経度に関する運動の擾乱のほかに，緯度に関するもう一つの擾乱を持ち込み，これが物体 P をその軌道面から外へと引くのである。そしてこの擾乱は，物体 P と T との任意の与えられた相互の位置において，生成力 MN に比

例するであろうし，したがって，力MNが最小のときに，すなわち（さきに示されたように）引力SNが引力SKよりもそれほど大きくもなく，またそれほど小さくもないときに，最小となる。よって証明された。

系I. ゆえに，もしいくつかのより小さな物体P, S, R, ……が，極めて大きな物体Tのまわりに公転しているとすれば，小物体どうしが互いに引かれ扇動されると同じく，大物体も残りのものによって（加速力の比に従い）引っぱられ扇動されるときには，最も内側を公転する物体Pの運動は，他の物体の引力により，最も少なく擾乱されることが容易に推論されるであろう[189]。

系II. 3個の物体T, P, Sの系において〔図105〕，もしそれらの任意の2個の第3の物体へと向かう加速的引力が，互いに距離の自乗に逆比例するとすれば，物体Pは，動径PTにより，矩象CおよびDの近くにおけるよりも，合Aおよび衝Bの近くにおけるほうが，物体Tのまわりのその面積をより急速に描くであろう。なぜならば，物体Pに働いて物体Tには働かず，そして直線PTの方向に働かないすべての力は，その方向が物体の運動の方向と同じであるか，あるいは反対であるかに従い，その面積の掃除を急がせ，あるいは遅らせるからである。力NMはすなわちそのような力で，この力は物体PのCからAまでの通過においては物体の運動の方向に向かい，したがってそれを加速し，つぎにDまでは反対方向に向かい，それで運動を遅らせ，ついでBまでは物体の方向に，また最後にそれがBからCまで動くあいだは反対方向に向かう。

系III. また同じ推論から，物体Pは，もし他の条件が同

第XI章　求心力をもって互いに作用し合う物体の運動

じであるならば，矩象におけるよりも合や衝におけるほうが，より急速に動くことがわかる。

系IV. 物体Pの軌道は，もし他の条件が同じであるならば，合や衝におけるよりも矩象におけるほうが曲がりかたがより大である。なぜならば，物体が急速に動けば動くほど，それは直線経路からそれることが少ないからである。なおまた，力KL，あるいはNMは，合および衝においては，物体Tが物体Pを引くその力と逆向きであり，したがってその力を減少させる。ところが，物体Pは，それが物体Tのほうへと推し動かされることが少ないほど，直線経路からそれることも少ないだろうからである。

系V. ゆえに，物体Pは，もし他の条件が同じであるならば，合や衝におけるよりも矩象におけるほうが物体Tからいっそう遠ざかる。しかし，これは離心率の変化を考慮に入れないときに言われることである。というのは，もし物体Pの軌道が離心的であるとすれば，その離心度は（やがて系IXで示されるように）近日点や遠日点[190]が合や衝[191]にあるときに最も大きくなるはずで，したがって物体Pが遠日点に近いときには，矩象におけるよりも合や衝におけるほうが，物体Tからいっそう遠くなることも時としてはありうるからである。

系VI. 物体Pをその軌道上に保持する中心物体Tの求心力は，矩象においては力LMから生ずる付加のために増大し，合や衝においては力KLの差し引きのために減少するから，しかも力KLはLMよりも大であるから，それは増やされるよりも減らされることのほうがより大である[192]。そしてさらに，その求心力は（命題4，系IIにより）半径TPに比例

283

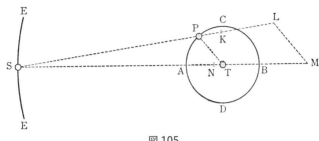

図 105

し,周期の自乗に逆比例するから,結果としてのその比[193]は,力 KL の作用によって減少させられることは明らかである。したがって,軌道の半径 PT が一定に保たれるとすれば,周期は増大するであろうし,しかもそれは求心力が減少させられるその比の平方根に比例して増大すべきことは明らかである。したがって,もし半径が増大あるいは減少するとすれば,周期は,命題 4, 系 VI により,この半径の $\frac{3}{2}$ 乗よりもより大きな割合で増大するか,あるいはより小さな割合で減少するであろう。もし中心物体のその力が次第に減衰するようなことでもあれば,物体 P は次第に引かれることが少なくなり,中心 T から次第に遠ざかるであろうし,反対に,もしそれが増大するようなことでもあれば,次第にそれに近づくであろう。ゆえに,もしその力を減少させる遠隔物体 S の作用が交互に増減するようなことでもあれば,半径 TP もまた交互に増減するであろう。そして周期は,半径の比の $\frac{3}{2}$ 乗と,中心物体 T の求心力が遠隔物体 S の作用の増減により減増させられるその比の平方根との比において増減させられるであろう。

第 XI 章　求心力をもって互いに作用し合う物体の運動

系 VII. また，前に述べたことから次のことも結果として出てくる。すなわち，物体 P によって描かれる楕円の軸，あるいは遠近日点線[194]は，その角運動に関し，交互に前後へと動くが，しかし後退するよりもより多く前進し，そしてその正の運動の超過により，全体として前方へと運ばれるということである[195]。なぜならば，力 MN が無くなる矩象において，物体 P が物体 T へと押しやられる力は，力 LM と，物体 T が物体 P を引く求心力との合力であるが〔図 105〕，第 1 の力 LM は，もし距離 PT が増せば，その距離とほとんど同じ割合で増し，他の力は距離の自乗の割合で減り，したがってこれら 2 力の和は，距離 PT の自乗よりもより小さな割合で減り，したがって，命題 45，系 I により，遠近日点線を，あるいは同じことであるが，遠日点を後方へと移動させるであろう。ところが，合や衝においては，物体 P を物体 T へと向かわせる力は，力 KL と，物体 T が物体 P を引く力との差であり，そしてその差は，力 KL がほとんど距離 PT に比例して増すがゆえに，距離 PT の自乗よりもより大きな割合で減り，したがって命題 45，系 I により，遠近日点線を前方へと移動させる。合または衝と矩象との間の位置では，遠近日点線の運動はそれら両原因の結合したものに依存し，したがって，それらの原因の一つが他に対して超過する超過量に比例して前進または後退する。合や衝における力 KL は矩象における力 LM のほとんど 2 倍の大きさであるから，超過が力 KL の側にあり，したがって遠近日点線は前方へと移動するであろう。このことおよび前系の真実なことは，2 物体 T および P の系が，軌道 ESE のまわりに配置されたいくつかの物体 S, S, S, … によって四方を取り囲まれていると考えるこ

とによって，いっそう容易に理解されるであろう。なぜならば，これら諸物体の作用により，物体 T の作用はすべての方向において減らされ，距離の自乗よりもより大きな割合で減少するからである。

系VIII. しかし，近日点や遠日点の前進運動あるいは後退運動は求心力の減少に依存し，すなわち物体が近日点から遠日点まで進行する際にその減少が距離 TP の比の自乗よりもより大きな比であるか，あるいはより小さな比であるかに依存し，またそれがふたたび近日点へと帰還する際における同様の増加に依存し，したがって遠日点での力と近日点での力との比が距離の比の逆自乗から最も遠ざかるときに最大となるのであるから，近日点や遠日点が合や衝にあるときには，差し引かれる力 KL あるいは NM－LM のためにいっそう急速に前進し，矩象においては，付加力 LM により，いっそうゆるやかに後退するであろうことは明白である。前進の速さあるいは後退の遅さは長時間にわたって続けられるから，この不等は非常に大きなものとなる。

系IX. もし物体が，任意の中心からそれまでの距離の自乗に逆比例する力によって，その中心のまわりの楕円軌道に沿って回転させられ，そしてその後，上方の長軸端（遠日点）から下方の長軸端（近日点）に至るその下降に際し，その力が，新しい力の継続的な付加により，減少する距離の自乗比よりもより大きな割合で増大するならば，その物体は，この新しい力の継続的な付加により，常に中心へと押しやられ，減少する距離の自乗比で増大する力のみに作用される場合よりもいっそう中心へと近づき，したがって，その楕円軌道の内側のある軌道を描き，近日点では前よりもいっそう中心に

第XI章　求心力をもって互いに作用し合う物体の運動

近づくであろうことは明らかである。ゆえに，軌道はこの新しい力の付加により，いっそう離心的となるであろう。

さて，こんどは，もし物体が近日点から遠日点へともどりつつある間に，それが前に増したと同じ分量だけ減ったとしたならば，物体はその初めの距離にもどるはずであり，したがって，もし力がさらにより大きな割合で減ずるならば，物体はこんどは前よりもより少なく引かれ，さらにより大きな距離にまで上るであろう。したがって，軌道の離心率はいっそう増大するであろう。ゆえに，求心力の増加あるいは減少の比が1回転ごとに増大するならば，離心率もまた増大するであろうし，反対に，もしその比が減少するならば，それも減少するであろう。

それゆえ，いま T, P, S という物体系において，軌道 PAB の長軸端が矩象にあるときには，その増減の比は最小であり，長軸端が合や衝にあるときには最大となる。もし長軸端が矩象の位置にあるならば，その比は，長軸端の近くでは距離の自乗比よりもより小さく，合や衝の近くではより大きい。そしてそのより大きな比から，さきに述べたような遠近日点線の前進運動が起こるのである。しかし，もし両長軸端の進行における全体の増減の比を考えるならば，これは距離の自乗比よりもより小である。近日点における力と遠日点における力との比は，楕円の焦点から遠日点までの距離と，同じ焦点から近日点までの距離との比の自乗よりも小さく，反対に，長軸端（遠日点や近日点）が合や衝の位置にあるときには，近日点における力と，遠日点における力との比は，距離の比の自乗よりも大きい[196]。なぜならば，矩象における力 LM を物体 T の力に加えたものは，より小さな比をなす力と

なり，また合や衝における力 KL を物体 T の力から差し引いたものは，より大きな比をなす力となって残るからである。ゆえに，両長軸端間の進行に際しての全体の増減の比は，矩象において最小であり，合や衝において最大である。したがって，矩象から合や衝に至る長軸端の進行に際しては，それは継続的に増大して楕円の離心率を増し，また合や衝から矩象に至る進行に際しては，それは継続的に減少して離心率を減ずるのである。

系 X. 緯度の誤差について説明をするのに，軌道面 EST は不動のままであると仮定しよう〔図 105〕。そうすれば，上に説明した諸誤差の原因から，それらの唯一の，かつ全体の原因である二つの力 NM, ML のうち，常に軌道 PAB の面内で働く力 ML は，緯度に関する運動を少しも乱さないことは明白である。そして，交点が合や衝にあるときには，その同じ軌道面内で働く力 NM は，そのときはそれらの運動に影響を及ぼさない。けれども，交点が矩象にあるときには，それらをはなはだしく掻き乱し，物体 P を絶えずその軌道面から引きはずしつつ，矩象から合や衝に至る物体の進行に際してはその面の傾きを減じ，また合や衝から矩象までの進行に

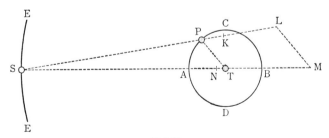

図 105

第XI章　求心力をもって互いに作用し合う物体の運動

おいてはふたたびそれを増す。ゆえに，物体が合や衝にあるときにその傾きは最も小さく，物体が次の交点に達するときには，ほぼはじめの大きさにもどることになる。

しかし，もし交点が矩象から$\frac{1}{8}$円周だけ遅れた位置にあるならば，すなわちCとAとの間，およびDとBとの間にあるならば，さきに示されたことから，いずれかの交点から90°だけそれから離れた点までの物体Pの進行においては，面の傾きは絶えず減少し，それから次の矩象までの45°の間の進行においては傾きは増し，その後，次の交点までのさらに45°の間のその進行においては，ふたたびそれが減少することがわかるであろう。ゆえに，傾きは増すよりも減ることのほうがより大きく，したがって，前の交点におけるよりも，次の交点におけるもののほうが常により小である。また，同様な推論により，交点がAとDとの間，およびBとCとの間の他の八分円点にあるときには，傾きは減るよりも増すことのほうがより大きい。ゆえに，傾きは交点が合や衝にあるときに最大である。合や衝から矩象までのそれらの進行においては，傾きは物体が交点に接近するたびごとに減り，交点が矩象にあって物体が合や衝にあるときに最小となる。ついで，それは前に減ったと同じ分量だけ増し，交点が次の合や衝にくるときに，それの以前の値へともどる。

系XI． 交点が矩象にあるときは，物体Pは絶えずその軌道面から引かれるから，そしてこの引力は交点Cから合Aを経て交点Dに至るまでの物体の進行においてはSのほうに向かい，交点Dから衝Bを経て交点Cに至るまでのその進行においては反対方向へと向かうがゆえに，交点Cからの

それの運動に際しては，物体は次の交点にくるまではそれ以前の軌道面 CD から絶えず遠ざかり，したがって，その交点においてはいまや最初の平面 CD から最大の距離にあるわけで，それが軌道面 EST をその面の他の交点 D においては通過しないで，物体 S にいっそう近い 1 点，つまりそのはじめの位置よりも後方の，交点の新しい位置となるべき 1 点において通過するであろうことは明らかである。また同じような推論により，交点は，この交点から次の交点までのそれらの進行においては絶えず後退するであろう。ゆえに，交点は，矩象の位置にあるときには絶えず後退し，そして緯度に関する運動に何らの擾乱をも生じえない合や衝においては静止し，中間の位置においては両方の条件を具え気味で，いっそうゆっくりと後退する。したがって，それらは常に逆行しつつあるか，あるいは停留状態にあるかであって，1 回転ごとに後方へと運ばれ，つまり後退するであろう。

　　系 XII. これらの諸系で述べられた誤差はすべて，物体 P, S が，それらの衝にあるときよりも合にあるときのほうが幾分より大きい。というのは，NM および ML という生成力がより大きいからである。

　　系 XIII. また，これらの諸系で述べられた誤差や変動の原因および割合は，物体 S の大きさ〔質量〕には依存しないから，もし物体 S の大きさ〔質量〕がはなはだ大きくて，そのために 2 物体 P および T の系がそのまわりに公転すると考えられる場合でも，前に証明されたすべてのことがらは起こるであろうということが言える。また物体 S のこの〔質量の〕増大，およびその結果として生ずる物体 P の誤差の原因であるそれの求心力の増大から，つぎのことが当然の結果として出

第 XI 章　求心力をもって互いに作用し合う物体の運動

てくる。すなわち，これらすべての誤差は，相等しい距離においては，この場合のほうが，P および T という物体系のまわりを物体 S が公転する他の場合におけるよりも，より大きいであろうということである。

系 XIV. ところで，力 NM, ML は，物体 S が非常に遠いときには，力 SK と比 PT：ST との積にほぼ比例し，すなわち，もし距離 PT と物体 S の絶対力[197]とがともに与えられているならば，ST^3 に逆比例するから，そして NM, ML というそれらの力は，上の諸系において取り扱われたすべての誤差や効果の原因なのであるから，それらすべての効果は，もし T および P という物体系が前と変わりなく，ただ距離 ST と物体 S の絶対力とのみが変わるとするならば，物体 S の絶対力の正比と，距離 ST の 3 乗の逆比との複比にほぼ比例すべきことは明らかである[198]。ゆえに，もし T および P という物体系が遠くの物体 S のまわりに公転するならば，NM, ML というそれらの力，およびそれらの効果は，（命題 4，系 II および VI により）周期の自乗に逆比例するであろう。したがって，また，もし物体 S の大きさ〔質量〕がその絶対力に比例するならば，NM, ML というそれらの力，およびそれらの効果は，T から見た遠くの物体 S の視直径の 3 乗に正比例するであろう[199]。またその逆も成り立つ。なぜならば，これらの比は，上に述べられた複比と同じものだからである。

系 XV. もし軌道 ESE および PAB がそれらの形，比率，および相互に対する傾きを保持しながら，それらの大きさを変えたとしたならば，また物体 S および T の力が不変のままでいるか，あるいはある与えられた比において変化するとしたならば，これらの力（すなわち，物体 P を一つの直線経路から

軌道PABへとそれさせる物体Tの力，および物体Pに働いてその軌道からそれさせる物体Sの力）は，常に同じような仕方で，かつ同じ割合で作用するであろう。したがって，すべての効果は相似でかつ比例したものになるであろうし，またそれらの効果の時間もまた比例することになる。すなわち，すべての線誤差[200]は軌道の直径に比例するであろうし，角誤差[201]は前と同じであり，相似な線誤差，あるいは等しい角誤差の時間は，軌道の周期に比例することになる。

系 XVI. ゆえに，もし軌道の形とそれらの相互に対する傾きとが与えられ，かつ諸物体の大きさ〔質量〕と，力と距離とが任意の仕方で変えられるならば，ある一つの場合における誤差とそれらの誤差の時間から，他の任意の場合における誤差と誤差の時間とをほぼ正確に求めうるであろう。しかし，これは次の方法によっていっそう手早く行なうことができる。

NM, ML という力は，もし他のものが変わらないものとすれば，半径 TP に比例する〔図105〕。そしてそれらの周期的効果は，（補助定理10，系IIにより）力と物体Pの周期の自乗との積に比例する。これらが物体Pの線誤差である。したが

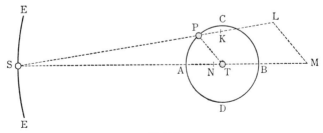

図 105

第XI章　求心力をもって互いに作用し合う物体の運動

って，中心Tから見たそれらの角誤差（すなわち遠近日点の運動や交点の運動，および経度や緯度のすべての見かけの誤差）は，物体Pの各公転において，その公転の時間の自乗にほぼ比例する。これらの比を，系XIVにおける諸比と組み合わせたとしよう。そうすれば，T, P, Sという任意の物体系において，PがTのまわりをそれに極めて近くで公転し，またTがSのまわりを大きな距離をもって公転する場合には，中心Tから見た物体Pの角誤差は，物体Pの各公転において，その物体Pの周期の自乗に正比例し，物体Tの周期の自乗に逆比例するであろう。したがって，遠近日点線の平均運動は交点の平均運動に対してある与えられた比をなし，かつこれらの運動はいずれも物体Pの周期に正比例し，物体Tの周期の自乗に逆比例するであろう。軌道PABの離心率や傾斜角の増減は，もしその増減が実際非常に大きなものでないかぎり，遠近日点や交点の運動にそれほどの変化を起こさない。

系XVII. 線分LMは，時には半径PTよりも大きくなり，時にはより小さくなるから，力LMの平均量をその半径PTであらわすことにしよう。そうすれば，その平均力は，SKあるいはSNという平均力（これもSTであらわすことができる）に対し，長さPTと長さSTとの比をなすであろう[202]。ところが，物体Tを，それがSのまわりに描く軌道上に保持する平均力SNあるいはSTと，物体PをTのまわりのその軌道上に保持する力との比は，半径STと半径PTとの比，およびTのまわりの物体Pの周期と，Sのまわりの物体Tの周期との自乗比の積に等しい[203]。したがって，平均力LMと，物体PをTのまわりのその軌道上に保持する力（あるいは同じ物体Pを，任意の不動点Tのまわりに，距離PTにおいて同じ周

期をもって回転させうるような力）との比は，同じ周期の自乗比に等しい。ゆえに，もし距離 PT とともに周期が与えられるならば，平均力 LM もまた与えられる。そしてその力が与えられれば，線分 PT と MN との類推により，力 MN もまたほぼ正確に与えられる。

系 XVIII. 物体 P が物体 T のまわりに回転するその同じ法則によって多数の流体が T のまわりに，それから等距離において運動するものとし，かつそれらは極めて多数であって，そのために，それらのすべては互いに接続し，円形の，かつ物体 T と同心の，流体の環あるいは輪を形づくるものとする。そうすれば，この輪の各部分は，物体 P と同じ法則によってそれらの運動を行ないながら，物体 T のほうへと引き寄せられ，それら自身と物体 S との合や衝においては矩象におけるよりもより急速に動くであろう。そしてこの輪の交点，つまりその輪と物体 S あるいは T の軌道面との交わりは，合や衝においては静止するであろうが，しかし合や衝以外においては，それらは，矩象において最も速やかに，他の位置においてはより遅く，後方へ，すなわち逆行の方向に運ばれるであろう。

この輪の傾斜角もまた変化するであろう。そしてその軸は各公転のあいだ振動するであろうが，公転が完了するときには，交点の移動によってそれがわずかにずれることを除けば，それの以前の位置へともどるであろう。

系 XIX. いま，流体でないある物質からなる球状の物体が拡大され，四方八方へとその輪のところまで伸びたとし，かつ一つの海溝が水を含みつつ，その全周囲をめぐって切られたとし，かつこの球がその軸のまわりに，同じ周期をもっ

第 XI 章　求心力をもって互いに作用し合う物体の運動

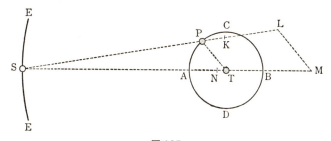

図 105

て，一様に回転するものと仮定する。この水は（前系におけると同じく）交互に加速され，また減速されつつ，合や衝においては球の表面よりもより急速に，矩象においてはより緩やかになり，このようにしてその海溝内においては，海の仕方にならって干満がおこるであろう。もしも物体 S の引力が取り去られたとしたならば，水は地球の静止した中心のまわりに回転することにより，上げ潮や退き潮の運動を一つも獲得することはないであろう。この場合は 1 直線上を一様に前進しつつ，いっぽうその中心のまわりに回転しつつある 1 個の球の場合と同じであり（運動の法則の系 V による），またその直線経路から一様に引かれる 1 個の球の場合と同じである（同法則の系 VI による）。けれども，もし物体 S がそれに作用を及ぼすということになると，それの変化する引力によって，水はこの新しい運動を受けることになる。なぜならば，物体に最も近い水の部分にはより強い引力が働き，より遠い部分にはより弱い引力が働くだろうからである。また力 LM は，矩象においては水を下方へと引き，合や衝に至るまではそれを圧し下げるであろうし，力 KL は合や衝においてはそれを上方へと引いて，それの低下を抑制し，矩象まではそれを上昇

させるであろう。ただし，上げ潮や退き潮の運動が海溝によって方向づけられ，また摩擦によって多少減速されることだけは除外してのことである。

系XX. いま，もし輪が固くなり，球が小さくなっていったとすると，上げ潮や退き潮の運動は止むであろうが，しかし，傾角の振動や交点の移動は残存するであろう。いま，球が輪と同一の軸をもち，かつ同一時間内にその回転を行なうものとし，かつその表面において輪に内接し，それに固着するものとする。そうすれば，球は輪と運動をともにしつつ，この全物体は振動し，交点は後退するであろう。なぜならば，球は，やがて示されるように，すべての作用を受けることについて完全に公平だからである。輪だけの傾きの最大角は，交点が合や衝にあるときに起こる。ゆえに，交点の矩象への進行にあたっては，それはその傾きを減らそうと努め，その努力によって球全体の上に一つの運動を持ち込む。球はこの持ち込まれた運動を維持し，輪が逆の努力によってその運動を消滅させ，ついに反対方向に一つの新しい運動が付与されるまで続く。そしてこの仕方により，傾角の減少の最大の運動は交点が矩象にあるときに起こり，傾角の最小は矩象の後の八分円点において起こる。そして交点が合や衝にあるとき，ふたたび下向きの傾角の最大運動が起こり，つぎの八分円点において傾角の最大が起こる。また，この輪をもたない球についても，もし両極地方よりも赤道地方のほうが幾分高くなっているか，あるいは幾分密度が大きくなっているとすれば，同じことになる。なぜならば，赤道近くの地域におけるその物質の過剰は，輪の代わりをするからである。またこの球の求心力が何らかの仕方によって増大し，その結果，

第 XI 章　求心力をもって互いに作用し合う物体の運動

われわれの地球の各部分が中心に向かって引きつけられているように，そのすべての部分が下方に向かうものと考えた場合でも，水の最大と最小の高さの場所が異なることを除けば，本系および前系の諸現象はほとんど改変されることはないであろう。なぜならば，水はいまはもはや遠心力によってその軌道上に保持されるのではなくて，ただ海溝によって保持され，その中を流れているだけだからである。なおまた，力 LM は矩象において水を最も強く下方へと引き，力 KL あるいは NM−LM はそれを合や衝において最も強く上方へと引く〔図105〕。そしてこれらの力を合成したものは，合や衝の前の八分円点において，水を下方に引くことをやめてそれを上方へと引き始め，また合や衝の後の八分円点において，水を上方に引くことをやめて下方へと引き始める。したがって，水の最大の高さは合や衝の後の八分円点あたりで起こり，最小の高さは矩象の後の八分円点あたりで起こるであろう。ただし，これらの力によって持ち込まれる上昇あるいは下降の運動は，水の慣性のためにそれよりも幾分長く続くかもしれないし，あるいはその海溝内の障害物のために幾分早めに止められるかもしれないということはある。

系 XXI. 同じ理由により，球の赤道地方におけるその余分の物質は，交点を後方へと移動させ，したがってその物質の増加によってその逆行運動は増加し，減少によって減少し，また除去によってまったく停止する。そこで，もしその余分の物質よりもさらに多くのものが取り去られたとしたら，すなわち，もし極付近よりも赤道付近において球がいっそう低下しているか，あるいは密度がいっそう希薄であるとしたならば，交点の順行運動が起こるであろうということに

なる。

系 XXII. したがって交点の運動から球の構成が知られる。すなわち，もし球がいつまでも同一の極を保持し，そして（交点の）運動が逆行であるならば，赤道の近くに物質の過剰がある。しかし，もしその運動が順行であるならば，その不足がある。いま，一様な，そして正確に球状をなす球がはじめに自由空間内で静止しているものとする。つぎにその表面に斜めに加えられたある衝撃により，それがその場所から動かされ，一部分円状の，そして一部分直進性の運動を与えられたとする。この球はその中心を通過するすべての軸に対してまったく公平であり，一つの軸に対し，あるいはその軸の一つの位置に対して，他のどれよりも特に大きい偏向をもつというわけではないから，それ自身の力によりその軸を変えることは決してなく，またその軸の傾きを変えることも決してないことは明らかである。いま，この球が前と同じその表面の部分において，一つの新しい衝撃により斜めに押し動かされたとする。そうすれば，一つの衝撃の効果は，それがより早くくるか，あるいはより遅くくるかによってはまったく変わりがないのであるから，相次いで加えられるこれら二つの衝撃は，それらが同時に加えられた場合と同じ運動を，すなわち，球がそれら二つを（法則の系 II により）合成した単一の力によって働かれた場合と同じ運動を，すなわち，与えられた傾きをもつある軸のまわりの単一な運動を生ずるであろうことは明らかである。また，第2の衝撃が，第1の運動の赤道上の他の任意の点で加えられたとしても，また第1の衝撃が，第2の衝撃のみによって起こされたであろう運動の赤道上の任意の地点で加えられたとしても，したがってまた，

第 XI 章　求心力をもって互いに作用し合う物体の運動

両方の衝撃がたとえどの場所に加えられたとしても，同じことになる．なぜならば，これらの衝撃は，あたかもそれらが一斉に，しかも一時に，そのおのおのによって別々に生ずるであろうそれらの運動の赤道の交点に加えられたと同じ円運動を生ずるだろうからである．ゆえに，均一でかつ完全な球は，いくつかの運動を別々に保持するわけではなくて，それに加えられるそれらすべてのものを結合し，それらを一つと化し，そしてその中に存在するかぎり，常に不変な傾きをもって，一つの与えられた軸のまわりに，常に単純かつ一様な運動をもって回転を行なうであろう．そしてその軸の傾き，あるいは回転の速度は，求心力によっては変化しないであろう．なぜならば，もし球がそれ自身の中心，および力の向かう中心を通る任意の平面によって二つの半球に分けられたものと想像するならば，その力は常に各半球に等しく働くであろうし，したがってそれ自身の軸のまわりのその運動に関してどちらの側にも球を傾けないだろうからである．

　しかし，極と赤道との間のどこかに，山岳のような一つの新しい物質の山が付け加えられたとすれば，これは，その運動の中心から遠ざかろうとする不断の努力によって球の運動を掻き乱し，その極をその表面のまわりにさまよわせ，それ自身とその対蹠点とのまわりに円を描かせるであろう[204]．その山をいずれか一つの極に置くか (その場合には，系 XXI によって赤道の交点は前方へと動くであろう)，あるいは赤道地方に置くか (その場合には，系 XX によって交点は後方へと動くであろう)，あるいは最後に，軸の他の側に物質の新しい量を付加し，それによって，山がその運動に際し平衡を保つようにするか (そしてその場合には，山やこの新しく付加された物質が極に近いか，

あるいは赤道に近いかに従って，交点は前進するか，あるいは後退するであろう）のいずれかによるのでなければ，極のこの大きな偏位を補正することは不可能である。

命題 67．定理 27

同じ引力の法則を仮定すれば，外側の物体 S は，内側の物体 P と T との共通重心である点 O にひかれた半径によって，その重心のまわりに，それがその物体にひかれた半径により最も内側の最大の物体 T のまわりに描きうるよりも，いっそう正確に時間に比例する面積を描き，かつその重心を焦点とするいっそう楕円に近い形の軌道を描く。

なぜならば，物体 S〔図 106〕の，T および P に向かう引力は，最大の物体 T に向かうよりもいっそう T と P との共通重心 O へと向かい，かつ，少し考えれば容易にわかるように，距離 ST の自乗よりも，距離 SO の自乗にいっそうよく逆比例する絶対力を形づくるからである。

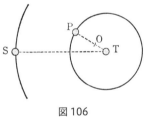

図 106

命題 68．定理 28

同じ引力の法則を仮定したときに，外側の物体 S は，内側の物体 P と T との共通重心 O にひかれた半径により，その重心のまわりに，もし最も内側にある最大の物体が残りのものと同じくこれらの引力によって扇動されるならば，その物体が静止していて何らの引力の作用をも受けないか，あるい

第 XI 章　求心力をもって互いに作用し合う物体の運動

は遥かに強く，あるいは遥かに弱く引かれるか，あるいは遥かに多く，あるいは遥かに少なく扇動された場合に描くよりも，いっそう正確に時間に比例する面積を描き，かつその重心を焦点とするいっそう楕円に近い形の軌道を描くであろう。

　これは命題 66 と同じようにして証明することができるけれども，しかし，いっそう冗長な推論を要するので省略する。次のように考えれば充分であろう。すなわち，前命題の証明から，物体 S が同時に働く二つの力の作用を受けたときに向かうべき中心は，それらほかの 2 物体の共通重心に極めて近いことは明らかである〔図 106〕。もしもこの中心がその共通重心と一致するものとし，さらに 3 個の物体全部の共通重心が静止しているものとするならば，いっぽうにおいては物体 S，そして他方においては他の 2 物体の共通重心は，その静止している共通重心のまわりに，それぞれ真の楕円を描くはずである。このことは，命題 64 および 65 で証明されたことと，命題 58，系 II とをくらべてみればわかることである。

　さて，この正確な楕円運動は，2 物体の重心と第 3 の物体 S を引く力の中心との間の距離によっていくらか乱されるであろう。さらにまた，3 者の共通重心に一つの運動が付加されるときには，擾乱はいっそう増大するであろう。ゆえに，三つの物体の共通重心が静止しているときに，すなわち最も内側にある最大の物体 T が，ほかのものが引かれると同じ法則に従って引かれるときに，擾乱は最も小さく，そして 3 者の共通重心が物体 T の運動の減少によって動かされはじめ，ますますはげしく扇動されるときに常に最大となる。

　系．したがって，もし大きな物体のまわりに幾つかのより

小さな物体が回転しているとすれば,描かれる軌道はいっそう楕円に近づくことが容易に推論されるであろう。また,もしすべての物体がそれらの絶対力に正比例し距離の自乗に逆比例する加速力をもって互いに引き合い,扇動し合うならば,そしてもし各軌道の焦点がその内側のすべての物体の共通重心に位置しているならば(すなわち,もし第1の,かつ最も内側の軌道の焦点が最大かつ最内部の物体の重心の位置にあり,また第2の軌道の焦点が最も内側にある2個の物体の共通重心の位置にあり,また第3の軌道の焦点が最も内側にある3個の物体の共通重心にあり,以下同様であるならば),最も内側の物体が静止していて,すべての軌道の共通の焦点をなしていたとした場合よりも,面積の描きかたはいっそう一様に近いものになるであろう。

命題 69. 定理 29

いくつかの物体 A, B, C, D, … の一つの系において,もしそれらの物体の任意の一つ,たとえば A が,残りのすべての物体 B, C, D, … を,牽引体からの距離の自乗に逆比例する加速力をもって引き,また他の1物体,たとえば B もまた,残りの物体 A, C, D, … を,牽引体からの距離の自乗に逆比例する力をもって引くならば,牽引体 A および B の絶対力は,それらの力が属する A および B という物体〔の質量〕そのものに互いに比例するであろう。

なぜならば,すべての物体 B, C, D, … の,A に向かう加速的引力[205]は,仮定により,等しい距離においては互いに等しく,また同じように,すべての物体の B に向かう加速的引力もまた,等しい距離においては互いに等しい。ところが,物体 A の絶対的引力[206]と,物体 B の絶対的引力との比は,等

第 XI 章　求心力をもって互いに作用し合う物体の運動

しい距離においては,すべての物体の A に向かう加速的引力と,すべての物体の B に向かう加速的引力との比に等しく,したがってまた,物体 B の A に向かう加速的引力と物体 A の B に向かう加速的引力との比にも等しい。ところが,物体 B の A に向かう加速的引力と物体 A の B に向かう加速的引力との比は,物体 A の質量と物体 B の質量との比に等しい。なぜならば,(定義 II,VII および VIII により)加速的力と牽引される物体〔の質量〕との結合したものに比例する動力的力[207]は,法則 III により,ここでは互いに等しいからである。ゆえに,物体 A の絶対的引力と物体 B の絶対的引力との比は,物体 A の質量と物体 B の質量との比に等しい。よって証明された。

系 I.　ゆえに,もし系 A, B, C, D, … の物体のおのおのが,牽引体からの距離の自乗に逆比例する加速力をもって,残りのものすべてを個々に引くならば,それらすべての物体の絶対力は,物体自身〔の質量〕に互いに比例するであろう。

系 II.　同様の推論により,もし系 A, B, C, D, … の諸物体のおのおのが,牽引体からの距離の任意の冪に逆比例または正比例する加速力をもって——つまり,ある共通の法則に従い,各牽引体からの距離で決まる加速力をもって——残りのものすべてを個々に引くならば,それら諸物体の絶対力は,物体自身〔の質量〕に比例することは明らかである。

系 III.　力が距離の自乗比で減少するようなある物体系において,もし 1 個の極めて大きな物体のまわりに,より小さな諸物体が,それらの共通焦点を大物体の中心に置き,かつ極めて正確な楕円形の軌道を描いて回転するならば,そしてさらに,その大物体へとひかれた半径により,時間に正確に

比例する面積を描くならば、それらの諸物体の絶対力は、互いに正確に、あるいはほとんど正確に、それら諸物体〔の質量〕に比例するであろう。またその逆も真である。このことは命題 68 の系から、そしてそれと本命題の系 I との比較からわかることである。

注

これらの命題は、求心力とそれらの力が通常向かう中心物体との間に存在する類推へとわれわれを自然に導くものである。というのは、物体に向かう力は、磁石の実験において見られるように、それらの物体の本性と量とに依存すべきだと考えるのが合理的だからである。そして、このような場合が起こるときには、それら諸物体の質点のおのおのにその固有の力を帰し、つぎにそれらの総和を求めることによって、諸物体の引力を計算するのである。ここでは**引力**（attraction）という言葉を、それがどのような種類のものであれ、物体が相互に近づこうとするその努力に対して一般に用いることにする。すなわち、物体が発射される一種の霊気（spirits）によって相近づこうとし、あるいは擾乱し合うときのように、その努力が物体自身の作用から起こるにせよ、あるいはエーテルの作用から、あるいは空気の作用から、あるいはおよそ有形無形のどのような媒質の働きからそれが起こるにせよ、またそれがどのような仕方で起こるにせよ、そこに置かれた物体を相互へと向かわせるその努力に対して一般に引力という言葉を用いるのである。同じく一般的な意味において、この著作では、力の種類や物理的性質を規定することなしに、ただそれらの大きさや数学的性質を研究するために、**衝撃**（impulse）という言葉を用いる。それは前に「定義」のところで述べたとおりである。

　数学においては，力の諸量を，考えられる任意の条件の結果として生ずるそれらの比率を用いて研究しなければならない。つぎに，物理学にはいれば，これらの力のどのような条件が各種の牽引体に応ずるかを知るために，それらの比率を自然界の諸現象と比較する。そしてこの準備がなされたならば，力の物理的種類や原因，および比率などについて，いっそう安全に論じうるのである。そこで，上に述べたようなぐあいにして引力を賦与された諸質点から成る球形物体が，どのような力をもって相互に作用し合わねばならないか，またどのような種類の運動がそれに続いて起こるかをみることにしよう。

第 XII 章
球形物体[208]の引力

命題 70. 定理 30

もし球面上のすべての点に向かって,それらの点からの距離の自乗比で減少する等しい求心力が働くならば,その面の内部に置かれた 1 粒子[209]は,それらの力によって少しも引かれないであろう。

HIKL をその球面とし,P をその内部に置かれた 1 粒子とする〔図107〕。P を通ってこの表面へ二つの直線 HK, IL をひき,極めて小さな弧 HI, KL を切り取らせる。そうすれば,(補助定理 7,系 III により)三角形 HPI, LPK は相似であるから,そ

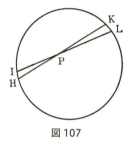

図 107

れらの弧〔の長さ〕は距離 HP, LP に比例し,また P を通る直線によって限られた球面上の HI および KL のところの任意の微小部分〔の面積〕はそれらの距離の自乗に比例するであろう[210]。ゆえに,これらの微小部分が物体 P に及ぼす力は互いに相等しい。なぜならば,力は微小部分〔の質量〕に正比例し,距離の自乗に逆比例する。そしてこれら二つの比は組み合わされて 1:1 の等比をなすからである。したがって,大きさ相等しく,かつ反対向きに働くこれらの引力は互いに打ち消し合う。また同じような推論により,全球面を通じ,すべての引力が反対向きの引力によって打ち消される。ゆえに,物体 P は,それらの引力によって

307

どちらへも動かされることがないであろう。よって証明された。

命題 71. 定理 31

前と同じことを仮定すれば，球面外に置かれた 1 粒子は，球の中心へと向かってその中心からの距離の自乗に逆比例する力で引かれる。

AHKB, *ahkb* を，中心 S, *s* のまわりに描かれた二つの等しい球面とし，P および *p* を，球面外の，それらの直径の延長上にある二つの粒子とする〔図 108〕。粒子から直線 PHK, PIL, *phk*, *pil* をひき，大円 AHB, *ahb* から等しい弧 HK, *hk*, IL, *il* を切り取らせ，またそれらの直線に垂線 SD, *sd*, SE, *se*, IR, *ir* を下し，そのうちの SD, *sd* は，PL, *pl* と F および *f* において交わるものとする。また直径に垂線 IQ, *iq* を下す。

いま，角 DPE, *dpe* が零になったとすれば，DS と *ds*, ES と *es* とは相等しいのであるから，線分 PE, PF, および *pe*, *pf*, および小線分 DF, *df* は相等しいと考えてよい。なぜならば，角 DPE, *dpe* がともに零となったときのそれらの最終の比は 1 : 1 になるからである。これらのことが決まれば，次の

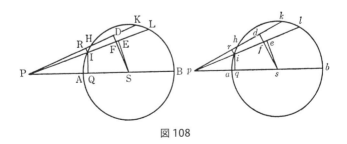

図 108

第 XII 章　球形物体の引力

ことが結果として出てくる。すなわち
PI：PF = RI：DF および $pf : pi = df$（あるいは DF）：ri
対応項どうしを掛け合わせれば

$$PI \cdot pf : PF \cdot pi = RI : ri$$
$$= 弧\ IH：弧\ ih\ （補助定理7,\ 系IIIによる）$$

また

$$PI：PS = IQ：SE$$

および

$$ps : pi = se\ （あるいは\ SE）: iq$$

ゆえに

$$PI \cdot ps : PS \cdot pi = IQ : iq$$

これと, そして同様にして導き出された前の比との対応項どうしを掛け合わせれば

$$PI^2 \cdot pf \cdot ps : pi^2 \cdot PF \cdot PS = HI \cdot IQ : ih \cdot iq$$

すなわち, 半円 AKB が直径 AB のまわりに回転するときに, 弧 IH によって描かれる円形表面と, 半円 akb が直径 ab のまわりに回転するときに, 弧 ih によって描かれる円形表面との比に等しい。そして, これらの表面が粒子 P および p を, それらの表面へと向かう直線の方向に引く力は, 仮定により, その表面自身〔の面積〕に正比例し, それらの粒子から表面までの距離の自乗に逆比例する。すなわち, $pf \cdot ps$ と PF・PS との比をなす。そして, これらの力はまた（法則の系

IIにおけるような力の分解により）直線PS, ps の方向に沿って中心へと向かうそれらの斜めの部分に対しPI：PQ および pi：pq という比を，すなわち（相似三角形PIQとPSF, piqとpsfとにより）PS：PFおよびps：pfという比をなす。ゆえに，Sに向かう粒子Pの引力と，sに向かう粒子pの引力との比は，$\frac{PF \cdot pf \cdot ps}{PS}$ と $\frac{pf \cdot PF \cdot PS}{ps}$ との比，すなわち，ps^2 と PS^2 との比をなす。

また，同様の推論により，弧KL, kl の回転によって描かれる表面がそれらの粒子を引く力は ps^2：PS^2 の比をなすであろう。また sd を常にSDに等しく，かつ se をSEに等しくとることにより，おのおのの球面が分割される円形表面全部について，その力はいずれも同一の比をなすであろう。したがって，組み合わせにより，それらの粒子に働く全球面の力も同一の比をなすであろう。よって証明された。

命題72．定理32

もし球の各点に向かって，それらの点からの距離の自乗比で減少する等しい求心力が働き，かつ球の密度，および球の直径とその中心からの粒子の距離との比がともに与えられたならば，粒子が引かれるその力は球の半径に比例する。

なぜならば，二つの粒子が二つの球により，一つは一つの球により，他は他の球によって，それぞれ別々に引かれるものと想像し，かつ球の中心からのそれらの粒子の距離がそれぞれ球の直径に比例するものとする。また，それらの球が各粒子に対して相似の位置に並ぶ同じような質点に分割されたものとする。そうすれば，一つの球の各質点へと向かう一つ

第XII章　球形物体の引力

の粒子の引力と，他の球の同数の相当質点へと向かう他の粒子の引力との比は，それら質点の〔質量の〕比と，距離の自乗の逆比との積に等しい。ところが，それらの質点〔の質量〕は，それらの球〔の質量〕に比例する。換言すれば，直径の3乗に比例する。また距離は直径に比例する。そしてはじめの比は正比であり，後の比は逆比で，しかも二度とられるから，上の比は直径対直径の比となる。よって証明された。

系 I. ゆえに，もしいくつかの粒子が，一様に引く物質から成るいくつかの球のまわりにそれぞれ円軌道を描いて公転し，かつそれらの球の中心からの距離がそれぞれの直径に比例するならば，周期は相等しいであろう。

系 II. また，逆に，もし周期が相等しければ，距離は直径に比例するであろう。これらの二つの系は命題4，系IIIから明らかである。

系 III. もし相似形でかつ等しい密度をもつ任意の二つの立体の各点へと向かって，それらの点からの距離の自乗比で減少する等しい求心力が働くならば，それら二つの立体に対して相似の位置に置かれた粒子が，それらによって引かれるその力は，互いに立体の直径に比例するであろう。

命題 73．定理 33

もしある与えられた一つの球の各点へと向かって，それらの点からの距離の自乗比で減少する等しい求心力が働くならば，その球の内部に置かれた1粒子は，中心からのそれの距離に比例する力で引かれるであろう。

中心Sのまわりに描かれた球面ACBDの内部に，粒子Pが置かれたものとし，かつ同じ中心Sのまわりに，距離SP

をもって内部の球面PEQFが描かれたものと想像する〔図109〕。（命題70により）両球の差AEBFを中に含む同心球面から成る部分は，その引力が反対向きの引力によって打ち消されるために，物体Pの上には何らの影響をも及ぼさないことは明らかである。ゆえに，そこには内部の球体PEQFの引力のみが残る。そして，これは（命題72により）距離PSに比例する。よって証明された。

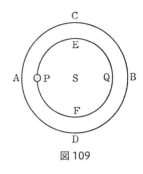

図109

注

ここでは，立体を構成すると考えている曲面は，純粋に数学的な曲面を意味するものではなくて，ただ極めて薄い球面[211]，すなわち，その厚さがほとんど無いと同じような球面を意味するものである。すなわち，この球面の数が増し，その厚さが限りなく減少した極限において，その球体が構成されるであろうと考えられる，そのような無限に薄い球面の意味である。同様に，線や面や立体が点によって構成されるというのは，その点の大きさがまったく無視できると考えられるようなそういう等しい質点の意味に解されるべきである。

命題74．定理34

同様のことがらが仮定されたならば，球外に位置する1粒子は，中心からのそれの距離の自乗に逆比例する力をもって引かれるであろう。

第XII章　球形物体の引力

　なぜならば，球が無数の同心球面に分割されたものと考えれば，各球面から起こる粒子の引力は，(命題71により) 球の中心からその粒子までの距離の自乗に逆比例するであろう。そして，合成により，それらの引力の和，すなわち，球の中心へと向かう粒子の引力は，同じ比をなすであろう。よって証明された。

　系 I. ゆえに，均質な球の引力は，中心から等しい距離においては，球自身〔の質量〕に比例するであろう。なぜならば，(命題72により) もし距離が球の直径に比例するならば，力は直径に比例するであろう。いま，大きいほうの距離がその比において減少し，距離どうしが相等しくなったとすれば，引力はその比の自乗に比例して増すことになり，したがって，それは他の引力に対してその比の3乗比をなすことになる。換言すれば，球の〔質量〕比をなすことになる。

　系 II. たとえいかなる距離においても，引力は球〔の質量〕対距離の自乗の比をなす。

　系 III. もし1個の均質な球の外部に置かれた1粒子が，中心からのそれの距離の自乗に逆比例する力によって引かれ，かつその球が牽引力をもつ質点から成るものとすれば，すべての質点の力は，各質点からの距離の自乗比にしたがって減少するであろう。

命題75. 定理35

　もしある与えられた一つの球の各点へと向かって，その点からの距離の自乗比で減少する等しい求心力が働くならば，もう一つの似たような球は，それにより，中心〔間〕の距離の自乗に逆比例する力で引かれるであろう。

なぜならば，すべての質点の引力は，(命題74により) 引力を及ぼす球の中心からのそれの距離の自乗に逆比例するから，それはあたかも，その全引力がこの球の中心に置かれた単一の粒子から生ずると同じことである。ところが，この引力は，いっぽうにおいて，〔粒子〕それ自身が，引力を受けるほうの球の各質点により，それら〔各質点〕が粒子によって引かれると同じ力で引かれるであろうその同じ粒子の引力と大きさが同じである。ところが，粒子のその引力は，(命題74により) 球の中心からのそれの距離の自乗に逆比例する。ゆえに，それに等しい球の引力もまた同じ比をなす。よって証明された。

　系 I. 球の，他の均質な球に対する引力[212]は，引力を及ぼす球〔の質量〕と，引力を受ける球の中心からのそれの中心の距離の自乗との比に比例する。

　系 II. 引かれる球もまた引くような場合でも同じことである。なぜならば，一つの球の各点は，他の球の各点を，それら自身が他によってふたたび引かれると同じ力で引く。したがって，すべての引力において，引かれる点と引く点とは (法則IIIにより) ともに等しく作用されるので，力はそれらの相互の引力によって2倍されるであろうが，比は変わらないからである。

　系 III. 円錐曲線の焦点のまわりの物体の運動について上に証明されたいくつかの真理は，引力を及ぼす球が焦点の位置を占め，そして物体が球の外で運動する場合においても成り立つであろう。

　系 IV. 円錐曲線の中心のまわりの物体の運動について前に証明されたことがらは，運動が球の内部において行なわれ

第XII章　球形物体の引力

るときにも成り立つ[213]。

命題 76．定理 36

　もし諸球が中心から周辺へと向かって，同じ比で，たとえどんなに不等（物質の密度や引力に関し）であっても，ただ，中心をめぐるあらゆる方向に沿って，中心からのすべての与えられた距離においていたるところ均等でありさえすれば[214]，かつまた，すべての点の引力が，引力を受ける物体の距離の自乗比で減少するならば，これら諸球のうちの一つが他を引く全力は，その中心間の距離の自乗に逆比例するであろう。

　いま，いくつかの同心かつ相似な球 AB, CD, EF 等を想像する〔図110〕。ただし，その最も内側のものが最も外側のものに付加されるとき，中心へと向かっていっそう濃密な物

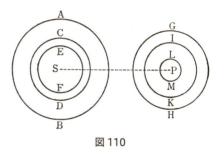

図110

質ができあがり，あるいはまた，それらから差し引かれるとき，いっそう希薄な物質が残るものとする。そうすれば，命題75により，これらの諸球は他の類似の同心球 GH, IK, LM 等を，相互に，距離 SP の自乗に逆比例する力をもって引くであろう。また，加え算あるいは引き算により，これらの力の総和，あるいはそれらのうちのあるものが他を凌駕する量，すなわち全球 AB（任意個の同心球から，もしくはそれらの差から成る）が全球 GH（任意個の同心球またはそれらの差から成る）を

315

引くその全力は,同じ比をなすであろう。同心球の数が無限に増したとし,物質の密度と引力とが,周辺から中心へと進むに際してある与えられた法則に従って増加あるいは減少するものとする。また,非牽引性の物質を付加することによって,密度の不足は補われるものとし,諸球はどんな所望の形をもとりうるものとする。そうすれば,これら諸球のうちの一つが他を引く力は,前の推論により,やはり距離の自乗の同じ逆比をなすであろう。よって証明された。

系 I. ゆえに,もしすべての点において相似なこの種の数多くの球が互いに引き合うならば,相互間の加速的引力[215]は,任意の相等しい中心〔間の〕距離において,相引く球どうし〔の質量〕に比例するであろう。

系 II. また任意の不等な距離においては,それは相引く球どうし〔の質量〕をその中心間の距離の自乗で割ったものに比例するであろう。

系 III. 動力的引力[216],すなわち互いに他方へと向かう球の重さは,等しい中心〔間〕の距離に対しては,引く球〔の質量〕と引かれる球〔の質量〕との双方に比例する。換言すれば,それらの球〔の質量〕を掛け合わせて生ずる積に比例する。

系 IV. また異なる距離においては,それら〔の質量〕の積に正比例し,中心間の距離の自乗に逆比例する。

系 V. これらの比例はまた,相互に作用し合う両球の牽引力からその引力が生ずる場合にも成り立つ。なぜならば,引力は力の結合によって2倍されるだけで,比例関係は前と変わらないからである。

系 VI. もしこの種の諸球が静止している他の諸球のまわりにそれぞれ一つずつ公転し,かつ静止物体と公転物体との

第XII章 球形物体の引力

中心間の距離が静止物体の直径に比例するならば,〔公転〕周期は相等しいであろう[217]。

系VII. また,もし周期が相等しいならば,距離は直径に比例するであろう。

系VIII. 円錐曲線の焦点のまわりの物体の運動に関して上に証明されたすべての真理は,上述のものと似た任意の形と条件とをもつ牽引球がその焦点に置かれた場合にも成り立つであろう。

系IX. また,公転する物体も上述のものと似た任意の条件をもつ球を牽引するという場合にも,同じことが言えるであろう。

命題77. 定理37

もし球の各点へと向かって,引かれる物体からのそれら各点の距離に比例する求心力が働くならば,二つの球が互いに引き合う合成力は,両球の中心間の距離に比例するであろう。

場合1. AEBFを一つの球とし〔図111〕,Sをその中心,Pを引かれる1粒子,PASBを粒子の中心を通る球の軸,EF,*ef*を球の中心から一つは一方の側に,他は他方の側に,等しい距離において,かつ軸に直角に球を切る二つの平面とし,Gおよび*g*

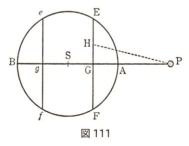

図111

をその平面と軸との交点,またHを平面EF上の任意の点と

する。直線 PH の方向に沿って粒子 P の上に働く点 H の求心力は距離 PH に比例し，また（法則の系 II により）直線 PG の方向に沿って，あるいは中心 S へと向かって働くその力は，長さ PG に比例する。ゆえに，平面 EF 上のすべての点（換言すれば，その全平面[218]）が粒子 P を中心 S へと向かって引く力は，距離 PG にそれら諸点の数を乗じたものに，すなわち，その平面 EF と距離 PG とで包まれる立体に比例する。また同様にして，平面 ef が粒子 P を中心 S に向かって引く力は，その平面にその距離 Pg を乗じたものに，あるいは等しい平面 EF にその距離 Pg を乗じたものに比例する。そして，両平面の〔及ぼす〕力の和は，平面 EF に距離の和 PG+Pg を乗じたものに，換言すれば，その平面に中心と粒子との距離 PS の 2 倍を乗じたものに，換言すれば，平面 EF に距離 PS を乗じたものの 2 倍に，あるいは等しい平面の和 EF+ef にその同じ距離〔PS〕を乗じたものに比例する。また，同じような推論により，全球内において，球の中心から両側に等距離にあるすべての平面の〔及ぼす〕力は，それら平面の和に距離 PS を乗じたものに，換言すれば，全球〔の体積〕と距離 PS との積に比例する[219]。よって証明された。

場合 2. こんどは，粒子 P が球 AEBF を引くものとする。そうすれば，同じ推論により，球が引かれるその力は，距離 PS に比例することがわかるであろう。よって証明された。

場合 3. 無数の粒子 P から成る他の 1 球を考える。そうすれば，どの粒子が引かれる力も，第 1 球の中心からのその粒子の距離に比例し，かつ同じ〔第 1〕球〔の質量〕にも比例する。したがって，それはすべてその〔第 1〕球の中心に置かれた単一の粒子から発したと同じことである。それゆえ，第 2

第XII章　球形物体の引力

球内のすべての粒子が引かれる全体の力、換言すれば、その全球が引かれる力は、あたかもその球が第1球の中心にある単一の粒子から発する力によって引かれたと同じことになるであろう。したがってそれは、両球の中心間の距離に比例する。よって証明された。

場合 4. 球どうしが互いに引き合うものとする。そうすれば、力は2倍されるであろうが、しかし比例関係は前と変わらないであろう。よって証明された。

場合 5. 粒子 p が球 AEBF の内部に置かれたとする〔図112〕。そうすれば、この粒子に働く平面[220] ef の力は、その平面と距離 pg とで包まれる立体に比例し、また平面 EF の〔及ぼす〕反対向きの力は、その平面と距離 pG とで包まれる立体に比例するから、両

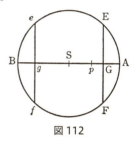

図112

者の合成力は、それら立体の差に、換言すれば、等しい平面の和と距離の差の半分との積に、換言すれば、その〔平面の〕和と球の中心からの粒子の距離 pS との積に比例するであろう。また、同じような推論により、全球を通ずるすべての平面 EF, ef の〔及ぼす〕引力、すなわち全球の引力は、それらすべての平面の和に、あるいは全球〔の体積〕に比例し、また球の中心からの粒子の距離 pS にも比例する。よって証明された。

場合 6. また、もし第1球 AEBF の内部にある p のような無数の粒子から、1個の新しい球が組み立てられたとするならば、前と同じく、引力は、1球が他の1球へと向かうその

1球だけの引力であれ,あるいは両球が互いに向かい合うその相互の引力であれ,それは両中心間の距離 pS に比例するであろう。よって証明された。

命題78. 定理38

もし球が,中心から周辺へと向かって,たとえどのように不均等であっても,ただ中心からのあらゆる与えられた距離において,まわりのどの側においても一様でさえあるならば[221],かつどの点の引力も引かれる物体の距離に比例するならば,この種の2球が互いに引き合うその全力は,両球の中心間の距離に比例する。

これは命題76が命題75から証明されたと同じようにして,前記の命題から証明される。

系. 円錐曲線の中心のまわりをまわる諸物体の運動について,前に命題10や64で証明されたことがらは,すべての引力が上述の条件をもつ球状物体によって行なわれ,かつ引力を受ける諸物体が同種類の球体である場合に成り立つ。

注

いま,引力の二つの主要な場合を説明した。すなわち,求心力が距離の自乗比で減少するか,あるいは距離の1乗比で増加する場合であるが,そのいずれの場合においても,求心力は物体を円錐曲線上に回転させること,そしてその求心力は,中心から遠ざかる際に,質点自身の力と同じ増加または減少の法則に従うようなそういう球状物体を形づくるというのであるが,このことは極めて注目すべきことである。結論がそれほど美しくもなくまた重要でもないその他の場合につ

第XII章 球形物体の引力

いて，いままでやってきたように詳しく論ずることは冗長にわたるきらいがあろう。むしろ，つぎのように，一つの一般的方法によって，すべてを包括し，かつ決定することにしたいと思う。

補助定理29

もし中心 S のまわりに AEB のような任意の円を描き〔図113〕，中心 P のまわりにも EF, ef という 2 個の円〔弧〕を描いて，第 1 の円と E および e において，また直線 PS と F および f において交わらせたとし，また PS に垂線 ED, ed を下したとすれば，弧 EF, ef〔間〕の間隔が無限に小さくなった場合には，微小線分 Dd と微小線分 Ff との窮極の比は，線分 PE と線分 PS との窮極の比に等しくなる。

なぜならば，もし線分 Pe が弧 EF を q において切るものとし，また微小弧 Ee と一致する直線 Ee を延長して，直線 PS と T において交わらせ，かつ S から PE に垂線 SG を下したとすれば，相似三角形 DTE, dTe, DES により

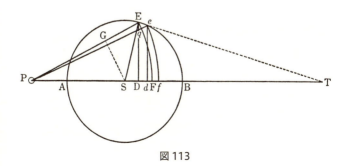

図113

$$Dd : Ee = DT : TE = DE : ES$$

また三角形 Eeq, ESG は (補助定理 8 および補助定理 7. 系 III により) 相似であるから

$$Ee : eq \text{ (あるいは } Ff\text{)} = ES : SG$$

両比例式の対応項どうしを掛け合わせれば, (相似三角形 PDE, PGS より)

$$Dd : Ff = DE : SG = PE : PS$$

よって証明された。

命題 79. 定理 39

EFfe のような 1 曲面がその幅 (Ff) を無限に減少し, まさに消え失せようとするものとし [図 114], かつ同じ曲面が軸 PS のまわりの回転によって一つの球状凹凸面立体を描き, それのおのおのの等しい質点へと向かって等しい求心力が働くものとすれば, その立体が P に置かれた 1 粒子を引く力は, 立体 $DE^2 \cdot Ff$ と, 場所 Ff における与えられた質点が同じ粒子を引く力との積に比例する。

なぜならば, もし第 1 に, 弧 FE の回転によって生ずる球面 FE の力を考え, その球面が任意の点, たとえば r におい

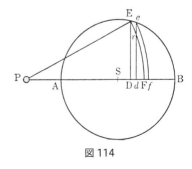

図 114

第XII章　球形物体の引力

て，線分 de と交わるものとすれば，弧 rE の回転によって生ずる曲面の環状部分〔の面積〕は，球の半径 PE が変わらないならば，小線分 Dd に比例するであろう[222]。これはアルキメデス（Archimedes）が，その著『球および円筒論』（*Book on the Sphere and Cylinder*）において証明したところである。そしてこの曲面が，円錐面内にあまねく存在するところの，直線 PE あるいは Pr の方向に沿って働くその力は，この環状曲面〔の面積〕そのものに，換言すれば小線分 Dd に，あるいは同じことであるが，与えられた球の半径 PE と小線分 Dd とで包まれる長方形〔の面積〕に比例するであろう。ところが，直線 PS の方向に沿って，中心 S へと向かって働く力は，PD：PE の比で〔これよりも〕小さくなるはずであり，したがって PD・Dd に比例するであろう。

　いま，線分 DF が無数の等しい微小部分に分割されたものと考え，そのおのおのを Dd と呼ぶならば，曲面 FE はそれと同数の等しい環に分割されるであろうし，その力は積 PD・Dd の全部の和に，すなわち $\frac{1}{2}$PF^2 − $\frac{1}{2}$PD^2 に[223]，したがって DE^2 に[224]比例するであろう。いま，曲面 FE に高さ[225] Ff を掛ければ，粒子 P に働く立体 EFfe の力は DE^2・Ff に比例するであろう。すなわち，もし Ff のような任意の与えられた微小部分が，距離 PF において粒子 P に及ぼす力が与えられたとすれば，そうである。しかし，もしその力が与えられないとすれば，立体 EFfe の力は，立体 DE^2・Ff と，その与えられない力との双方に比例するであろう。よって証明された。

命題80．定理40

もし中心 S のまわりに描かれた球 ABE〔図115〕の個々の等しい部分に対して等しい求心力が働くものとし，かつ P のような1粒子が置かれている球の軸 AB 上の各点 D から垂線 DE が立てられ，球と E において交わらされたとし，そしてもしそれら垂線上に，長さ DN を，$\dfrac{\mathrm{DE}^2 \cdot \mathrm{PS}}{\mathrm{PE}}$ という量に比例し，かつその軸上に位置する球の1質点が距離 PE において粒子 P に働く力にも比例するようにとられたとするならば，粒子 P が球に向かって引かれる全体の力は，球の軸 AB と，点 N の軌跡である曲線 ANB とによって包まれる面積 ANB に比例する。

なぜならば，前の補助定理および定理の作図をそのまま使ったとして，球の軸 AB が無数の等しい微小部分 Dd に分けられたとし，かつ球全体が同数の球状凹凸面薄層 EFfe に分けられたと想像する。そして垂線 dn を立てる。前定理により，薄層 EFfe が粒子 P を引く力は，DE^2・Ff と，距離 PE あるいは PF において働く1質点の力との積に比例する。と

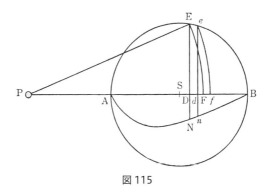

図115

第XII章　球形物体の引力

ころが（上の補助定理により）Dd が Ff に対する比は, PE が PS に対する比に等しく, したがって Ff は $\frac{\text{PS} \cdot \text{D}d}{\text{PE}}$ に等しく, $\text{DE}^2 \cdot \text{F}f$ は $\text{D}d \cdot \frac{\text{DE}^2 \cdot \text{PS}}{\text{PE}}$ に等しい。したがって, 薄層 EFfe の〔及ぼす〕力は, $\text{D}d \cdot \frac{\text{DE}^2 \cdot \text{PS}}{\text{PE}}$ と, 距離 PF において作用する1質点の力との積に比例する。すなわち, 仮定により, DN・Dd に, すなわち微小面積 DNnd に比例する。ゆえに, すべての薄層が粒子 P に及ぼす力は, 全部の DNnd の面積に比例する。すなわち, 球の〔及ぼす〕全力は, 全面積 ANB に比例するであろう。よって証明された。

系 I. ゆえに, もし各質点へと向かう求心力がすべての距離において常に同一に保たれ, かつ DN が $\frac{\text{DE}^2 \cdot \text{PS}}{\text{PE}}$ に比例するようにとられるならば, 粒子が球によって引かれる全力は面積 ANB に比例する。

系 II. もし質点の求心力が, それによって引かれる粒子の距離に逆比例し, かつ DN が $\frac{\text{DE}^2 \cdot \text{PS}}{\text{PE}^2}$ に比例するようにとられるならば, 粒子 P が球全体によって引かれる力は, 面積 ANB に比例するであろう。

系 III. もし質点の求心力が, それによって引かれる粒子の距離の3乗に逆比例し, かつ DN が $\frac{\text{DE}^2 \cdot \text{PS}}{\text{PE}^4}$ に比例するようにとられるならば, 粒子が球全体によって引かれる力は, 面積 ANB に比例するであろう。

系 IV. また一般に, もし球の各質点に向かう求心力が量 V に逆比例するものとし, かつ DN が $\frac{\text{DE}^2 \cdot \text{PS}}{\text{PE} \cdot \text{V}}$ に比例するようにとられるならば, 粒子が球全体によって引かれる力

は,面積 ANB に比例するであろう.

命題 81. 問題 41
諸事情が上と同じであるとして,面積 ANB を測ること.

点 P から,球と H において接する直線 PH をひき,軸 PAB に垂線 HI を下し,PI を L において二等分する〔図 116〕.そうすれば,(ユークリッドの『原論(エレメンツ)』,第 II 巻,命題 12 により) PE^2 は $PS^2 + SE^2 + 2PS \cdot SD$ に等しい.ところが,三角形 SPH, SHI は相似であるから,SE^2 あるいは SH^2 は積 PS・IS に等しい.ゆえに,PE^2 は PS と PS+SI+2SD との積に,すなわち PS と 2LS+2SD との積に,すなわち PS と 2LD との積に等しい.

さらに,DE^2 は $SE^2 - SD^2$ に,あるいは $SE^2 - LS^2 + 2LS \cdot LD - LD^2$ に,すなわち $2LS \cdot LD - LD^2 - LA \cdot LB$ に等しい.なぜならば,$LS^2 - SE^2$ あるいは $LS^2 - SA^2$ は(ユークリッドの『原論(エレメンツ)』,第 II 巻,命題 6 により)積 LA・LB に等しいからである.ゆえに,もし DE^2 の代わりに $2LS \cdot LD - LD^2 - LA \cdot LB$

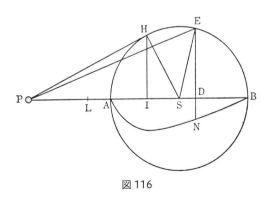

図 116

第XII章　球形物体の引力

と書くならば，(前命題の系IVにより) 縦線DNの長さに比例する量 $\dfrac{DE^2 \cdot PS}{PE \cdot V}$ は，いまや三つの部分に分解され，$\dfrac{2LS \cdot LD \cdot PS}{PE \cdot V} - \dfrac{LD^2 \cdot PS}{PE \cdot V} - \dfrac{LA \cdot LB \cdot PS}{PE \cdot V}$ となる[226]。ここにおいて，もしVの代わりに求心力の逆比を書き，またPEの代わりにPSと2LDとの比例中項を書くならば，これら三つの項は，通常の方法によってその面積が得られるような，同じ数だけの曲線への縦線となるであろう[227]。よって求められた。

例1. もし球の各質点へと向かう求心力が距離に逆比例するならば，Vの代わりに距離PEと書き，つぎにPE²の代わりに2PS・LDと書く。そうすれば，DNは $SL - \dfrac{1}{2}LD - \dfrac{LA \cdot LB}{2LD}$ に比例することになる。

いまDNがこの2倍の $2SL - LD - \dfrac{LA \cdot LB}{LD}$ に等しいとする。そうすれば，縦線の与えられた部分2SLと長さABとを掛けたものは，面積2SL・ABを描くであろう。また，ある連続運動をもって，その同じ長さ〔AB〕に垂直に立てられた不定部分LD，すなわち，その運動中，一方へあるいは他方へと増加または減少することによって常に長さLDに等しくなるような不定部分LDは，面積 $\dfrac{LB^2 - LA^2}{2}$ を[228]，すなわち面積SL・ABを描くであろう。これを前の面積2SL・ABから差し引けば，面積SL・ABが残る。ところで，同じ仕方に従い，ある連続運動をもって同じ長さ〔AB〕に垂直に立てられた第3の部分 $\dfrac{LA \cdot LB}{LD}$ は，一つの双曲線の面積を描

き[229]．それを面積 SL・AB から差し引けば，求める面積 ANB が残ることになる。このことから，つぎのような本問題の作図が生まれる。点 L, A, B において垂線 Ll, Aa, Bb を立て〔図 117〕，Aa を LB に，Bb を LA に等しくさせる。Ll および LB を漸近線とし，点 a, b を通って双曲線 ab を

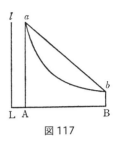

図 117

描く。そして弦 ba をひけば，包まれる面積 aba が求める ANB の面積に等しくなるであろう[230]。

例 2．もし球の各質点へと向かう求心力が距離の 3 乗に，あるいは（同じことであるが）任意の与えられた平面にあてがわれたその立方体〔の体積〕に逆比例するならば[231]，V の代わりに $\dfrac{PE^3}{2AS^2}$ と書き，また PE^2 の代わりに $2PS \cdot LD$ と書く。そうすれば，DN は $\dfrac{SL \cdot AS^2}{PS \cdot LD} - \dfrac{AS^2}{2PS} - \dfrac{LA \cdot LB \cdot AS^2}{2PS \cdot LD^2}$ に，すなわち（PS, AS, SI は連比例する[232]から）$\dfrac{SL \cdot SI}{LD} - \dfrac{1}{2}SI - \dfrac{LA \cdot LB \cdot SI}{2LD^2}$ に比例することになる[233]。それゆえ，もしこれら三つの部分に長さ AB をかければ，第 1 の部分 $\dfrac{SL \cdot SI}{LD}$ は一つの双曲線の面積を生ずるであろうし[234]，第 2 の部分 $\dfrac{1}{2}SI$ は面積 $\dfrac{1}{2}AB \cdot SI$ を，第 3 の部分 $\dfrac{LA \cdot LB \cdot SI}{2LD^2}$ は面積 $\dfrac{LA \cdot LB \cdot SI}{2LA} - \dfrac{LA \cdot LB \cdot SI}{2LB}$ を[235]，すなわち $\dfrac{1}{2}AB \cdot SI$ を生ずるであろう。第 1 項から第 2 項と第 3 項との和を減ずれば，求める面積 ANB が残るであろう。このことからつぎの

第XII章 球形物体の引力

ような本問題の作図が生まれる。点 L, A, S, B において垂線 Ll, Aa, Ss, Bb を立て〔図118〕，Ss を SI に等しいとする。そして点 s を通り，漸近線 Ll, LB に対して双曲線 asb を描き，垂線 Aa, Bb と a および b において交わらせる。そうすれば，双曲

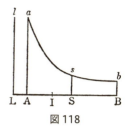

図118

線面積 AasbB から積 $2\mathrm{SA}\cdot\mathrm{SI}$ を差し引いた残りが求める面積 ANB である。

例3. もし球の各質点へと向かう求心力が質点からの距離の4乗比に従って減少するならば，V の代わりに $\dfrac{\mathrm{PE}^4}{2\mathrm{AS}^3}$ と書き〔図116〕，そして PE の代わりに $\sqrt{2\mathrm{PS}\cdot\mathrm{LD}}$ と書く[236]。そうすれば，DN は $\dfrac{\mathrm{SI}^2\cdot\mathrm{SL}}{\sqrt{2\mathrm{SI}}}\cdot\dfrac{1}{\sqrt{\mathrm{LD}^3}}-\dfrac{\mathrm{SI}^2}{2\sqrt{2\mathrm{SI}}}\cdot\dfrac{1}{\sqrt{\mathrm{LD}}}$ $-\dfrac{\mathrm{SI}^2\cdot\mathrm{LA}\cdot\mathrm{LB}}{2\sqrt{2\mathrm{SI}}}\cdot\dfrac{1}{\sqrt{\mathrm{LD}^5}}$ に比例することになる。これら三つの部分に長さ AB をかければ，その数だけの面積を，すなわ

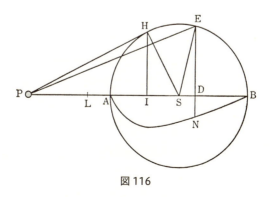

図116

ち $\dfrac{2SI^2 \cdot SL}{\sqrt{2SI}} \cdot \left(\dfrac{1}{\sqrt{LA}} - \dfrac{1}{\sqrt{LB}} \right)$; $\dfrac{SI^2}{\sqrt{2SI}} \cdot (\sqrt{LB} - \sqrt{LA})$; およ

び $\dfrac{SI^2 \cdot LA \cdot LB}{3\sqrt{2SI}} \cdot \left(\dfrac{1}{\sqrt{LA^3}} - \dfrac{1}{\sqrt{LB^3}} \right)$ を生ずる[237]。これらを

簡単にすれば，それぞれ $\dfrac{2SI^2 \cdot SL}{LI}, SI^2$, および $SI^2 + \dfrac{2SI^3}{3LI}$ と

なる。そこで引き算をすれば $\dfrac{4SI^3}{3LI}$ となる。ゆえに，粒子 P

が球の中心に向かって引かれる全体の力は $\dfrac{SI^3}{PI}$ に比例し，

すなわち $PS^3 \cdot PI$ に逆比例する[238]。よって見いだされた。

同じ方法により，球の内部にある 1 粒子の引力を決定することができるが，しかしつぎの定理によればいっそう敏速に行なわれる。

命題 82. 定理 41

中心 S のまわりに半径 SA をもって描かれた一つの球において〔図 119〕，もし SI, SA, SP が連比例をなすようにとられるならば，球の内部の任意の場所 I にある 1 粒子の〔受ける〕

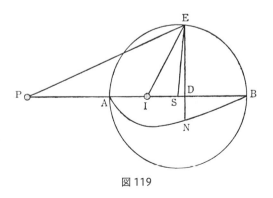

図 119

第XII章　球形物体の引力

引力が，球の外部の場所Pにおけるその引力に対する比は，中心からの距離IS, PSの比の平方根と，それらの場所IおよびPにおける中心へと向かう求心力の比の平方根との積の比をなす。

いま，たとえば球の諸質点の求心力が，それらによって引かれる粒子の距離に逆比例するものとすれば，Iにあるその粒子が球全体によって引かれる力と，それがPにおいて引かれる力との比は，距離SIが距離SPに対する比の平方根と，中心にある任意の質点から生ずる場所Iにおける求心力が，中心にある同じ質点から生ずる場所Pにおける求心力に対する比の平方根，すなわち，距離SI, SPの逆比の平方根との積に等しいというのである。これら二つの比の平方根の積は1に等しく，したがって球全体によって生ずるIおよびPでの引力は相等しい。

同じような計算により，もし球の諸質点の求心力が距離の自乗に逆比例するならば，Iにおける引力とPにおける引力との比は，距離SPと球の半径SAとの比に等しいことが知られるであろう。もしそれらの力が距離の3乗に逆比例するならば，IおよびPにおける引力は$SP^2 : SA^2$の比をなすであろうし，もし4乗に逆比例するならば，$SP^3 : SA^3$の比をなすであろう。それゆえ，Pにおける引力は最後の場合〔前述の例3の場合〕においては$PS^3 \cdot PI$に逆比例することが知られたのであるから，Iにおける引力は$SA^3 \cdot PI$に逆比例するであろう。換言すれば，SA^3は与えられているから，PIに逆比例することになる。そしてこの論法は無限に続けられる。

本定理の証明はつぎのとおりである。諸事情が前の作図のときと同じであるとし，1粒子が任意の場所Pにあるとすれ

ば，縦線 DN は $\dfrac{\mathrm{DE}^2 \cdot \mathrm{PS}}{\mathrm{PE} \cdot \mathrm{V}}$ に比例することが知られたのであった。それゆえ，もし IE をひいたとすれば，粒子の他の任意の場所，たとえば I に対する縦線は（他の事情が同じであるとして）$\dfrac{\mathrm{DE}^2 \cdot \mathrm{IS}}{\mathrm{IE} \cdot \mathrm{V}}$ に比例することになる。球の任意の 1 点，たとえば E から生ずる求心力が，距離 IE および PE において互いに $\mathrm{PE}^n : \mathrm{IE}^n$ の比をなすものとすれば（ただし数 n は PE および IE の冪指数をあらわす），それらの縦線は $\dfrac{\mathrm{DE}^2 \cdot \mathrm{PS}}{\mathrm{PE} \cdot \mathrm{PE}^n}$ および $\dfrac{\mathrm{DE}^2 \cdot \mathrm{IS}}{\mathrm{IE} \cdot \mathrm{IE}^n}$ に比例することになり，両者の比は $\mathrm{PS} \cdot \mathrm{IE} \cdot \mathrm{IE}^n : \mathrm{IS} \cdot \mathrm{PE} \cdot \mathrm{PE}^n$ となる。SI, SE, SP は連比例をなすから，三角形 SPE, SEI は相似[239]であり，したがって IE : PE = IS : SE = IS : SA である。IE : PE の比の代わりに IS : SA と書けば，縦線の比は $\mathrm{PS} \cdot \mathrm{IE}^n : \mathrm{SA} \cdot \mathrm{PE}^n$ となる。ところが，PS の SA に対する比は，距離 PS, SI の比の平方根であり，また IE^n の PE^n に対する比は（IE : PE = IS : SA であるから）距離 PS, IS における力の比の平方根である[240]。ゆえに，縦線，したがってその縦線が描く面積，およびそれらに比例する引力は，それらの比の平方根の複比になる。よって証明された。

命題 83. 問題 42

球の中心に置かれた 1 粒子が，球の任意の切片〔すなわち球台〕に向かって引かれる力を見いだすこと。

P をその球の中心にある 1 物体とし〔図 120〕，RBSD を平面 RDS と球面 RBS との間に含まれる球台とする。P を中心として描かれた 1 球面 EFG により，DB を F において切ら

第XII章 球形物体の引力

せ,球台をBREFGS, FEDGの2部分に分ける。この球台は純粋に数学的な曲面ではなくて,ある厚さ,しかもまったく無視しうるような厚さをもった物理的な曲面であると仮定する。その厚さをOと呼べば,(アルキメデスが証明したことにより)その曲面〔の体積〕はPF・DF・Oに比例する[241]であろう。さらに,球の諸質点の引力が距離のn乗に逆比例するものと仮定すれば,曲面EFGが物体Pを引く力は(命題79により)$\frac{DE^2 \cdot O}{PF^n}$に,すなわち$\frac{2DF \cdot O}{PF^{n-1}} - \frac{DF^2 \cdot O}{PF^n}$に比例するであろう。垂線FNにOを乗じたものを,この量に比例させたとする。そうすれば,縦線FNが長さDBを通じてある連続運動をもって描く曲線図形面積BDIは,全球台RBSDが物体Pを引く全体の力に比例するであろう。よって見いだされた。

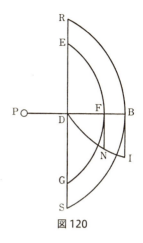

図120

命題84. 問題43

任意の球台の軸上,球の中心外に置かれた1粒子が,その球台によって引かれる力を見いだすこと。

球台EBKの軸ADB上に置かれた物体Pが,その球台によって引かれるとする〔図121〕。中心Pのまわりに半径PEをもって球面EFKを描き,それによって球台を二つの部分EBKFEおよびEFKDEに分ける。それら二つの部分のうち

のはじめの部分の〔及ぼす〕力を命題81によって，また後の部分の〔及ぼす〕力を命題83によって見いだせば，それらの力の和が全球台EBKDEの〔及ぼす〕力となるであろう。よって見いだされた。

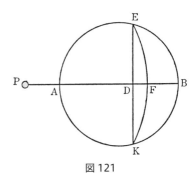

図121

注

　球形物体の引力について上に説明したので，つぎには同様に牽引性のある質点から成る他の諸物体での引力の法則を取り扱うのが順序である。しかし，それらを一つ一つ詳細に論ずることは，私の計画にとって必要なことではない。そのような物体の力と，それから生ずる運動についての二，三の一般的命題を付け加えれば充分であろう。というのは，それらの知識は，哲学的研究において多少は役立つこともあるからである。

第 XIII 章
球形でない物体の引力

命題 85. 定理 42

もし 1 物体が他によって引かれ,かつそれが牽引物体に接触しているときは,それらがごくわずかな距離だけ相隔っているときよりもその引力がはるかに強いならば,牽引物体の諸質点の〔及ぼす〕力は,引かれる物体が遠ざけられるに際し,質点の距離の自乗比よりもより大きな割合で減少する。

なぜならば,もし力が質点からの距離の自乗比で減少するならば,(命題 74 により) 球の中心から引かれる物体までの距離の自乗に逆比例するところの,球形物体へと向かう引力は,接触によって目立って増しはしないであろう。もし引かれる物体が遠ざけられるに際し,引力がさらに小さな割合で減少するならば,それはその接触によっていっそうわずかにしか増さないであろう[242]。ゆえに,命題は牽引性の球体については明白である。またそれは球形凹面体が外部の物体を引く場合についても同様である。また,球形凹面体がその内部に置かれた物体を引く場合においてもなおさらそうであることがわかる。なぜならば,その場合には,それら球形凹面体の空洞を通じて分散する引力は (命題 70 により) 互いに反対向きの引力によって打ち消され,したがって,たとえ接触点にあっても,何らの効果をももたないからである。いま,もしこれらの球および球形凹面体から,接触点に遠い任意の部分を取り去り,新しい部分を勝手な場所に付け加えたとすれば,牽引物体の形を勝手に変えることができるであろう。と

ころが,付加された部分あるいは取り去られた部分は,接触点から隔っているので,2物体の接触から起こる引力の著しい過剰をひき起こすことはないであろう。ゆえに命題はあらゆる形の物体において成り立つ。よって証明された。

命題86.定理43
もしある牽引物体を構成する諸質点の力が,引かれる物体を遠ざけるときに,それら質点からの距離の3乗あるいは3乗以上の比で減少するならば,接触点においては,引く物体と引かれる物体とが,たとえわずかにせよ相隔っている場合に比べて,引力ははるかに強いであろう。

なぜならば,もし引かれる粒子がこの種の牽引球と接触することになれば,引力が無限に増大することは,問題41の解により,その例2や例3において示されたとおりである。また同じことは(これらの例題と定理41とを比較することにより)凹凸面球体[243]へと向かう物体の引力についても言える。そしてそのことは,たとえ引かれる物体が凹凸面球体の外部にあろうと,あるいは内部の空洞中にあろうと,それにはかかわりない。また,接触点外の任意の場所において,任意の牽引物質をこれらの球あるいは凹凸面球体に付加し,あるいはそれから取り去ることによって,牽引物体に指定された任意の形をとらせたとすれば,命題は一般にすべての物体について成り立つことになる。よって証明された。

命題87.定理44
もし互いに相似で,かつ等しく牽引性の物質から成る2個の物体が,それらの物体〔の質量〕に比例して,しかもそれら

第 XIII 章　球形でない物体の引力

に対して相似の位置にある 2 個の粒子をそれぞれ別々に〔一つが一つを〕引くならば，物体全体へと向かう粒子の**加速的引力**[244]はその物体全体〔の質量〕に比例し，かつそれら〔物体中〕における相似の位置にある物体の諸質点へと向かう粒子の加速的引力に比例するであろう。

　なぜならば，もし物体がその全体〔の質量〕に比例して，かつそれらの中における相似の位置にある諸質点に分割されたならば，それら物体のうちの 1 物体の任意の質点へと向かう引力が，他の物体における対応する質点へと向かう引力に対する比は，第 1 の物体の各質点へと向かう引力が，他の物体の対応する各質点へと向かう引力に対する比に等しくなるであろうし，また，加比により，それは第 1 の物体全体へと向かう引力が，第 2 の物体全体へと向かう引力に対する比に等しくなるだろうからである。よって証明された。

系 I.　ゆえに，もし引かれる粒子の距離が増すときに質点の引力が距離の任意の乗冪比で減少するならば，物体全体へと向かう加速的引力は，その物体〔の質量〕に正比例し，距離のその乗冪に逆比例するであろう。たとえば，もし質点の〔及ぼす〕力が引かれる粒子からの距離の自乗比で減少し，かつ物体〔の質量〕が A^3 と B^3 との比をなすならば，つまり立方体としての物体の稜の長さ[245]と，引かれる粒子の物体からの距離とがともに A と B との比をなすならば，物体へと向かう加速的引力は $\dfrac{A^3}{A^2}$ と $\dfrac{B^3}{B^2}$ との比を，すなわち，それら物体の立方体としての稜の比 A：B をなすであろう。もし質点の〔及ぼす〕力が引かれる粒子からの距離の 3 乗比で減少するならば，物体全体へと向かう加速的引力は $\dfrac{A^3}{A^3}$ と $\dfrac{B^3}{B^3}$ との

比をなすであろう。すなわち，相等しくなるであろう。もし力が〔距離の〕4乗比で減少するならば，物体へと向かう引力は $\dfrac{A^3}{A^4}$ と $\dfrac{B^3}{B^4}$ との比を，すなわち，立方体の稜 A と B との逆比をなすであろう。そして他の場合についても同様である。

系 II. それゆえ，他方において，相似の物体が相似の位置にある粒子を引く力から，引かれる粒子が物体から遠ざかるに際しての，質点の引力の減少の割合が知られるであろう——もしその減少が距離のある比率に正比例または逆比例して行なわれさえするならばそうである。

命題 88．定理 45

もしある任意の物体の等しい諸質点の〔及ぼす〕引力が，それらの諸質点からのその場所の距離に比例するならば，その物体全体の〔及ぼす〕力は，それの重心へと向かうであろう。そしてその力は，相似でかつ等しい物質から成るところの，かつその重心に中心をおくところの，1個の球の〔及ぼす〕力と同じになるであろう。

物体 RSTV の質点 A，B が任意の1粒子 Z をある力で引くものとする〔図122〕。その力は，もしそれらの質点〔の質量〕が相等しいならば距離 AZ，BZ に比例するが，しかしもしそれらが等しくな

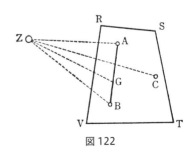

図122

第XIII章　球形でない物体の引力

いならば，それら質点〔の質量〕と，それらの距離 AZ, BZ との双方に比例するものとする。すなわち（もしそう言いうるならば）それら質点〔の質量〕と，それらの距離 AZ, BZ とをそれぞれ掛け合わせたものに比例するものとする。そしてそれらの力を積 A・AZ および B・BZ で表わしたとする。

ABを結び，それをGにおいて切るのに，AGとBGとの比を，質点B〔の質量〕と質点A〔の質量〕との比に等しくさせる。そうすれば，Gは質点AおよびBの共通重心となるであろう。力 A・AZ は（法則の系IIにより）力 A・GZ および A・AG に分解され，また力 B・BZ は力 B・GZ および B・BG に分解されるであろう。

さて，A：B＝BG：AG であるから，力 A・AG および B・BG は相等しく，かつ逆方向であるから，互いに打ち消し合う。したがって残るのは力 A・GZ と B・GZ である。これらはZから重心Gへと向かい，かつ力 (A+B)・GZ を形づくる。すなわち，あたかも牽引性の質点AおよびBがその共通重心Gに置かれ，そこに1個の小球を形づくったと同じ力を形成する。

同様の推論により，もし第3の質点Cが加えられ，そしてその力を重心Gに向かう力 (A+B)・GZ と組み合わせるならば，そこから生ずる力は，Gにおけるその〔小〕球と質点Cとの共通重心，すなわち三つの質点 A, B, C の共通重心へと向かい，かつあたかもその〔小〕球と質点Cとがその共通重心に置かれ，そこにいっそう大きな1〔小〕球を形づくったと同じことになるであろう。以下同様で，無限に進むことができる。ゆえに，たといいかなる物体であれ，任意の物体RSTVのすべての質点の全力は，あたかもその物体が，その

重心を移動することなしに，一つの球の形をとったときと同じことになる。よって証明された。

系． ゆえに，引かれる物体 Z の運動は，あたかも牽引物体 RSTV が球形であったときと同じになるはずで，したがって，もしもその牽引物体が静止しているか，あるいは 1 直線上を等速運動をしているならば，引かれる物体はその牽引物体の重心を中心とするような一つの楕円上を運動するであろう。

命題 89．定理 46

もし等しい質点からなるいくつかの物体があって，それら質点の及ぼす力が各質点からのその場所の距離に比例するならば，ある任意の粒子を引くすべての力の合力は，牽引物体の共通重心へと向かうであろう。そしてその合力は，あたかもそれらの牽引物体が，その共通重心を保持しつつ，そこに合一し，1 個の球体を形づくったとした場合と同じになるであろう。

これは前の命題と同じようにして証明される。

系． ゆえに，引かれる物体の運動は，牽引物体がそれらの共通重心を保持しつつ，そこに合一し，1 個の球体を形づくったとした場合と同じになるであろう。したがって，もしも牽引物体の共通重心が静止しているか，あるいは 1 直線上を等速運動をしているならば，引かれる物体はそれら牽引物体の共通重心を中心とする一つの楕円上を運動するであろう。

命題 90．問題 44

任意の円〔板〕の各点へと向かい，距離のある比をもって増

第 XIII 章 球形でない物体の引力

減する一様な求心力が働くときに，1 粒子，すなわち，円〔板〕の中心においてその円〔板〕の平面に直角に立てられた 1 直線上の任意の位置にある 1 粒子が引かれる力を見いだすこと。

中心 A のまわりに任意の半径 AD で，直線 AP に垂直な 1 平面上に一つの円が描かれたとする〔図 123〕。そして 1 粒子 P がその円〔板〕へと向かって引かれるその力を見いだすことが求められているとする。円〔板〕の任意の点 E から，引かれる粒子 P のほうへと直線 PE をひく。直線

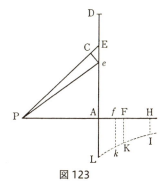

図 123

PA 上に，PF を PE に等しくとり，F において立てられた垂線 FK を，点 E が粒子 P を引く力に比例させる。また曲線 IKL は点 K の軌跡であるとする。そしてその曲線が円の平面と L において交わるものとする。PA 上に，PH を PD に等しくとり，垂線 HI を立て，その曲線と I において交わらせる。そうすれば，円〔板〕へと向かう粒子 P の引力は，面積 AHIL に高さ AP を乗じたものに比例するであろう。よって見いだされた。

なぜならば，AE 上に極めて微小な線分 Ee をとったとする。Pe を結び，PE, PA 上に PC, Pf を，いずれも Pe に等しくとる。そうすれば，中心 A のまわりに，半径 AE で，前述の平面上に描かれた円輪の任意の点 E が，物体 P を自分のほうへと引く力は FK に比例するとされており，したがっ

341

て，その点が物体PをAへと引く力は $\dfrac{\text{AP}\cdot\text{FK}}{\text{PE}}$ に比例し，また円輪全体が物体PをAへと引く力は円輪〔の質量〕と $\dfrac{\text{AP}\cdot\text{FK}}{\text{PE}}$ との双方に比例する。そしてその円輪〔の質量〕はまた半径AEと幅Eeとの積に比例し，この積は（PEとAE，EeとCEとが比例関係にあるゆえ）2辺の積PE・CEあるいはPE・Ffに等しいから，その円輪が物体PをAへと引く力はPE・Ff と $\dfrac{\text{AP}\cdot\text{FK}}{\text{PE}}$ との積に，換言すればFf・FK・APという量に，あるいは面積FKkfにAPを乗じたものに比例するであろう。したがって，中心Aのまわりに，半径ADでもって描かれた円内のすべての円輪が物体PをAへと引く力の和は，全面積AHIKLにAPを乗じたものに比例する。よって証明された。

系I. ゆえに，もし諸点の〔及ぼす〕力が距離の自乗比で減少するならば，すなわち，もしFKが $\dfrac{1}{\text{PF}^2}$ に比例し，したがって面積AHIKLが $\dfrac{1}{\text{PA}}-\dfrac{1}{\text{PH}}$ に比例するならば[246]，円〔板〕へと向かう粒子Pの引力は $1-\dfrac{\text{PA}}{\text{PH}}$ に，すなわち $\dfrac{\text{AH}}{\text{PH}}$ に比例するであろう。

系II. また一般に，もし距離Dにおける諸点の〔及ぼす〕力が，その距離の任意の冪D^nに逆比例するならば，すなわち，もしFKが $\dfrac{1}{D^n}$ に比例し，したがって面積AHIKLが $\dfrac{1}{\text{PA}^{n-1}}-\dfrac{1}{\text{PH}^{n-1}}$ に比例するならば[247]，円〔板〕へと向かう粒子Pの引力は $\dfrac{1}{\text{PA}^{n-2}}-\dfrac{\text{PA}}{\text{PH}^{n-1}}$ に比例するであろう。

第 XIII 章　球形でない物体の引力

系 III.　またもし円〔板〕の直径が限りなく増大し，かつ数 n が 1 よりも大きいならば，無限平面〔板〕全体へと向かう粒子 P の引力は PA^{n-2} に逆比例するであろう。なぜならば，他の項 $\dfrac{PA}{PH^{n-1}}$ は消えるからである。

命題 91．問題 45

回転体の各点へと向かって，距離の任意の比率で減少する一様な求心力が働くときに，その回転体の〔回転〕軸上にある 1 粒子の〔受ける〕引力を求めること。

立体 DECG の軸 AB 上にある粒子 P が，その立体に向かって引かれるものとする〔図 124〕。立体が軸に垂直な任意の円，たとえば

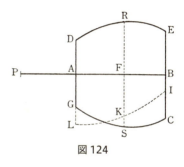

図 124

RFS で切られたとし，軸を通る任意の平面 PALKB 内におけるそれの半径 FS 上に長さ FK を，粒子 P がこの円〔板〕へと引かれる力に比例するように（命題 90 によって）とる。点 K の軌跡を曲線 LKI とし，それが最も外側の円 AL および BI と L および I において交わるものとする。そうすれば，立体へと向かう粒子 P の引力は面積 LABI に比例するであろう。よって見いだされた。

系 I.　ゆえに，もし立体が平行四辺形 ADEB を軸 AB のまわりに回転することによって描かれる円筒であるとし〔図 125〕，そして各点へと向かう求心力がそれらの点からの距離

343

の自乗に逆比例するならば，この円筒へと向かう粒子Pの引力はAB−PE＋PDに比例するであろう。なぜならば，縦線FKは（命題90，系Iにより）$1-\dfrac{PF}{PR}$に比例するであろう。この量の1という部分は，長さABが乗ぜられるときに，

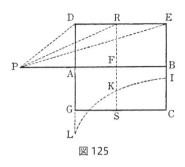

図125

面積1・ABを描き，また他の部分$\dfrac{PF}{PR}$は，長さPBが乗ぜられるときに[248]，（曲線LKIの求積から容易に示されるように）面積1・(PE−AD)を描く。同様にして，その同じ部分は，長さPAが乗ぜられるときに，面積1・(PD−AD)を描き，またPBとPAとの差ABが乗ぜられるときに，面積の差1・(PE−PD)を描く。最初の量1・ABから，最後の量1・(PE−PD)を引き去れば，1・(AB−PE＋PD)に等しい面積LABIが残るであろう。ゆえに，その力は，この面積に比例するゆえ，AB−PE＋PDに比例する。

系II. したがってまた，回転楕円体AGBC〔図126〕が，その軸AB上，その外部に位置する任意の物体Pを引く力も知られる。NKRMを，PEに垂直な縦線ERが，その回転楕円体と交わる点Dへと連続的にひかれた線分PDの長さにいつも等しくなるような一つの円錐曲線とする。回転楕円体の頂点A, Bから，それの軸ABに対して，それぞれAP, BPに等しく，したがって円錐曲線とKおよびMにおいて交わるような垂線AK, BMが立てられたとし，KMを結んで弓形

第 XIII 章　球形でない物体の引力

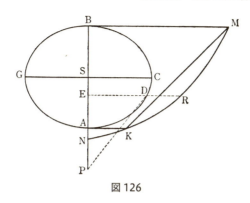

図126

KMRK をそれから切り取る。Sを回転楕円体の中心とし，SCをその長半径とする。そうすれば，回転楕円体が物体Pを引く力と，直径ABをもって描かれた球が同じ物体を引く力との比は，$\dfrac{AS \cdot CS^2 - PS \cdot KMRK}{PS^2 + CS^2 - AS^2}$ と $\dfrac{AS^3}{3PS^2}$ との比に等しいであろう[249]。また同じ原理に基づく計算によって，回転楕円体の切片の〔及ぼす〕引力も見いだされるであろう。

系 III. もし粒子が回転楕円体の内部に，かつその軸上にあるならば，引力は中心からのそれの距離に比例するであろう。このことは，質点が軸上にあろうが，あるいは他の任意の与えられた直径上にあろうが，つぎの推論から容易に推論されるであろう。

AGOF をある牽引力を及ぼす一つの回転楕円体とし，Sをその中心，そしてPを引かれる物体とする〔図127〕。物体Pを通って半径 SPA をひき，また2直線 DE, FG をひいて楕円体とDおよびE, FおよびGにおいて交わらせる。また PCM, HLN を，外側のものと相似で，かつ同心的な2個の内

部回転楕円体の面とし，その第1のものは物体Pを通過し，直線DE, FGをBとCにおいて切り，第2のものは同じ直線をHとI, KとLにおいて切るものとする。そしてそれら回転楕円体がすべて一つの共通軸を有するものとする。そうすれば，

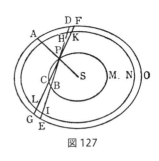

図127

両側において切られる直線の部分DPとBE, FPとCG, DHとIE, FKとLGとは互いに相等しいであろう。なぜならば，線分DE, PBおよびHIは同じ点で二等分され，また線分FG, PCおよびKLも同様だからである。いま，DPF, EPGが無限小の頂角DPF, EPGをもって描かれた相対する円錐をあらわすものと想像し，また線分DH, EIも無限小であるとする。そうすれば，回転楕円体の面によって切られる円錐の小部分DHKF, GLIEは，線分DHとEIとが相等しいことにより，互いに物体Pからの距離の自乗に比例し，したがってその粒子を等しい力で引くであろう。また同じような推論により，もし空間DPF, EGCBが，前者と同心で，かつ一つの共通軸をもつ無数の相似回転楕円体の面によって微小部分に分割されたとするならば，これらすべての微小部分は，物体Pを両側において互いに反対方向へと等しく引くであろう。ゆえに，円錐DPFと円錐切片EGCBの〔及ぼす〕力は相等しく，かつそれらの作用が逆向きであるため，互いに打ち消す。また内部楕円体PCBMの外側に横たわるすべての物質の〔及ぼす〕力についても同様である。ゆえに，物体Pは内部楕円体PCBMのみによって引かれ，したがって（命題72,

第 XIII 章　球形でない物体の引力

系 III により）それの引力と，物体 A が全楕円体 AGOD によって引かれる力との比は，距離 PS と距離 AS との比をなす。よって証明された。

命題 92．問題 46
ある一つの牽引物体が与えられたとして，それの各点へと向かう求心力の減少の比率を求めること．

与えられた物体は，任意の減少比に応ずる引力の法則が命題 80, 81 および 91 によって見いだされるような，ある一つの球，円筒，もしくはある規則正しい形に作られていなければならない．つぎに，実験により，いくつかの距離において引力が見いだされなければならない．そうすれば，その方法によって知られた〔物体〕全体へと向かう引力の法則は，各部分の力の減少の比率を与えるであろう．これがすなわち求めるものである．

命題 93．定理 47
もし立体が一つの側で平面で，他のすべての側で無限に拡がっており，かつ一様に牽引性のある等しい質点から成り，その引力が，立体から遠ざかるにつれて，距離の自乗よりも大きな任意の乗羃比をもって減少し，そして平面のどちらかの側に置かれた 1 粒子が立体全体の力によって引かれるならば，立体全体の引力は，それの平面表面から遠ざかるにつれて，平面からの粒子の距離を辺として，距離の羃指数よりも 3 だけ小さな羃指数の比をもって減少するであろう．

場合 1．LG*l* を立体の末端にあたるその平面とする〔図 128〕．立体はその平面の一方側，すなわち I の側にあるもの

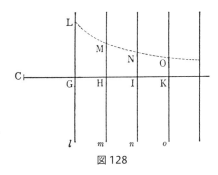

図 128

とし，かつ GL に平行な無数の平面 mHM, nIN, oKO, … に分割されたものとする。そしてまず，引かれる物体 C が立体の外部に置かれたとする。CGHI をそれら無数の平面に垂直にひき，そして立体の諸点の〔及ぼす〕引力が，3 よりも小さくない数 n を指数として，距離のその冪指数の比で減少するものとする。ゆえに（命題 90，系 III により）任意の平面〔板〕mHM が点 C を引く力は CH^{n-2} に逆比例する。平面 mHM 内において，長さ HM を CH^{n-2} に逆比例してとったとすれば，その力は HM に比例するであろう。同じようにして，lGL, nIN, oKO, … の各平面内において，長さ GL, IN, KO, … を $CG^{n-2}, CI^{n-2}, CK^{n-2}, \dots$ に逆比例してとったとすれば，それらの平面〔板〕の〔及ぼす〕力は，そのようにとられた長さに比例するであろうし，したがってそれらの力の和はそれらの長さの和に比例するであろう。換言すれば，立体全体の〔及ぼす〕力は，OK のほうへと無限に延長された面積 GLOK に比例するであろう。ところが，その面積は（よく知られた求積法により）CG^{n-3} に逆比例し[250]，したがって立体全体の〔及ぼす〕力は CG^{n-3} に逆比例する。よって証明された。

第XIII章 球形でない物体の引力

場合 2. 粒子Cがこんどは平面 lGL の立体側, つまり立体の内部に置かれているものとし, 距離 CK を距離 CG に等しくとる〔図129〕。そうすれば, 平行な平面 lGL, oKO によって限られた立体の部分 LGloKO は, その中心に置かれた粒子 C をどちらの方向へも引かないで

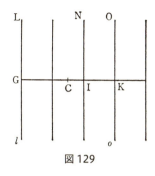

図 129

あろう。というのは, 反対点の〔及ぼす〕逆向きの作用が, それらの大きさが相等しいために, 互いに打ち消し合うからである。ゆえに, 粒子 C は, 平面 OK よりも先のほうにある立体の力のみによって引かれる。ところが, この力は (場合 1 により) CK^{n-3} に逆比例する。すなわち (CG, CK は相等しいゆえ) CG^{n-3} に逆比例する。よって証明された。

系 I. ゆえに, もし立体 LGIN が二つの平行な無限平面 LG, IN により〔左右〕おのおのの側において限られているならば, その引力は, 無限立体 LGKO 全体の〔及ぼす〕引力から, 無限に延びた, より遠い部分 NIKO の KO に向かう引力を差し引くことによって知られる。

系 II. もしこの立体のさらに遠い部分が取り去られたとすると, それの〔及ぼす〕引力は, より近い部分の引力に比べて微小であるから, そのより近い部分の〔及ぼす〕引力は, 距離が増すとともに, ほぼ CG^{n-3} という乗冪比で減少するであろう。

系 III. ゆえにもし1側面が平面である任意の有限な物体が, その平面の中央上方に置かれた1粒子を引き, かつその

粒子と平面との間の距離が牽引物体の大きさに比べて極めて微小であり，かつ牽引物体が距離の4乗比よりも大きい任意の乗冪比において減ずるような引力を及ぼす等質な質点から成るものとするならば，物体全体の〔及ぼす〕引力は，その微小距離を辺とし，指数が前の冪指数よりも3だけ小さい指数の乗冪比に極めて近い割合で減少するであろう[251]。ただし，この断定は，引力が距離の3乗比で減少するような質点から成る物体には当てはまらない。なぜならば，その場合においては，系Ⅱにおける無限物体の遠い部分の引力は，より近い部分の引力よりも常に限りなく大きいからである[252]。

注

もし1物体が与えられた1平面へと向かって垂直に引かれ，かつ与えられた引力の法則からその物体の運動を求めよということならば，（命題39により）その平面へと向かって1直線上を落下する物体の運動を見いだし，そして（〔運動の〕法則の系Ⅱにより）その運動をその平面に平行な直線の方向に沿って行なわれる一様な運動と組み合わせることによって，問題は解かれるであろう。

また逆に，もし物体が平面のほうへと向かって垂直方向に働く引力の作用により，任意の与えられた曲線上を運動させられるときのその力の法則を求めよということならば，問題3〔第Ⅰ編，命題8〕のやりかたにしたがって操作することにより問題は解かれるであろう。

しかし運算は縦線を収束級数に分解することによって短縮することもできる。すなわち，いまある一つの底辺Aに対し，長さBを任意の与えられた角度において縦線として当て

第XIII章　球形でない物体の引力

がい[253]，かつその長さを底辺の任意の冪 $A^{m/n}$ に比例するようにしたとする。そしてその縦線の方向に沿い，底辺へと向かって引かれるか，あるいはそれから遠ざけられるかする1物体が，その縦線の先端によって絶えず描かれる曲線に沿って運動させられるときの，その力を求めるものとする。

いま底辺が微小部分Oだけ増したと仮定しよう。縦線 $(A+O)^{m/n}$ を無限級数

$$A^{m/n} + \frac{m}{n} OA^{(m-n)/n} + \frac{mm-mn}{2nn} OOA^{(m-2n)/n} + \cdots\cdots$$

に分解し[254]，そして力がこの級数におけるOの2次の項，つまり $\frac{mm-mn}{2nn} OOA^{(m-2n)/n}$ という項に比例するものと考える。すなわち求める力は $\frac{mm-mn}{nn} A^{(m-2n)/n}$ に比例する。あるいは，同じことであるが，$\frac{mm-mn}{nn} B^{(m-2n)/m}$ に比例する[255]。たとえば，もし縦線〔の先端〕が放物線を描くとすれば，$m=2, n=1$ であるから，力は与えられた量 $2B^0$ に比例することになり，したがって与えられる[256]。すなわち物体はある与えられた力をもって一つの放物線上を動くであろう。これはすでにガリレオ（Galileo）が証明したとおりである。

もし縦線〔の先端〕が双曲線を描くとすれば，$m=0-1$，$n=1$ であって，力は $2A^{-3}$ あるいは $2B^3$ に比例することになる。したがって，縦線の3乗に比例する力は物体に双曲線軌道を描かせることになる。しかしこの種の命題を離れて，これまで触れなかった運動についての他の二，三の命題へと進むことにしよう。

第 XIV 章
ある極めて大きな物体の各部分へと向かう求心力の作用を受けるときの極めて微小な物体の運動

命題 94．定理 48

もし二つの同じような媒質が，平行な平面で両側を限られた一つの空間によって相互に分離され，1 物体がその空間を通しての通過に際して，それらの媒質のどちらかに向かって垂直に引かれ，あるいは押され，他のどんな力によっても扇動されず，あるいは妨害もされないとし，かつその牽引力が，平面の同じ側へととられた各平面からの等しい距離においてはどこでも等しいならば，どちらか一方の平面への入射角[257]の正弦と，他の平面からの透過角[258]の正弦との比は，ある与えられた比をなすであろう。

場合 1．Aa および Bb を二つの平行な平面とし〔図 130〕，物体が第 1 の平面に直線 GH の方向に沿って当たるものとし，そして中間の空間を通してのその全行程において，物体は入射の〔行なわれる〕媒質のほうへと

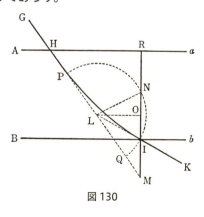

図 130

引かれ,あるいは押され,その作用によって物体は曲線経路 HI を描くものとし,そして直線 IK の方向に沿って透過するものとする。透過の〔行なわれる〕平面 Bb に垂線 IM を立て,入射の線 GH の延長と M において,また入射の平面 Aa と R において交わらせ,また透過の線 KI を延長して HM と L において交わらせる。中心 L のまわりに半径 LI でもって円を描き,HM と P および Q において,また MI の延長と N において交わらせる。そして,まず,引力あるいは衝力〔斥力〕が一様であると仮定すれば,曲線 HI は(ガリレオが証明したことにより)一つの放物線となるであろう。それの特性は,その与えられた通径と線分 IM との積が HM の自乗に等しいということ,そしてさらに,線分 HM が L において二等分されるということである[259]。それゆえ,もし MI に垂線 LO を下したとすれば,MO, OR は相等しいであろうし,また相等しい線分 ON, OI を加えれば,MN, IR の全体どうしもまた相等しいであろう。ゆえに,IR は与えられているから,MN もまた与えられることになり,積 MI・MN は,通径と IM との積に対し,すなわち HM^2 に対し,与えられた比をなす。ところが,積 MI・MN は積 MP・MQ に,すなわち,ML^2 と PL^2 あるいは LI^2 との差に等しい。また HM^2 はその $\frac{1}{4}$ の ML^2 に対して与えられた比をなす。ゆえに,ML^2−LI^2 と ML^2 との比は与えられ,また換算により LI^2 と ML^2 との比が,そしてその平方根である LI と ML との比が与えられる。ところが,すべての三角形,たとえば LMI において,角の正弦はその対辺〔の長さ〕に比例する。ゆえに,入射角 LMR の正弦と透過角 LIR の正弦との比は与えられる。よって証明された。

第 XIV 章　ある極めて大きな物体の…

場合 2. さて，こんどは物体が平行な平面 A*a*B, B*b*C, …… で限られた各空間をつぎつぎと通過するものとし〔図131〕，かつそれら空間のおのおのにおいてはそれぞれ一様な力に，しかし異なる空間

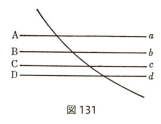

図 131

においては異なる力に作用されるものとする。そうすれば，さきに証明されたことにより，第1の平面 A*a* における入射角の正弦と，第2の平面 B*b* からの透過角の正弦との比は，ある与えられた比をなす。また，第2の平面 B*b* での入射角のこの正弦は，第3の平面 C*c* からの透過角の正弦に対し，ある与えられた比をなすであろう。またこの正弦は，第4の平面 D*d* からの透過角の正弦に対し，ある与えられた比をなすであろう。以下同様にして限りなく続く。そして等式の積を作ることにより，第1の平面における入射角の正弦と，最後の平面からの透過角の正弦との比は，ある与えられた比をなすことになる。いま，平面の間隔が減少し，それらの数が無限に増加したとし，このようにして任意の指定された法則に従って働く引力または衝力〔斥力〕の作用が連続的となったとすれば，最初の平面における入射角の正弦と最後の平面からの透過角の正弦との比は終始与えられ，したがってその比もまた与えられることになる。よって証明された。

命題 95. 定理 49

同じことがらを仮定したときに，入射前の物体の速度と，透過後のそれの速度との比は，透過角の正弦と入射角の正弦

との比に等しい。

AHとIdとを等しくし〔図132〕、垂線AG, dKを立て、入射線および透過線GH, IKとGおよびKにおいて交わらせる。GH上にTHをIKに等しくとり、平面Aaに垂線Tvを下す。また（運動の法則の系II

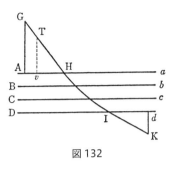

図132

により）物体の運動を二つに、すなわち、一つは平面Aa, Bb, Cc, …に垂直に、他はこれらに平行に分解する。これらの平面に垂直な方向に働く引力あるいは衝力〔斥力〕は、平行方向における運動を少しも変化させず、したがってこの運動をもって進む物体は、等しい時間内に直線AGと点Hとの間、および点Iと直線dKとの間に横たわる等しい平行間隔を通過するであろう。すなわち、それらは等しい時間内に線分GH, IKを描くであろう。ゆえに、入射前の速度の透過後の速度に対する比は、GHがIKあるいはTHに対する比に、すなわち、AHあるいはIdがvHに対する比に、すなわち（THあるいはIKを半径[260]と考えて）透過角の正弦が入射角の正弦に対する比に等しい。よって証明された。

命題96．定理50

同じことがらを仮定したとし、かつ入射前の運動〔速度〕がその後におけるよりも速いと仮定する。そうすれば、もし入射線が連続的に傾いてゆくならば、物体はついには反射されるであろうし、かつ反射角は入射角に等しくなるであろう。

第 XIV 章　ある極めて大きな物体の…

なぜならば，平行平面 Aa, Bb, Cc, … の間を通過する物体が上のような放物線の弧を描くものと考え，それらの弧を HP, PQ, QR, …

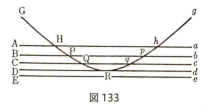

図 133

とする〔図 133〕。そして第 1 の平面 Aa に対する入射線 GH の傾きがつぎのようになっているとする。すなわち，入射角の正弦と，その正弦を正弦とする円の半径との比[261]が，その同じ入射角の正弦と，平面 Dd からの空間 DdeE への透過角の正弦との比に等しいとする。そうすれば，透過角の正弦は，いまの場合には半径に等しくなるから，透過角は直角となるはずであり，したがって透過線は平面 Dd と一致することになる。いま物体が点 R でこの平面にくるものとする。そうすれば，透過線はその平面と一致するのであるから，物体はそれ以上は平面 Ee へと進みえないことは明らかである。しかもそれは透過線 Rd に沿っても進むことはできない。というのは，それは入射の〔行なわれる〕媒質のほうへと絶えず引かれ，あるいは押されるからである。ゆえに，それは（ガリレオが証明したことにより）主頂点を R に置き，平面 Cc を以前 Q で切ったと同じ角をもって q で切るところの放物線の弧 QRq を描きながら，平面 Cc, Dd の間で後戻りするであろう。それから前の弧 QP, PH などと相似でかつ等しい放物線の弧 qp, ph などに沿って進行を続け，残りの平面を以前 P, H などで切ったと同じ角をもって p, h などで切り，ついにはそれがはじめ H において平面に当たったと同じ傾斜角をもって，h で脱出するであろう。

いま，平面 Aa, Bb, Cc, Dd, Ee などの間隔が限りなく小さくなり，その数が限りなく増大し，その結果，任意の指定された法則に従って働く引力あるいは衝力〔斥力〕の作用が連続的となったとすれば，入射角といつも等しい関係にある透過角は，窮極においてもやはりそれに等しいであろう。よって証明された。

注
　これらの引力は，スネリュース（Snellius; Snell）によって見いだされたように，与えられた正割の比において，したがってデカルト（Descartes）によって示されたように，与えられた正弦の比において行なわれる光の反射や屈折とはなはだよく似ている。というのは，いろいろな天文学者らの観測によって確かめられた木星の衛星の現象から，光は逐次に伝播し，太陽から地球までくるのに約7分か8分かかることがいまや明確となったからである。なお，われわれの空気中における光線は（光を小さな孔を通じて暗室へと入れることによって最近グリマルヂ（Grimaldi）が発見したように：これは私も試みたことであるが）物体の角の近くを通過する場合に，それが透明体であろうと不透明体であろうと（金貨，銀貨および黄銅貨などの円形もしくは四角形の縁，あるいはナイフの刃，あるいは石やガラスの破片といったような）それらの物体のまわりに，あたかもそれらに引きつけられるかのように曲げられる。そして，それらの通過に際し，物体に最も近づく光線は，あたかも最もひどく引きつけられるかのように，最もひどく曲げられる。このことを私自身もまた注意深く観察した。そして，より大きな距離をもって通過する光線は，より少なく曲げられ，さらに大きな距離

第 XIV 章　ある極めて大きな物体の…

をもって通過するものはより少なく反対方向へと曲げられ，三色の縞模様を形づくる。

図において〔図134〕，s はある一つのナイフ，または任意の種類の楔 AsB の刃をあらわし，*gowog*, *fnunf*, *emtme*, *dlsld* は，弧 *owo*, *nun*, *mtm*, *lsl* に沿ってナイフのほうへと曲げられる光線で，その曲げられかたはナイフからのそれらの距離によって大小がある。

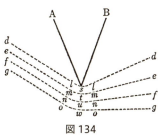

図 134

さて，この光線の屈曲はナイフの外の空気中において行なわれるゆえ，ナイフに当たる光線は，それがナイフに触れる前に，まず空気中において曲げられるという結果になる。そしてこれはガラスに当たる光線についても同じことである。それゆえ，屈折は入射点において行なわれるのではなくて，光線の連続的な屈曲によって漸次に行なわれ，一部はそれらがガラスに触れる前に空気中において，また一部は（もし私が誤っていなければ）それらがガラスに入った後にその中で行なわれる。それは r, q, p に当たり〔図135〕，k と z, i と y, h と x の間で曲げられる光線 *ckzc*, *biyb*, *ahxa* において示されている通りである。それゆえ，光線の伝播と物体の運動との間に存する類似性のために，光線の本性をまったく考えることなく，すなわち，それ

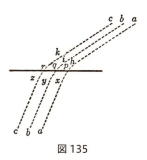

図 135

らが物体であるか否かを究めることなく，ただ光線の経路と極めてよく似ている物体の経路を決定しようというにすぎないのであって，光学的用途のためにつぎの諸命題を付加することを不都合であるとは思わない。

命題97．問題47

任意の曲面上における入射角の正弦が透過角の正弦に対してある与えられた比をなすものとし，かつその曲面近くでのそれらの物体の経路の屈曲が，1点と見なしうるほど短い距離において行なわれるものとして，任意の与えられた1場所から出るすべての粒子を，他の与えられた1場所へと収束させるような，そういう一つの曲面を決定すること。

Aを，そこから粒子が発散する場所〔図136〕，Bをそれらが収束すべき場所，CDEを軸ABのまわりのその回転によって求める曲面を描くようなそういう曲線，D, Eをその曲線上の2点とし，またEF, EGを物体の経路AD, DB上に下した垂線とする。点Dを点Eに近づけ，合致させたとする。そうすれば，ADの増加量である線分DFと，DBの減少量である線分DGとの窮極の比は，入射角の正弦と透過角の正弦との窮極の比に等しいであろう。ゆえに，線分ADの増分と，線分DBの減分との比は与えられ，したがって，もし軸AB

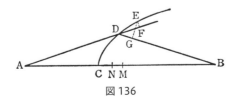

図136

第XIV章　ある極めて大きな物体の…

上において，曲線CDEが通過すべき点Cを任意にとり，ACの増分CMを，BCの減分CNに対してその与えられた比になるようにとり，中心A, Bから半径AM, BNをもって二つの円を描き，Dにおいて相交わらせたとすれば，その点Dは求める曲線CDEを描くであろう[262]。そしてそれを任意の位置において描かせることによって曲線は決定されるであろう。よって見いだされた。

系 I. 点AまたはBを，時には無限遠へと遠ざけ，また時には点Cの他の側へと動かすことによって，デカルトが屈折に関するその著『光学』(*Optics*) および『幾何学』(*Geometry*) において示したすべての図が得られるであろう。デカルトが秘密にするのを適当だと考えたその発見は，本命題において，ここに明らかにされたのである。

系 II. もし直線AD〔図137〕の方向に沿って任意の曲面CDに当たる1物体が，任意の法則に従って引かれ，他の直線DKの方向に沿って透過するものとし，かつ点C

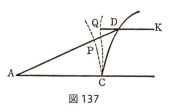

図137

からAD, DKに常に垂直な曲線CP, CQがひかれたとすれば[263]，線分PD, QDの増分，したがってそれらの増分によって作られる線分PD, QDそのものは，互いに入射角と透過角との正弦の比をなすであろう[264]。またこの逆も成り立つ。

命題98．問題48

同じことがらを仮定し，もし軸ABのまわりにCDのよう

な任意の規則正しい,あるいは不規則な牽引性の曲面が描かれたとして,与えられた場所 A から発する諸物体がその曲面を通過しなければならないとしたときに,それらの諸物体をある与えられた一つの場所 B に収束させるような,そういう第 2 の牽引性の曲面 EF を見いだすこと。

　AB を結ぶ直線が第 1 の曲面を C において,第 2 の曲面を E において切るものとし,点 D を任意にとる〔図 138〕。また第 1 の曲面における入射角の正弦と,同じ面からの透過角の正弦との比,および第 2 の曲面からの透過角の正弦と,その面における入射角の正弦との比が,任意の与えられた量 M と他の与えられた量 N との比になるものと仮定する。つぎに,AB を G まで延長して,BG と CE との比が M−N と N との比になるようにし,また AD を H まで延長して,AH が AG に等しくなるように,また DF を K まで延長して,DK と DH との比が N と M との比になるようにする。KB を結び,中心 D のまわりに半径 DH で円を描き,KB の延長と L において交わらせる。また BF を DL に平行にひく。そうすれば,点 F は〔曲〕線 EF を描くであろう。その〔曲〕線 EF を軸 AB のまわりに回わすとき,求める曲面が描かれるであろう。よって求められた。

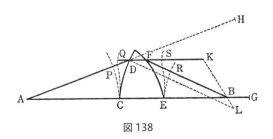

図 138

第XIV章 ある極めて大きな物体の…

なぜならば，〔曲〕線 CP, CQ がそれぞれ AD, DF にいたるところ垂直であり，また〔曲〕線 ER, ES がそれぞれ FB, FD にいたるところ垂直であって，したがって QS は常に CE に等しいと考えよう。そうすれば，（命題97, 系IIにより）PD と QD との比は，M と N との比に，したがって DL と DK との比に，あるいは FB と FK との比に等しいであろう。また差比により，それは DL－FB あるいは PH－PD－FB と FD あるいは FQ－QD との比に，また加比により，それは PH－FB と FQ との比に，すなわち（PH と CG, QS と CE とは相等しいゆえ）CE＋BG－FR と CE－FS との比に等しいであろう。ところが（BG と CE との比は M－N と N との比に等しいゆえ）CE＋BG と CE との比は M と N との比に等しく，したがって差比により，FR と FS との比は M と N との比に等しいということにもなる。したがって（命題97, 系IIにより）曲面 EF は，DF の方向に沿ってそれに落ちる物体を，直線 FR に沿って場所 B へと進ませることになる。よって証明された。

注
同じようにして，3個もしくはより多数の曲面〔の場合〕へと進みうる。しかし，すべての形のうちで球面は光学的用途に対し最も適当である。もし望遠鏡の対物レンズが，間に水をはさむ2個の球形のレンズからできているならば，レンズの表面の端の部分に生ずる屈折の誤差が，水の屈折によって十分精確に補正されるだろうということはありそうである。このような対物レンズは，楕円レンズや双曲線レンズなどよりもむしろ優れている。というのは，それら〔球面レンズ〕は，より容易に，またより正確に造れるばかりでなく，レンズの

軸からはずれて存在する光束でも，それによっていっそう正確に屈折されるだろうからである。しかし，光線によって屈折率が異なることは，球面あるいは他の任意の形により光学器械を完全にさせることを妨げる真の障害である。これから起こる誤差が補正できないかぎり，他の誤差を補正することに費やされるあらゆる骨折りもまったく無駄に終わってしまう。

訳　者　注
（各項目のあとの数字は頁数を示す）

〔1〕　あるいは「物質量」。英語で quantity of matter. 今日の用語でいえば mass（質量）である。式でいえば $m = \rho \cdot V$（ρ は密度，V は容積）による m のことである。23

〔2〕　英語で body. ニュートンは「物体」という言葉で物体そのものを言いあらわすと同時に，時にはその物体の「質量」をも言いあらわしている。23

〔3〕　英語で mass. このほうが今日の用語とは一致する。23

〔4〕　あるいは「運動量」。英語で quantity of motion. 今日の用語でいえば momentum（運動量）のことで，つまり $m \cdot \bm{v}$（m は質量，$\bm{v}$ は速度）のことである。ニュートンは「運動量」のことを単に「運動」（motion）という言葉で言いあらわしてもいる。23

〔5〕　注〔1〕に同じ。23

〔6〕　英語で motion. 運動量（momentum）の意味で，すなわち $m\bm{v}$（m は質量，$\bm{v}$ は速度）のことである。23

〔7〕　英語で quantity. 質量（mass）の意味である。23

〔8〕　慣性（inertia）のこと。24

〔9〕　英語で innate force of matter. 慣性（inertia）のことである。24

〔10〕　質量（mass）というのに同じ。26

〔11〕　角距離，すなわち，地球の中心においてなす角によって表わされる距離のこと。26

〔12〕　慣性（inertia）のこと。26

365

〔13〕 英語で the absolute quantity of a centripetal force. たとえば,中心 O の位置にある質量 M の 1 質点が,O から r の距離にある質量 m の他の 1 質点に及ぼす万有引力の強さ F は $F = \dfrac{GMm}{r^2}$ (G は万有引力の定数) で表わされる。この場合,中心 O にある質点のもつ質量 M に比例する GM という量,つまり単位質量の 1 質点が単位の距離において受けるべき力の大きさがここにいう求心力の「絶対的量」である。27

〔14〕 英語で the accelerative quantity of a centripetal force. いわゆる加速度,すなわち単位時間についての速度の変化量 $\alpha = \dfrac{dv}{dt}$ のことである。たとえば,中心 O にある質量 M の 1 質点が,O から r の距離にある質量 m の他の 1 質点に及ぼす万有引力の加速度は $\alpha = \dfrac{GM}{r^2}$ で,これは明らかに M と r とに関係する。この α という量がここにいう求心力の「加速的量」である。27

〔15〕 英語で the motive quantity of a centripetal force. 力そのもののことで,たとえば,求心力が万有引力の場合には,$F = \dfrac{GMm}{r^2}$ という力 F がここにいう求心力の「動力的量」である。これは質量と加速度との積に等しく,また運動量の時間的変化率にも等しい。すなわち,$F = m\alpha = m\dfrac{dv}{dt} = \dfrac{d(mv)}{dt}$ である。28

〔16〕 英語で motion. 今日いう運動量 (momentum) のことである。28

〔17〕 英語で motive force. 前に述べた「求心力の動力的量」

〔18〕 英語で accelerative force. 前に述べた「求心力の加速的量」に相当する。注〔14〕を見よ。28
〔19〕 英語で absolute force. 前に述べた「求心力の絶対的量」に相当する。注〔13〕を見よ。28
〔20〕 注〔16〕に同じ。29
〔21〕 ここのところを今日の用語で述べれば「ゆえに，加速度が力に対する関係は，あたかも速度が運動量に対する関係と同じであろう」となる。つまり $\frac{a}{ma} = \frac{v}{mv}$ である。29
〔22〕 注〔4〕に同じ。29
〔23〕 あるいは「物質量」。英語で quantity of matter. 今日の用語でいえば mass（質量）である。29
〔24〕 数式で表わせば $F = \int a\,dm$ である。29
〔25〕 英語で accelerative gravity. 重力加速度というのと同じであり，つまり g のことである。29
〔26〕 ニュートンは，どんな対象にも関わりなしに一様に流れる「絶対時間」(absolute time) というものを考えた。

19世紀の末頃エルンスト・マッハ (Ernst Mach) はこの考えに厳しい批判を加え，このような「絶対時間」はどんな運動を用いても測定できるものではなく，したがって，それは実用上の価値もなければ，科学上の価値もない，いわば無用の「形而上学的」概念にすぎないものであるとした（『マッハ力学』伏見譲訳，講談社，昭和44年，206頁）。この問題は結局アインシュタイン (Albert Einstein) の相対性理論によって，より深い立場から考え直されることになった。それによれば，運動している任意の基準系（座標系）の「局所

時間」と「絶対時間」とを区別する方法はなく，したがって「絶対時間」は物理学的実在性をもたないものであり，およそ時間の記述は，特定の基準系に関してのみ意味をもつものであるということになった。(『アインシュタインの相対性原理』マックス・ボルン著,瀬谷正男訳,講談社,昭和46年,246頁)。30

〔27〕 あるいは「絶対的空間」,「絶対空間」,「絶対静止空間」などといわれることもある。英語で absolute space. なお，注〔31〕を見よ。31

〔28〕 あるいは「相対的空間」とか「相対空間」とか呼ばれることもある。英語で relative space. なお注〔31〕を見よ。31

〔29〕 英語で place. ニュートンのいう「場所」とは，物体が占める空間の一部であって，物体の位置ではない。31

〔30〕 英語で quantity. 大きさまたは広がりの意味。31

〔31〕 物体の位置は適当に選ばれた基準点(座標の原点)からの方向と距離とで決められ，したがって物体の運動も，空間でこの方向や距離が変わることであり，その間には必ず時間が経過する。そこで，時間や空間の概念が問題となる。ニュートン力学では，物体の運動とは，「絶対時間」の経過に伴って，絶対に静止している空間いわゆる「絶対空間」の中にとられた基準点に対する運動すなわち「絶対運動」とみなされている。ところが，この運動の基準系(座標系)の定め方については重大な問題が伴う。科学的立場からすれば，基準系としてとりうるものは，**経験的に認められたもののみが意味をもつ**。たとえば，地上の物体の位置を決めるのに，地上の1点を原点にとった直交座標系を用

訳 者 注

いるが，動いている地球上にとったこの座標系で表わされる3次元空間は，ニュートンのいう「相対空間」にほかならないし，またこのような空間中の運動は「相対運動」である。この点についてニュートンの考え方にはかなりの矛盾があった。地球は自転と公転とを行ない，太陽に対して**加速度運動**をしているから，地球上の座標系に対してはいわゆる「ニュートンの運動の法則」は成り立たないことになる。また太陽系全体もある方向に運動していることが明らかである以上，絶対静止の点，したがって絶対空間，絶対運動などは考えられないことになる。じっさい，ニュートン自身も，たとえば遠くにある恒星が静止しているのは，単に見かけ上にすぎないのか，それとも実際に静止しているのかはわからないといい，このことから彼は，真の運動つまり絶対運動と，見かけの運動つまり相対運動とを区別することは極めて困難だと感じた（本書34頁参照）。こうして彼は，この困難を避けるために，絶対静止の空間つまり絶対空間という，いわば先験的（a priori）な概念を構成せざるをえなかった。しかし，この絶対静止空間の考えは，ニュートン以来多くの人たちの不安の種であった。現実には，幸いにして，絶対静止空間に対する地球の加速度が非常に小さいので，よほど厳密なことをいわないかぎり，それを無視してもかまわないという逃げ口上があるにはあっても，何となしに力学の根底に危なげのある感じはまぬがれなかった。この懸念はアインシュタイン（A. Einstein）の相対性理論の樹立によって解消した。そこで初めて，絶対静止などというものを考えず，もっぱら相対的な見方で統一された理論に吸収されたからである。アインシ

ュタインの相対性理論では，空間は一定不変ではなくて，相互の運動によって形を変え，長さもこれに相当して伸縮するとする**相対空間**が考えられ，いっぽう，同時に，従来宇宙にはただ一つしかなく，どんな現象に対しても一様に流れていると考えられた絶対時間の概念の代わりに，相対運動によって時間の長さ，進み方も異なるとする**相対時間**が取り入れられた。32

〔32〕 英訳では Absolute time, in astronomy, is distinguished from relative, by the equation or correction of the apparent time となっている。視太陽時（真太陽時）と平均太陽時との差がいわゆる「均時差」(equation of time) である。つまり，絶対時と相対時との差異は，天文学でいえば視時 (apparent time) と平時 (mean time) との差，すなわち均時差に相当し，この補正を行なうことによって，一方から他方へと変換される。33

〔33〕 注〔26〕に同じ。なお注〔31〕をも見よ。33

〔34〕 注〔29〕に同じ。36

〔35〕 英語で true motion. 物体に実際に力が働いて起こったと見なされる運動。ニュートン力学では，物体の運動とは，絶対時間の経過に伴い，絶対静止空間内の基準点に対して起こる物体の運動，つまり絶対運動と見なされており，この絶対運動に関していわゆる「運動の法則」が成り立つものと考えられている。それゆえ，「真の運動」は外力の作用なしには生成もされないし，変化もしない。これに反して，いわゆる「相対運動」は，たとえ物体に直接外力は作用しなくとも，たとえば観測者がある**加速度**をもって運動することによっても起こりうる。真の運動と見かけの

運動とを区別することは、しかし、実際には不可能で、むしろ、われわれが経験しうるものは、ただ見かけの運動すなわち相対運動のみであるというのが正しい。36

〔36〕 ニュートンは、並進運動の場合には、たとえ真の運動（絶対運動）と見かけの運動（相対運動）とを区別することは不可能であるとしても、回転運動の場合においては、両者を区別することは不可能ではないと信じた。そして、そのことを示す実例として、水を入れた回転容器の実験や、紐で結ばれた二つの球の回転の実験を引き合いに出した。この場合、絶対的な回転というのは恒星天に対する回転のことであって、その場合には常に遠心力の存在が検出できるものと考えたのである。この考えに対してエルンスト・マッハ（Ernst Mach）は次のような批判をした。「あらゆる質量、あらゆる速度、したがってまたあらゆる力は相対的なものである。相対的なものと絶対的なものを区別する必要はない。そんなものに出くわすことはありえないし、その判定を迫られることもない。そう区別したところで、何らかの知的利益やその他の利益がひきだされるわけでもない。現代の科学者の中にいまだにニュートンのバケツの証明に惑わされて、相対運動と絶対運動を区別しようとする人がいるとすれば、それは彼らが宇宙の体系はわれわれに一回与えられただけであって、プトレマイオスの天動説もコペルニクスの地動説もわれわれの見方の違いにすぎず、両方の説とも等しく現実のものであることを考慮していないからである。そのような人は、ニュートンのバケツが静止し、恒星天の方がそのまわりを回転しているとした場合に**遠心力が存在しないことを証明すべきであろう**」と。さ

371

らにこのことを敷衍して次のように言った。「もしも地球が地軸のまわりに**絶対回転**をしているのなら，地球は扁平なものであり，重力加速度は赤道で最小となり，フーコーの振子の振動面は回転するであろう。もしも，地球は静止しているが残りの天体が地軸のまわりに絶対回転しているために，地球が前と同じ**相対回転**をしているのなら，これらの現象はことごとく消え失せるだろう。……しかし，事実だけを依り所にするかぎり，われわれが知りうる空間や運動は**相対的**なものだけである。未だ知られていない宇宙を満たしている媒質〔いわゆるエーテル〕などを考えないことにすれば，宇宙における運動は相対的であって，プトレマイオス的見方をしても，コペルニクス的見方をしても同じである。実際，両方の見方は同程度に**正しい**。ただコペルニクス的見方の方が簡単で**実用的**であるにすぎない。宇宙はわれわれに**二度にわたって**与えられたのではなく，つまり，最初は静止した地球，二度目は回転する地球というふうに与えられたのではなく，**一回だけ**しか与えられておらず，ただその相対運動を決定できるだけである。したがって，地球が回転していなければどうなるか，については何も言えない。与えられた場合について，いろいろなやり方で説明することはできる。しかし，説明した結果が経験と矛盾すれば，その説明はまさに間違っているのである。**相対的回転運動においても遠心力が生ずるように力学の基本法則を解することも可能である。**ニュートンが行なった回転するバケツの実験は，単に次のことを教えるにすぎない。バケツの壁に対する水の相対回転は目に見える程の遠心力をひきおこさないが，地球程の質量や残りの天体に対

訳者注

する相対回転は目に見える遠心力をひきおこす，と。バケツの壁をどんどん厚くし，質量を大きくしてゆき，ついに数キロメートルの厚さにしたとするなら，この実験が定量的にしろ定性的にしろどうなるか，誰も何もいえない」と。(アインシュタインの一般相対性理論によれば，この場合には**遠心力が生ずる**ことが知られている)(『マッハ力学』講談社，昭和44年，211〜215頁および476頁)。37

〔37〕 英語で quantity of the motion. 今日いう「運動量」(momentum) のことであるが，この場合はむしろ「運動量のモーメント」(moment of momentum) すなわち「角運動量」(angular momentum) の意味である。37

〔38〕 いわゆる「天球」の意味で，すべての恒星はその内面にくっついたまま，天球と共に回転するものと見なされている。39

〔39〕 注〔36〕を見よ。40

〔40〕 いわゆる「慣性の法則」(Law of inertia) で，もともとガリレオ (Galileo Galilei) によって発見された法則であるが，ガリレオはおもに水平運動についてこの法則が成り立つことを述べているのを，ニュートンはさらにこれを一般化し，かついっそう明確に表現し，改めて「運動の第Ⅰ法則」として掲げ，力学の体系を作り上げた。43

〔41〕 英語で motion. 今日いう「運動量」(momentum) の意味。ニュートンは「運動」という言葉を，物体の運動そのもの (movement) を言い表わすのに用いたと同時に，時にはそれの運動量 (momentum) をも言い表わすのに用いた。以下本文の記述中にしばしば現われる「運動」という言葉も，時により，上のどちらかの意味に解されるべきもので

あるが，繁雑さを避けるために一々注記はしなかった。ただ，ある場合には，必要に応じて本文中に「運動〔量〕」のように注記し，それが今日いう「運動量」の意味であることを示した。43

〔42〕 これが有名な「運動の第Ⅱ法則」で，これを数式で書けば $\frac{d(m\bm{v})}{dt}=\bm{F}$ (m は質量，$\bm{v}$ は速度，$\bm{F}$ は外力) である。もし質量 m が時とともに変わらなければ，$m\frac{d\bm{v}}{dt}=m\bm{a}$ ($\bm{a}$ は加速度)$=\bm{F}$ となる。ニュートンのもとの表現は，たとえ m が時とともに変わる場合にでも適用できる便利な形になっている。43

〔43〕 ここの記述は，もし2物体の質量，速度および外力をそれぞれ $m_1, \bm{v}_1, \bm{F}_1$ および $m_2, \bm{v}_2, \bm{F}_2$ とすれば，$\bm{F}_1+\bm{F}_2=0$ あるいは $\bm{F}_1=-\bm{F}_2$，したがって $d(m_1\bm{v}_1)=-d(m_2\bm{v}_2)$ で，特に今の場合には $m_1 d\bm{v}_1=-m_2 d\bm{v}_2$，すなわち，相反する向きに行なわれる速度変化は物体の質量に逆比例し，したがってまた $m_1\bm{v}_1+m_2\bm{v}_2=$**一定** ということ（運動量保存の法則）を言い表わしている。44

〔44〕 英語で quantity of motion. もちろん「運動量」(momentum) の意味であって，系Ⅲは「任意の物体系の全運動量は，それら諸物体間に働く内力によっては何らの変化をも受けず，一定不変である」こと，つまり式で書けば，$\sum_i m_i \bm{v}_i=$**一定** という，いわゆる「運動量保存の法則」を述べたものである。49

〔45〕 2物体の質量と速度をそれぞれ $m_1, \bm{v}_1 ; m_2, \bm{v}_2$ とすれば，それら2物体の共通重心Gの速度 $\bm{v}_G$ は $\bm{v}_G=\frac{m_1\bm{v}_1+m_2\bm{v}_2}{m_1+m_2}$，すなわち $m_1\bm{v}_1+m_2\bm{v}_2=(m_1+m_2)\bm{v}_G$ である。

訳者注

運動量保存の法則により $m_1\boldsymbol{v}_1+m_2\boldsymbol{v}_2=$ 一定。したがって $\boldsymbol{v}_G$ も一定。すなわち，共通重心 G は静止するか，あるいは直線等速運動を行なう。また上式より $m_1(\boldsymbol{v}_1-\boldsymbol{v}_G)=-m_2(\boldsymbol{v}_2-\boldsymbol{v}_G)$ である。すなわち，共通重心 G に対する両物体の相対運動量の大きさ（絶対値）は相等しい。

また，質量 $m_1, m_2, \cdots, m_n$ という n 個の物体の場合には，$m_1\boldsymbol{v}_1+m_2\boldsymbol{v}_2+\cdots+m_n\boldsymbol{v}_n=(m_1+m_2+\cdots+m_n)\boldsymbol{v}_G$，すなわち $\sum_i m_i\boldsymbol{v}_i=\left(\sum_i m_i\right)\cdot\boldsymbol{v}_G$ が成り立ち，左辺の $\sum_i m_i\boldsymbol{v}_i$ は運動量保存の法則により一定であるから，$\boldsymbol{v}_G$ もやはり一定となる。すなわち，この場合にも共通重心 G は静止するか，あるいは直線等速運動を行なう。53

〔46〕 英語で accelerative forces. 単位質量についての外力，つまり加速度というのに同じ。なお，注〔18〕を見よ。55

〔47〕 英語で equally. 単位質量について等しい力が働くという意味。つまり，外力の加速度は全部に共通であるという意味。なお，その前の括弧の部分は，英訳では，(with respect to the quantities of the bodies to be moved) となっている。この quantities（諸量）というのは masses（諸質量）の意味で，つまり「動かされる諸物体の質量はそれぞれ異なるであろうが」という但し書き。55

〔48〕 振子の玉の最低点における速度を V とし，玉がその落下において描いた弧の弦の長さを p とすれば，$V=\sqrt{\dfrac{g}{l}\cdot p}$（$l$ は振子の長さ，g は重力加速度）である。57

〔49〕 英語で backwards. 図 4 の「点 B から点 H の方へと向かって」の意味。玉 A については，点 A から点 F に向かうのが前進で，玉 B については，点 B から点 G に向か

うのが前進だと考えている。59

〔50〕 英語で quantity of motion. もちろん「運動量」(momentum) の意味。59

〔51〕 一般に二つの物体の衝突前の速度をそれぞれ v_1, v_2 ($0 < v_2 < v_1$ と仮定する), 衝突後の速度をそれぞれ v_1', v_2' とすれば, $e = \dfrac{v_2' - v_1'}{v_1 - v_2}$ という量がいわゆる反撥係数 (coefficient of restitution) で, 一般に $0 \leq e \leq 1$ の範囲内にあり, 特に完全弾体性の場合には $e = 1$ である。また, v_1, v_2 の値が与えられたときには, e の値が小さいほど, $v_2' - v_1'$ すなわち両物体が衝突の後に離れて行く相対速度は小さい。60

〔52〕 英語で innate forces.「慣性」の意味で, 今日いう「質量」のこと。速度が質量に逆比例するというのは, 質量と速度との積である運動量が不変ということ。63

〔53〕 上にいう「固有の力」の意味で,「質量」というのと同じ。63

〔54〕 この場合には重さが質量に比例し, したがって質量と速度との積である運動量は一定となる。63

〔55〕 力 F と速度 v との積 Fv は, もし物体の質量 m が時とともに変わらなければ, $Fv = v\dfrac{d(mv)}{dt} = \dfrac{d}{dt}\left(\dfrac{m}{2}v^2\right)$ であって, これは物体の運動エネルギーの時間的変化率にほかならない。したがって, 本文中のここの記述は,「作用 (action) や反作用 (reaction) の大きさをエネルギーの変化率から見積る」ということに相当する。65

〔56〕 英語で the method of first and last ratios of quantities. 諸量, たとえば二つの微小量 $\varDelta y, \varDelta x$ の比 $\dfrac{\varDelta y}{\varDelta x}$ において,

訳者注

Δx が無限小となった極限値 $\lim_{\Delta x \to 0} \frac{\Delta y}{\Delta x} = \frac{dy}{dx}$ を考えることによって y の変化率（勾配）を求める今日の微分学の方法，また，たとえばある曲線図形面積を直線図形面積で近似させ，後者の極限値としての前者を求める今日の積分学の方法。69

〔57〕 英語で curvilinear limits of rectilinear figures.「直線図形が極限において曲線と化したもの」という意味。71

〔58〕 英語で in the very beginning of the motion. 図 10 に示すように「運動が初速度 0 で開始されるとき」の意味。76

〔59〕 図 10 の点 A を直交座標軸の原点に選び，縦横両座標としてそれぞれ時間 (t) および速度 (v) をとれば，t 時間中に描かれる距離 s は一般に $s = \int_0^t v dt$ で与えられる。いま，$AD = t_1, AE = t_2$ とおけば，曲線図形面積 ABD および ACE はそれぞれ $ABD = \int_0^{t_1} v dt, ACE = \int_0^{t_2} v dt$ で与えられ，両者の比は $t_1^2 : t_2^2$ すなわち $\overline{AD^2} : \overline{AE^2}$ で表わされる。77

〔60〕 英語で by any equal forces similarly applied to the bodies. 物体の単位質量について働く力が等しいという意味で，加速度 α（ニュートンのいう「加速的力」）が一定の場合に相当する。この場合のいわゆる「誤差」，すなわち物体が t 秒時間に動かされる距離 s は $s = \int_0^t v dt = \int_0^t \alpha t dt = \frac{\alpha}{2} t^2$ で表わされ，これは明らかに t の自乗に比例する。77

〔61〕 英語で proportional forces. ニュートンのいう「加速的力」すなわち加速度 α が物体によりそれぞれ異なる場合に相当し，この場合の「誤差」s は $s = \frac{1}{2} \alpha t^2$ で，これは明らかに「加速的力」α と時間 t の自乗との積に比例する。77

〔62〕 英語で sine。ここにいう正弦とは，今日いう正弦すなわち $\frac{垂線}{斜辺}$ の意味ではなくて，単にこの分子にあたる垂線の長さをさすものである。なお，ニュートンは分母の斜辺 (hypotenuse) のことをしばしば半径 (radius) という言葉で言い表わしており，たとえば，今日いう「角 BAC の正弦」のことを「角 BAC の正弦対半径」(sine of the angle BAC to the radius) というように言い表わしている。79

〔63〕 英語で versed sine。角 θ に対し $1-\cos\theta$ をその正矢あるいは正矢関数と呼び，$\text{vers}\,\theta$ という記号で表わす。半径 R の円の劣弧 AB に対する中心角（劣弧 AB 上に立つ円周角の2倍）を θ とすれば，点 A における接線 AD に点 B から下した垂線の長さ BD は $R(1-\cos\theta)$ すなわち $R\cdot\text{vers}\,\theta$ で与えられる。ニュートンはこの垂線の長さ BD，あるいはその垂線そのもののことを，しばしば弧 AB の「正矢」というように呼んでいる。図 11 において，点 B が点 A に限りなく近づくとき，点 G は点 J に近づき，線分 AJ は点 A における曲線 AbB への接触円の直径 d（曲率半径 R の2倍）に等しくなり，垂線 BD の長さ，あるいは AC の長さは，近似的に $\frac{\text{AB}^2}{d}$ で表わされ，また $R(1-\cos\theta)$ すなわち $R\cdot\text{vers}\,\theta$ でも表わされる。したがって，$\text{vers}\,\theta = 1-\cos\theta = \frac{\text{AB}^2}{Rd} = \frac{\text{AB}^2}{2R^2}$ である。すなわち $\text{vers}\,\theta$ は AB^2 に比例する。80

〔64〕 図 11 の点 A を座標の原点にえらび，AD$=x$, DB$=y$ とすれば，弧 AB が微小である場合には，それは放物線の一部と見なされるから，$y=kx^2$（k は定数）の形であらわされる。ゆえに，曲線的図形 ADB の面積 $=\int_0^x y\,dx=$

訳者注

$\int_0^x kx^2 dx = \frac{k}{3}x^3$ である。すなわち，この面積は x つまり AD の 3 乗に比例する。また，三角形 ADB の面積 $= \frac{1}{2}xy = \frac{k}{2}x^3$ である。したがって，曲線的図形面積 ADB は三角形 ADB の面積の $\frac{2}{3}$ に等しい。曲線的図形面積 Adb および三角形 Adb についても同じようなことがいえる。また，弓形 AB の面積 = (三角形 ADB の面積) - (曲線的図形面積 ADB) = $\frac{k}{2}x^3 - \frac{k}{3}x^3 = \frac{k}{6}x^3 = \frac{1}{3} \times$ (三角形 ADB の面積) である。80

〔65〕 AD を x，DB を y とおいたとき，3 次曲線 $y = x^3$ は，放物線 $y = x^2$ や接触円 $y = \frac{x^2 + y^2}{d}$ (d は直径 AJ) などの 2 次曲線よりも，x 軸にいっそう緊密な接触をすることに注目せよ。81

〔66〕 各接触角の大きさそのものについていうのではなくて，二つの大きさの比についていう。81

〔67〕 英語で method of indivisibles. カバリエリ (B. Cavalieri)，ワリス (J. Wallis) らによって発展させられた一種の積分法で，ニュートンによる「流率法」発見への一つの先駆的役割をなした。82

〔68〕 英語で reduce ...... to the first and last sums and ratios of nascent and evanescent quantities. 命題の証明を「微小量の和や比の極限の問題にひき直す」という意味で，ニュートンの「流率法」(Method of fluxions)，つまり今日の微積分学の考え方が導入されている。82

〔69〕 英語で ultimate ratios of evanescent quantities. $\lim_{\Delta x \to 0} \frac{\Delta y}{\Delta x} = \frac{dy}{dx}$ という微係数をさす。つまり，ここのところの記述は，「たとえ微係数 $\frac{dy}{dx}$ が与えられたとしても，Δx や Δy が与えられたわけではなく，したがって $\frac{\Delta y}{\Delta x}$ が与えられたことにはなるまい」という意味。84

〔70〕 英語で innate force. 慣性のこと。85

〔71〕 底と垂線の長さとの積は，三角形の面積の2倍に等しく，その値はいまの場合には一定である。87

〔72〕 距離 $s = \frac{\alpha t^2}{2}$ の公式により，時間 t が一定のときは，距離 s は加速度（単位質量に働く力：ニュートンのいわゆる「加速的力」）α に比例する。88

〔73〕 「正矢あるいは弧の中点から弦に下した垂線は力の中心へと向かい」したがって「これらの正矢に比例する大きさをもつ転向力は力の中心へと向かう」という意味。88

〔74〕 今日の表現法でいえば「面積速度が一定ならば，外力は一つの求心力（中心力）である」となる。物体の位置を極座標 r, θ で表わせば，面積速度の2倍は $r^2 \frac{d\theta}{dt}$ で表わされ，また θ 方向の加速度 α_θ は $\alpha_\theta = \frac{1}{r} \frac{d}{dt}\left(r^2 \frac{d\theta}{dt}\right)$ で表わされる。ゆえに $r^2 \frac{d\theta}{dt} =$ 一定ならば $\alpha_\theta = 0$，すなわち，外力は中心力である。なお，この場合は逆も成り立つ。89

〔75〕 注〔74〕を見よ。91

〔76〕 別の言葉でいえば，「円運動の場合の求心力の加速度 α は $\alpha = \frac{v^2}{r}$ で表わされる。ここに，v は物体の速度（線速

訳者注

度），r は円の半径である」となる。92

〔77〕 いわゆる「ケプレルの第3法則」を特に円運動の場合について当てはめたときに，万有引力の法則はやはり成り立つことを示したもの。93

〔78〕 英語で any arc just then nascent.「発生しつつある微小弧」の意味で，いわば「弧の増分または微分」にあたる。96

〔79〕 注〔63〕を見よ。96

〔80〕 求心力が働く場合には面積速度は一定で，描かれる面積は時間に比例する。97

〔81〕 系 III により $PV = \dfrac{QP^2}{QR}$. また，△SPQ の面積の2倍 $\fallingdotseq SY \times QP = SP \times QT$. ゆえに，求心力 $\propto \dfrac{1}{SY^2 \cdot PV} = \dfrac{QR}{SY^2 \cdot QP^2} = \dfrac{QR}{SP^2 \cdot QT^2}$ である。97

〔82〕 楕円または双曲線の長軸と短軸の長さをそれぞれ $2a, 2b$ とし，任意の共役直径の長さをそれぞれ $2a_1, 2b_1$，そして両者のなす角を γ とすれば，$\sin \gamma = \dfrac{ab}{a_1 b_1}$ あるいは $a_1 b_1 \sin \gamma = ab = $ 一定であり，外接平行四辺形の面積は $4a_1 b_1 \sin \gamma = 4ab$ に等しく，すなわち一定である。102

〔83〕 円錐曲線の二つの弦 QR, Q'R' が点 P において交わるとき，PQ·PR：PQ'·PR' という比の値は弦 QR, Q'R' の方向にのみ関係し，点 P の位置には無関係である（点 P が曲線の内部外部のいずれにあるも差支えない。またこの性質は一般に2次曲線に共通の特性である）。いま，特別の場合として点 P が曲線の中心 C にきた場合を考え，CS, CS' をそれぞれ QR, Q'R' に平行な半径とすれば，PQ·PR：PQ'·PR'＝CS²：

381

CS$'^2$ である。103

〔84〕 一つの楕円軌道について，その半長軸と半短軸をそれぞれ a, b，面積速度の2倍を h，回転周期を T とすれば，楕円の全面積は πab であるから，$\dfrac{h}{2}T = \pi ab$ となる。ゆえに $T = \dfrac{\pi ab}{\left(\dfrac{h}{2}\right)}$ である。また $h = av_A$（v_A は長軸の頂点 A における速度）であるから，$T = \dfrac{2\pi b}{v_A} \propto \dfrac{b}{v_A}$ である。105

〔85〕 注〔83〕を見よ。108

〔86〕 直交軸に関しての放物線の方程式の標準形は $y^2 = 4px$ と書かれる。ここに，$4p$ は通径あるいは特に**主通径**と称される。放物線の焦点 F は主頂点（原点）から p の距離にあり，焦点を通って主軸（x 軸）に直角に引かれた弦の長さもまた主通径 $4p$ に等しい。焦点 $F(p, 0)$ と放物線上の任意の点 $P(x_1, y_2)$ との距離は $FP = p + x_1 (\equiv p_1)$ であらわされ，その4倍，すなわち $4FP = 4p_1$ を単に**通径**と称する。点 P が主頂点に来たときの通径がすなわち主通径である。いま，点 P を任意の頂点と見なしてそれを新しく原点にえらび，その点を通る直径（放物線では主軸に平行な半直線をすべて直径と称する）と，曲線への接線とを，新しく横縦両座標軸（斜交軸）にえらんだときの，同じ放物線の方程式は $Y^2 = 4p_1 X$ のようになり，前と同じ形であらわされる。111

〔87〕 注〔86〕，特にその最後の斜交軸に関連する部分を見よ。113

〔88〕 図23における距離 SA の4倍，すなわち 4SA が主通径である。そして本命題の議論から，点 P と Q とが限りなく近づいた極限においては $QT^2 = 4SA \cdot QR$，すなわち

訳者注

$4\mathrm{SA} = \dfrac{\mathrm{QT}^2}{\mathrm{QR}}$ である。114

〔89〕 換言すれば面積速度。114

〔90〕 楕円における周期はその長軸（したがって半長軸）の $\dfrac{3}{2}$ 乗に比例する。すなわち，周期を T，半長軸を a とすれば，$T \propto a^{\frac{3}{2}}$，あるいは $T^2 \propto a^3$，あるいは $\dfrac{a^3}{T^2} =$ 一定である。ところが，幾何学の示すところによれば，楕円の半長軸は，楕円の焦点と楕円上の点との間の平均距離に等しい。ゆえに，円を楕円の特別の場合と見なし，楕円とその楕円の長軸を直径とする円とについて上式 $\dfrac{a^3}{T^2} =$ 一定を当てはめれば，a は共通であるから，両者の周期 T の値も相等しい。116

〔91〕 楕円軌道上の任意の1点における速度を v とすれば，本命題（命題16，定理8）により，$v \propto \dfrac{\sqrt{L}}{\mathrm{SY}}$……(1)．楕円の長軸端（焦点から最大距離または最小距離にある点）を A とすれば，その点における速度 v_A は $v_\mathrm{A} \propto \dfrac{\sqrt{L}}{\mathrm{SA}}$……(2)．円は楕円の特別の場合であり，その場合の主通径 L は円の直径に相当するから，SA を半径とする円軌道上における速度 V は，(2) 式により，$V \propto \dfrac{\sqrt{2\mathrm{SA}}}{\mathrm{SA}}$……(3)．(2)，(3) 両式の比をとれば $\dfrac{v_\mathrm{A}}{V} = \dfrac{\sqrt{L}}{\mathrm{SA}} \div \dfrac{\sqrt{2\mathrm{SA}}}{\mathrm{SA}}$ となる。117

〔92〕 楕円軌道の短軸の一端を B とすれば，共通焦点 S と点 B との間の距離 SB は，点 S と楕円上の点との間の平均距離に等しく，かつこれは楕円の半長軸 a にも等しい。いま，点 B における速度を v_B とすれば，この場合の垂線 SY

は楕円の半短軸 b に等しいから,$v_\mathrm{B} \propto \dfrac{\sqrt{L}}{\mathrm{SY}} = \dfrac{\sqrt{L}}{a} = \dfrac{\sqrt{\dfrac{2b^2}{a}}}{b}$
$= \sqrt{\dfrac{2}{a}}$……(1).また,SB($=a$) を半径とする円軌道上における速度を V とすれば,円は楕円の特別の場合であり,その場合の主通径 L は円の直径 $2a$ に相当するから,$V \propto \dfrac{\sqrt{2a}}{a} = \sqrt{\dfrac{2}{a}}$……(2).∴ $v_\mathrm{B} = V = \sqrt{\dfrac{2}{a}}$.いま,任意の二つの楕円軌道に対する諸量を 1,2 という添字によって区別することにすれば,半短軸の比の逆数と通径の比の平方根との積は,$\dfrac{b_2}{b_1}\sqrt{\dfrac{L_1}{L_2}} = \dfrac{b_2}{b_1} \times \dfrac{\sqrt{\dfrac{2b_1^2}{a_1}}}{\sqrt{\dfrac{2b_2^2}{a_2}}} = \sqrt{\dfrac{a_2}{a_1}}$,すなわち平均距離 a の逆比の平方根に等しい。117

〔93〕 焦点 S を極(原点)とし長軸を原線とする極座標による円錐曲線の方程式は $r = \dfrac{l}{1+e\cos\theta}$ (l は軌道の半通径で $\dfrac{L}{2}$ に等しく,e は離心率で,放物線では $e=1$,楕円では $0<e<1$,双曲線では $1<e$)である。焦点 S から曲線上の任意の点 P における接線に下した垂線の長さ SY を c,またその接線が動径 r となす角を α とすれば,$r\sin\alpha = c$,また $\tan\alpha = \dfrac{r}{r'}\left(r' \equiv \dfrac{dr}{d\theta}\right)$.$\alpha$ を消去して,$c^2 = \dfrac{r^4}{r^2+r'^2}$.面積速度の 2 倍を h とすれば,$c \cdot v = h$,したがって,$v^2 = \dfrac{h^2}{c^2} = \dfrac{h^2(r^2+r'^2)}{r^4} = \dfrac{h^2}{l}\left(\dfrac{2}{r} - \dfrac{1-e^2}{l}\right)$.ゆえに $h^2 = \mu l$ とおけば

放物線に対しては,$v^2 = \dfrac{2\mu}{r}$

訳 者 注

楕円に対しては，$v^2 = \mu\left(\dfrac{2}{r} - \dfrac{1}{a}\right) < \dfrac{2\mu}{r}$ （a は半長軸）

双曲線に対しては，$v^2 = \mu\left(\dfrac{2}{r} + \dfrac{1}{a}\right) > \dfrac{2\mu}{r}$ （a は半交軸）

である。117

〔94〕 放物線，楕円および双曲線上における物体の速度をそれぞれ v_p, v_e, v_h とすれば，前注〔93〕の終わりの式により，$v_p^2 = \dfrac{2\mu}{r}, v_e^2 = \mu\left(\dfrac{2}{r} - \dfrac{1}{a}\right), v_h^2 = \mu\left(\dfrac{2}{r} + \dfrac{1}{a}\right)$ である。また，焦点 S を中心とし，同じ距離 r を半径として円運動を行なう物体の速度を V，加速度を α とすれば，$\alpha = \dfrac{V^2}{r} = \dfrac{\mu}{r^2}$。したがって $V^2 = \dfrac{\mu}{r}$。ゆえに $\dfrac{v_p}{V} = \sqrt{2}, \dfrac{v_e}{V} = \sqrt{2 - \dfrac{r}{a}} < \sqrt{2}$，$\dfrac{v_h}{V} = \sqrt{2 + \dfrac{r}{a}} > \sqrt{2}$ である。118

〔95〕 点 P が主頂点 D と一致した場合を考える。121

〔96〕 直線 IF は焦点 S に対する放物線の準線にあたる。125

〔97〕 ただし，たがいに裏がえしの形で相似である。127

〔98〕 注〔83〕を見よ。136

〔99〕 直線 PrQ および DMN の延長が円錐曲線 ABdDPC と交わる点をそれぞれ U, V とすれば，Pr=QU, DM=NV である。したがって，$\dfrac{\mathrm{PQ}\cdot\mathrm{P}r}{\mathrm{PS}\cdot\mathrm{P}t} = \dfrac{\mathrm{PQ}\cdot\mathrm{QU}}{\mathrm{AQ}\cdot\mathrm{QB}} = \dfrac{\mathrm{DN}\cdot\mathrm{NV}}{\mathrm{NA}\cdot\mathrm{NB}} = \dfrac{\mathrm{DN}\cdot\mathrm{DM}}{\mathrm{NA}\cdot\mathrm{NB}}$ であることに注意。136

〔100〕 点 P から四辺形 ABDC の辺 AB, CD, AC, BD に下した垂線の足をそれぞれ q, r, s, t とすれば，Pq=PQ sin Q, Pr=PR sin R, Ps=PS sin S, Pt=PT sin T である。した

がって $\dfrac{\mathrm{P}q \cdot \mathrm{P}r}{\mathrm{P}s \cdot \mathrm{P}t} = \dfrac{\mathrm{PQ} \cdot \mathrm{PR} \cdot \sin \mathrm{Q} \cdot \sin \mathrm{R}}{\mathrm{PS} \cdot \mathrm{PT} \cdot \sin \mathrm{S} \cdot \sin \mathrm{T}} = 1$ であることに注意。139

〔101〕 1点Hから円錐曲線にひいた二つの割線をHDB, HYXとすれば、HB・HD：HX・HYという比の値は、それら2直線の方向のみによってきまり、点Hの位置には関係しない。したがって、特に2点B,Dが1点Aにおいて相重なり、割線HDBが切線HAとなった場合を考えれば、HA^2：HX・HYという比の値は2直線HAおよびHYXの方向のみによってきまる。なお、注〔83〕を見よ。153

〔102〕 これの証明については以下本文の記述を見よ。なお、次の注〔103〕をも見よ。156

〔103〕 「はじめの横線」ADをx,「はじめの縦線」DGをy,「新しい横線」adをX,「新しい縦線」dgをYとし、また「はじめの縦半径」OA（一定）をc,「新しい縦半径」Oa（一定）をCと書けば、$x = \dfrac{c \cdot C}{X}, y = \dfrac{c \cdot Y}{X}$であり、はじめの図形における曲線HGIが$y = f(x)$で表わされるならば、それに対応する新しい図形の曲線hgiは$\dfrac{c \cdot Y}{X} = f\left(\dfrac{c \cdot C}{X}\right)$で表わされる。もしHGIが直線ならば、$y = mx + n$（$m, n$は定数）、したがって$\dfrac{c \cdot Y}{X} = m\dfrac{c \cdot C}{X} + n$、あるいは$Y = \dfrac{n}{c}X + mC$となり、$hgi$も直線となる。HGIが2次曲線またはより高次の曲線である場合についても同様である。157

〔104〕 注〔101〕を見よ。159

〔105〕 円錐曲線の性質から$\dfrac{\mathrm{FA}^2}{\mathrm{FI}^2} = \dfrac{\mathrm{HD} \cdot \mathrm{HM}}{\mathrm{HI}^2} = \dfrac{\mathrm{GB}^2}{\mathrm{GI}^2}$. ゆえ

訳者注

に $\dfrac{\text{FA}}{\text{GB}}=\dfrac{\text{FI}}{\text{GI}}=\dfrac{\text{EA}}{\text{EB}}=\dfrac{\text{AL}}{\text{BL}}$. ゆえに $\dfrac{\text{EC}-\text{CA}}{\text{EC}+\text{CA}}=\dfrac{\text{CA}-\text{CL}}{\text{CA}+\text{CL}}$.
ゆえに $\dfrac{\text{EC}}{\text{CA}}=\dfrac{\text{CA}}{\text{CL}}$ である。163

〔106〕 補助定理24の系Iにより, $\dfrac{\text{AM}}{\text{AF}}=\dfrac{\text{BQ}}{\text{BI}}$, あるいは $\dfrac{\text{AF}-\text{MF}}{\text{AF}}=\dfrac{\text{BI}-\text{QI}}{\text{BI}}$. ゆえに $\dfrac{\text{MF}}{\text{AF}}=\dfrac{\text{QI}}{\text{BI}}$. したがって $\dfrac{\text{AF}}{\text{BI}}=\dfrac{\text{MF}}{\text{QI}}=\dfrac{\text{ME}}{\text{EI}}=\dfrac{\text{MF}+\text{AM}}{\text{BQ}+\text{QI}}$. ゆえに差比により $\dfrac{\text{ME}}{\text{EI}}=\dfrac{\text{AM}}{\text{BQ}}$ である。166

〔107〕 補助定理24の系Iにより, $\dfrac{\text{AM}}{\text{AF}}=\dfrac{\text{BQ}}{\text{BI}}=$ (円錐曲線の性質により) $\dfrac{\text{BQ}}{\text{AL}}=$ (加比により) $\dfrac{\text{AM}+\text{BQ}}{\text{AF}+\text{AL}}=\dfrac{\text{BK}+\text{BQ}}{\text{AF}+\text{AL}}=\dfrac{\text{KQ}}{\text{FL}}=\dfrac{\text{KH}}{\text{HL}}$ である。166

〔108〕 本補助定理により $\dfrac{\text{ME}}{\text{MI}}=\dfrac{\text{BK}}{\text{KQ}}$. また, 同様にして $\dfrac{\text{M}e}{\text{MI}}=\dfrac{\text{BK}}{\text{K}q}$. これら両式から $\dfrac{\text{KQ}}{\text{M}e}=\dfrac{\text{K}q}{\text{ME}}$ が得られる。166

〔109〕 ただし, 図58における接線 eq が, 円錐曲線の中心に関して接線 EQ と反対側にきた場合をも考えよ。167

〔110〕 角 BKC, 角 BkC 等はいずれも一定角であるから, 点 K あるいは k の軌跡は円であることが明らかである。169

〔111〕 ここで放物線の1性質である面積 $\text{APO}=\dfrac{2}{3}\text{AO}\cdot\text{PO}$ の関係, すなわち長さ AS, AO, OP をそれぞれ p, x, y で表わせば面積 $\text{APO}=\dfrac{2}{3}xy$ であることが使われている。今日の積分記号で表わせば, 面積 $\text{APO}=\displaystyle\int_0^x y\,dx=\int_0^x \sqrt{4px}\,dx=\dfrac{4}{3}\sqrt{p}\,x^{\frac{3}{2}}=\dfrac{2}{3}xy$ である。184

〔112〕 焦点Sにおいて放物線の軸に立てた垂線が放物線と交わる点をP_1とし,このときの点Hの位置をH_1とすれば,$SP_1=2AS=2GH_1$であることに注目せよ。184

〔113〕 物体が頂点Aを出発してから点Pに達するまでの所要時間をtとし,動径SPが単位時間に描く面積(すなわち面積速度)を$\frac{h}{2}$(一定)とすれば,面積はAPS$=\frac{h}{2}\cdot t$. また,本命題の証明により,GH$=3M=\frac{3}{4AS}\times$面積APS$=\frac{3ht}{8AS}$. ところが,頂点Aにおける速度v_Aは$\frac{h}{AS}$で表わされる。ゆえに,GH$=\frac{3}{8}v_A t$,すなわち$\left(\frac{GH}{t}\right):v_A=3:8$である。184

〔114〕 図69においてAH=SH=PH,かつ所要時間tはGHの長さに比例し,したがってその長さによって測られることに注目せよ。184

〔115〕 極Oを通る直線OLが一定の角速度ωをもって回転し,いっぽう,その直線に沿ってOからの距離OP($=r$)の自乗に比例する速度vをもって移動する点Pを考えれば,動径OPにより時間tの間に描かれる面積Sは,$S=\int_t^0 \frac{r^2}{2}\omega dt=\frac{\omega}{2k}\int_0^t v dt$($k$は比例定数)$=\frac{\omega}{2k}r$となる。すなわち面積$S$は距離$r$に比例する。185

〔116〕 すなわち,切り取られる曲線の周囲の長さsが,極と動点との間の距離rに比例し,$s=kr$(kは定数)の関係を満たすものと仮定する。この場合は,上の注〔115〕のSの代わりにsがきたと思えばよい。187

〔117〕 サイクロイド曲線(厳密にいえばトロコイド曲線)。188

〔118〕 ここにいう「弧AQの正弦」とは,弧AQに対する中

訳者注

心角 AOQ の正弦の値そのものではなくて，(今日の記号でいえば) $\overline{\text{OA}} \sin \text{A}\hat{\text{O}}\text{Q}$，つまり点 A から半径 OQ 上に下した垂線の長さの意味である。なお，注〔62〕を見よ。189

〔119〕 図 70 の点 G を座標の原点にとり，直線 GH, GB をそれぞれ横軸（x 軸），縦軸（y 軸）にとり，かつ $\overline{\text{OG}}=R, \overline{\text{OA}}=r, \angle \text{AOQ}=\angle \text{GOF}=\theta$ とすれば，点 L はトロコイド ALI 上の 1 点であるから，$x=\text{GK}=R\theta-r\sin\theta=\overparen{\text{GF}}-\overline{\text{OA}}\sin \text{A}\hat{\text{O}}\text{Q}, y=\text{KL}=R-r\cos\theta=\overline{\text{OG}}-\overline{\text{OA}}\cos \text{A}\hat{\text{O}}\text{Q}$ である。189

〔120〕 今日の定義では，$\angle$AOQ の正弦とは，むろん $\sin \text{A}\hat{\text{O}}\text{Q}=\dfrac{\overline{\text{RQ}}}{\overline{\text{OQ}}}$ のことであるが，ニュートン（の時代に）は，高さ $\overline{\text{RQ}}$，すなわち $\overline{\text{OQ}} \sin \text{A}\hat{\text{O}}\text{Q}$ あるいは $\overline{\text{OA}} \sin \text{A}\hat{\text{O}}\text{Q}$ のことを $\angle$AOQ（または弧 AQ）の正弦と呼んだ。なお，注〔62〕を見よ。190

〔121〕 図 71 における $\angle$AOQ を指し，これは角の真の値 AOq に対する一つの近似値であると考えている。190

〔122〕 惑星や衛星の軌道運動の場合についていえば，N はいわゆる平均近点距離 (mean anomaly) に当たる。物体が弧 Ap を描く時間を t，楕円軌道上を 1 周する時間（公転周期）を T とすれば，$\dfrac{\text{N}}{2\pi}=\dfrac{t}{T}$，すなわち $\text{N}=\dfrac{2\pi}{T}\cdot t=nt$ である。ただし，n は平均角速度，すなわち天文学でいう平均運動 (mean motion) に当たる。いま，楕円軌道の半長軸と半短軸をそれぞれ a, b とし，軌道の離心率を e とすれば，楕円の面積は πab で表わされるから，面積 ApS $=\dfrac{\pi ab}{T}\cdot t=\dfrac{ab}{2}nt$ $=\dfrac{ab}{2}$N である。いま，$\angle$AO$q=\theta$ とおく。θ はいわゆる離

心近点距離 (eccentric anomaly) に当たる。そうすれば，楕円の性質から，面積 $\mathrm{A}p\mathrm{S}=\dfrac{ab}{2}(\theta-e\sin\theta)$. したがって，いわゆるケプレルの方程式 (Kepler's equation) $\theta-e\sin\theta=\mathrm{N}\equiv nt$ が導かれる。この方程式の根 θ に対する一つの近似値を θ_0 (図71の ∠AOQ) とし，$\theta=\theta_0+\varDelta\theta_0$ とおけば，$(\theta_0+\varDelta\theta_0)-e\sin(\theta_0+\varDelta\theta_0) \fallingdotseq (\theta_0+\varDelta\theta_0)-e(\sin\theta_0+\cos\theta_0\cdot\varDelta\theta_0) = (\theta_0-e\sin\theta_0)+(1-e\cos\theta_0)\varDelta\theta_0 = \mathrm{N}$. ∴ $\varDelta\theta_0=\dfrac{\mathrm{N}-(\theta_0-e\sin\theta_0)}{1-e\cos\theta_0}=\dfrac{\mathrm{N}-\mathrm{N}_0}{1-e\cos\theta_0}$ である。ただし，N_0 は $\theta=\theta_0$ のときの N の値をあらわす。こうして得られた補正値 $\varDelta\theta_0$ を θ_0 に加えた $\theta_0+\varDelta\theta_0$ の値を，θ に対する新しい近似値として，上の計算を繰り返せば，根 θ のいっそう正確な値が得られる。190

〔123〕 今日の定義では，∠AOQ の余弦とは，むろん $\cos\mathrm{A\hat{O}Q}=\dfrac{\overline{\mathrm{OR}}}{\overline{\mathrm{OQ}}}$ のことであるが，ニュートン (の時代に) は，底 $\overline{\mathrm{OR}}$，すなわち $\overline{\mathrm{OQ}}\cos\mathrm{A\hat{O}Q}$ あるいは $\overline{\mathrm{OA}}\cos\mathrm{A\hat{O}Q}$ のことを ∠AOQ (あるいは弧 AQ) の余弦と呼んだ。191

〔124〕 角 B, D, E 等がいずれも弧度法 (ラジアン単位) であらわされたとすれば，仮定により，B:1=(楕円の焦点間の距離，SH):(楕円の長径，AB)$=2ae:2a=e:1$, すなわち B$=e$. また，L:$a=2a:2ae=1:e$, すなわち L$=\dfrac{a}{e}$. ゆえに，$\dfrac{\mathrm{D}}{\mathrm{B}}=\dfrac{\mathrm{D}}{e}=\dfrac{\overline{\mathrm{OA}}\sin\mathrm{A\hat{O}Q}}{\overline{\mathrm{OA}}}=\sin\mathrm{A\hat{O}Q}=\sin\theta_0$, すなわち D$=e\sin\theta_0$. また，$\dfrac{\mathrm{E}}{\mathrm{N-AOQ+D}}=\dfrac{\mathrm{E}}{\mathrm{N}-\theta_0+e\sin\theta_0}$

訳者注

$$= \frac{\mathrm{L}}{\mathrm{L}-\mathrm{OA}\cos\mathrm{A\widehat{O}Q}} = \frac{\dfrac{a}{e}}{\dfrac{a}{e}-a\cos\theta_0} = \frac{1}{1-e\cos\theta_0}.$$ したがって，$\mathrm{E} = \dfrac{\mathrm{N}-(\theta_0-e\sin\theta_0)}{1-e\cos\theta_0} = \dfrac{\mathrm{N}-\mathrm{N}_0}{1-e\cos\theta_0}$ である。すなわち，E は前注〔122〕における補正値 $\varDelta\theta_0$ に相当する。

次に，$\theta_0+\varDelta\theta_0=\theta_1$，$\theta=\theta_1+\varDelta\theta_1$ とおけば，$\dfrac{\mathrm{F}}{\mathrm{B}}=\dfrac{\mathrm{F}}{e}=\sin(\mathrm{A\widehat{O}Q}+\mathrm{E}) = \sin(\theta_0+\varDelta\theta_0) = \sin\theta_1$，あるいは $\mathrm{F}=e\sin\theta_1$．また，$\dfrac{\mathrm{G}}{\mathrm{N}-\mathrm{AOQ}-\mathrm{E}+\mathrm{F}} = \dfrac{\mathrm{G}}{\mathrm{N}-\theta_1+e\sin\theta_1} = \dfrac{\mathrm{L}}{\mathrm{L}-\overline{\mathrm{OA}}\cos(\mathrm{A\widehat{O}Q}+\mathrm{E})} = \dfrac{1}{1-e\cos\theta_1}$．したがって $\mathrm{G} = \dfrac{\mathrm{N}-(\theta_1-e\sin\theta_1)}{1-e\cos\theta_1} = \dfrac{\mathrm{N}-\mathrm{N}_1}{1-e\cos\theta_1}$ である。ただし，N_1 は $\theta=\theta_1$ のときの N の値をあらわす。G は近似値 θ_1 に対する補正値 $\varDelta\theta_1$ に相当する。すなわち，根 θ のいっそう正確な値は $\theta_1+\varDelta\theta_1$ で与えられる。すなわち $\theta_0+\varDelta\theta_0+\varDelta\theta_1$ あるいは $\mathrm{AOQ}+\mathrm{E}+\mathrm{G}$ で与えられる。以下同様である。191

〔125〕 A, P を結んで延長し，漸近線 OIK の延長と交わる点を L とすれば，双曲線の性質，および作図により，$\mathrm{OI}=\mathrm{KL}$ である。したがって，$\dfrac{\mathrm{IK}}{\mathrm{OI}} = \dfrac{\mathrm{IK}}{\mathrm{KL}}$ あるいは $\dfrac{\mathrm{IK}+\mathrm{OI}}{\mathrm{OI}} = \dfrac{\mathrm{IK}+\mathrm{KL}}{\mathrm{KL}}$，すなわち，$\dfrac{\mathrm{OK}}{\mathrm{OI}} = \dfrac{\mathrm{IL}}{\mathrm{KL}} = \dfrac{\mathrm{IA}}{\mathrm{KP}}$ である。ゆえに $\mathrm{OK}\cdot\mathrm{KP}=\mathrm{OI}\cdot\mathrm{IA}$，かつ $\angle\mathrm{OIA}=\angle\mathrm{OKP}$ であるから，両三角形 OIA, OKP は面積が相等しい。ゆえに，三角形 OPA と四角形 AIKP とは面積が相等しく，また両曲線図形 OPA, AIKP も面積が相等しい。192

〔126〕 今日の記号でいえば $\sin Y$ の値をさす。なお，注〔62〕を見よ。193

〔127〕 楕円の性質として，その上の点 P の位置の如何にかかわらず $\dfrac{\mathrm{CP}}{\mathrm{CD}} = \dfrac{\text{半短軸 } b}{\text{半長軸 } a} = $ 一定 だからである。195

〔128〕 注〔83〕を見よ。197

〔129〕 中心 S のまわりに間隔（半径）SC をもって円を描く物体の速度をさす。202

〔130〕「弧 AD の正弦」というのは，「弧 AD に対する中心角の正弦」という意味である。ただし，ニュートンのいう「正弦 (sine)」とは，今日いう正弦，すなわち $\dfrac{\text{高さ}}{\text{斜辺}}$ という比の値ではなくて，分子にあたる高さそのものをさす。なお，注〔62〕を見よ。205

〔131〕 あるいは次のように考えてもよい。図 83 において，直線 AS に沿って落下する物体 C と，円弧 AE 上を回転する物体 D とを考え，SD を結び，$\angle \mathrm{ASD} = \theta, \mathrm{AS} = \mathrm{SD} = R$ とおく。考える力は中心力であるから，面積速度は一定であるべきであり，したがって，半径 SD によって描かれる扇形 ASD の面積 $\dfrac{R^2 \theta}{2}$ は時間 t に比例し，したがって θ は t に比例する。すなわち $\theta = \omega t$（ω は一定）である。図から，弧 $\mathrm{AD} = R\theta = R\omega t$ であり，これは明らかに時間 t に比例する。また，物体 C の落下距離 AC を s で表わせば，$s = \mathrm{AS} - \mathrm{SC} = R(1 - \cos \theta)$ で，これはニュートンのいう弧の「正矢 (versed sine)」に当たる（なお，注〔63〕を見よ）。また，点 C における物体の速度を v とすれば，$v = \dfrac{ds}{dt} = R\omega \sin \theta$ で，これは明らかに $\mathrm{CD} (= R \sin \theta)$ に比例する。また，点

訳者注

Cにおける単位質量に働く力（加速度）を α とすれば，$\alpha = \dfrac{dv}{dt} = R\omega^2 \cos\theta$ であり，これは明らかに距離 SC($= R\cos\theta$) に比例する。205

〔132〕 図84において，点Aを座標の原点とし，直線ACおよびATをそれぞれ横軸（距離 s 軸）および縦軸（力 F 軸）にとり，かつ単位を適当に選べば，曲線面積 ABGE $= \displaystyle\int_0^s F ds = W$ で，W は力がなした仕事を表わし，かつこれは運動エネルギーの増加量を表わす（ここでは物体の初速度を0と考えているから，W はすなわち点Eにおける運動エネルギーの量そのものを表わす）。そしてこれが点Eでの物体の速度 v の自乗に比例するものと考えている。206

〔133〕 前注により曲線面積 ABGE $= \displaystyle\int_0^s F ds = W = kv^2$（$k$ は比例定数）．作図により EM $= \dfrac{k'}{\sqrt{\text{曲線面積 ABGE}}}$（$k'$ は比例定数）．ゆえに，EM $= \dfrac{k'}{\sqrt{kv^2}} \equiv \dfrac{c}{v}$，曲線面積 ABTVME $= \displaystyle\int_0^s \overline{\text{EM}} \cdot ds = \int_0^s \dfrac{c}{v} ds = \int_0^s \dfrac{c}{\left(\dfrac{ds}{dt}\right)} ds = c \int_{(0)}^{(s)} dt = ct$ である。207

〔134〕 Iはいわゆる増分に当たり，微小量と考えられている。207

〔135〕 今日の記号でいえば V^2 である。また，ニュートンは，「Vの自乗」のことを $V_{\text{quad}}, V_q, VV, V^2$ などの記号で（しかもそれらを適宜併用して）あらわしており，たとえば $\dfrac{Y^2 Z^2}{X^3}$ のことを $\dfrac{YYZZ}{X^3}$ などとも書いている。207

〔136〕 英語で the first ratios of those quantities when just

393

nascent. 微小量どうしの比，あるいは微分商を意味する。207

〔137〕 力 IT をさす。物体の質量を m，加速度を α，力を F とすれば，$F=m\alpha$ である。すなわち，一定質量の物体についていえば，加速度 α は力 F に比例する。212

〔138〕 英語で the first ratios of the nascent lines. 微小量どうしの比の意味。212

〔139〕 物体の速度を v とすれば，$\frac{dv}{dt}=\alpha=\frac{F}{m}$，あるいは $\varDelta v=\alpha\cdot\varDelta t=\frac{F}{m}\cdot\varDelta t$ である。すなわち，速度の増加量（加速量）$\varDelta v$ は，力 F と，力の作用時間 $\varDelta t$ との積に比例する。212

〔140〕 あるいは次のように考えてもよい。求心力を F とすれば，$F=-kA^{n-1}$（k は比例定数）である。また，物体の質量を m，加速度を α とすれば $F=m\alpha$。ゆえに，$\alpha=-\frac{k}{m}A^{n-1}$。ところが，$\alpha=\frac{dv}{dt}=\frac{dv}{dA}\cdot\frac{dA}{dt}=v\frac{dv}{dA}$。ゆえに $v\frac{dv}{dA}=-\frac{k}{m}A^{n-1}$，あるいは $vdv=-\frac{k}{m}A^{n-1}dA$。ゆえに，$v^2=-\frac{k}{mn}A^n+$ 一定 であり，$A=P$ のとき $v=0$ であるから，$v^2=\frac{k}{mn}(P^n-A^n)$ である。すなわち v は $\sqrt{P^n-A^n}$ に比例する。213

〔141〕 考える力は中心力であるから，面積速度は一定であり，したがって面積 ICK はその描画時間に比例する。215

〔142〕 ただし，ZZ は今日の記号で書けば Z^2 である。なお，注〔135〕を見よ。215

〔143〕 英語で the nascent particles. 微積分学でいう「増分」

訳 者 注

にあたる。216

〔144〕 ニュートンのいう「正弦 (sine)」とは，今日いう正弦，すなわち $\frac{高さ}{斜辺}$ という比の値ではなくして，分子にあたる高さそのものをさす。また，斜辺のことを「半径 (radius)」といっている。なお，注〔62〕を見よ。217

〔145〕 円錐曲線 VRS が双曲線である場合（図87の左の図の場合）には，接点 R が主頂点 V から遠ざかるにつれて，接線 RT は次第に漸近線へと近づく。いま，その漸近線と直線 CV との交点を T_∞ とすれば，T_∞ は中心 C と一致する。したがって物体は，VPQ という一種の螺旋状経路を描きながら，中心 C へと近づく。

また，円錐曲線 VRS が楕円である場合（図87の右の図の場合）には，接点 R が主頂点 V から次第に遠ざかり，楕円の短軸端へと近づくにつれて，交点 T は次第に中心 C から遠ざかり，CT はついに無限大となる。217

〔146〕 中心 C へと向かう求心力の加速度の大きさを一般に P とすれば，極座標で表わされた運動方程式は $\frac{d^2r}{dt^2} - r\left(\frac{d\theta}{dt}\right)^2 = -P$ である。また，力は中心力であるから，面積速度一定の法則により，$r^2\frac{d\theta}{dt} = $ 一定 $(=h)$. いま，$u = \frac{1}{r}$ とおけば，

$\frac{d\theta}{dt} = \frac{h}{r^2} = hu^2$, $\frac{dr}{dt} = \frac{d}{dt}\left(\frac{1}{u}\right) = -\frac{1}{u^2}\frac{du}{dt} = -\frac{1}{u^2}\frac{du}{d\theta}\frac{d\theta}{dt}$
$= -h\frac{du}{d\theta}$, $\frac{d^2r}{dt^2} = \frac{d}{dt}\left(-h\frac{du}{d\theta}\right) = -h\frac{d}{d\theta}\left(\frac{du}{d\theta}\right)\frac{d\theta}{dt} =$
$-h^2u^2\frac{d^2u}{d\theta^2}$. ゆえに，運動方程式は $\frac{d^2u}{d\theta^2} + u = \frac{P}{h^2u^2}$ となる。もし求心力が距離の3乗に逆比例するならば，$P = \frac{\mu}{r^3}$

395

(μ は比例定数)$=\mu u^3$ であり,したがって運動方程式は $\dfrac{d^2u}{d\theta^2}+\left(1-\dfrac{\mu}{h^2}\right)u=0$ となる。ゆえに

(i) もし $h^2<\mu$ ならば,$1-\dfrac{\mu}{h^2}<0$ であり,$\dfrac{\mu}{h^2}-1=n^2$ とおけば,方程式の一般解は $u=Ae^{n\theta}+Be^{-n\theta}$ で与えられる。初めの条件として,$t=0$ のとき,$\theta=0, u=\dfrac{1}{r}=\dfrac{1}{a}$,$\dfrac{du}{d\theta}=0$ ととれば,$A=B=\dfrac{1}{2a}$ となる。したがって,解は $u=\dfrac{1}{2a}(e^{n\theta}+e^{-n\theta})$,あるいは $r=\dfrac{2a}{e^{\sqrt{\frac{\mu}{h^2}-1}\cdot\theta}+e^{-\sqrt{\frac{\mu}{h^2}-1}\cdot\theta}}$ となる。これは図 87 の左の図にある螺旋状曲線 VPQ を表わす。

(ii) もし $\mu<h^2$ ならば,$1-\dfrac{\mu}{h^2}>0$ であり,$1-\dfrac{\mu}{h^2}=n^2$ とおけば,方程式の一般解は $u=A\cos n\theta+B\sin n\theta$ で与えられ,上と同じ初めの条件をとれば,$A=\dfrac{1}{a}, B=0$ となる。したがって,解は $u=\dfrac{\cos n\theta}{a}$,あるいは $r=\dfrac{a}{\cos\left(\sqrt{1-\dfrac{\mu}{h^2}}\cdot\theta\right)}$ となる。これは図 87 の右の図にある曲線 VPQ を表わす。この曲線は $\theta=\dfrac{\pi}{2\sqrt{1-\dfrac{\mu}{h^2}}}$ のとき $r=\infty$ となることは明らかである。

一般に,曲線上の任意の点 $P(r,\theta)$ において曲線にひいた接線へ中心 C から下した垂線の長さを p とすれば,曲線論の教えるところにより,$\dfrac{1}{p^2}=\dfrac{1}{r^2}+\dfrac{1}{r^4}\left(\dfrac{dr}{d\theta}\right)^2=u^2+\left(\dfrac{du}{d\theta}\right)^2$ である。これをいまの場合に適用すれば,$\dfrac{1}{p^2}=$

$\dfrac{(1-n^2)}{a^2} \times \cos^2 n\theta + \dfrac{n^2}{a^2}$ となる。ゆえに $r=\infty$ に対応する角 θ に対しては，$\dfrac{1}{p^2} = \dfrac{n^2}{a^2}$，あるいは $p = \dfrac{a}{n} = \dfrac{a}{\sqrt{1-\dfrac{\mu}{h^2}}}$ である。218

〔147〕 英語で the nascent lines. 微小線分の意味であり，微積分学でいう「増分」にあたる。219

〔148〕 英語で the first ratios of the nascent lines. 微小線分あるいは「増分」の比の意味。注〔138〕を見よ。224

〔149〕 弧 RK に対する中心角 RCK を θ，半径 RC あるいは KC を R としたときの $R(1-\cos\theta)$ という値，すなわち，今日の記号でいう $R\cdot\mathrm{vers}\,\theta$ のことをニュートンは弧 RK の「正矢 (versed sine)」と呼んでいる。これは $\dfrac{(弧\,\mathrm{RK})^2}{2\times(半径\,\mathrm{KC})}$ あるいは $\dfrac{rk^2}{2k\mathrm{C}}$ に等しい。なお，注〔63〕を見よ。225

〔150〕 楕円軌道の長軸端 V における物体の速度を v_V とすれば，物体を半径 CV の円周上を v_V の速度で回転させる力の加速度は $\dfrac{v_\mathrm{V}^2}{\mathrm{CV}}$ で表わされる。また，点 V において作用する力（万有引力）の加速度は $\dfrac{\mathrm{F}^2}{\mathrm{CV}^2}$ で与えられる。ただし，$\mathrm{F}^2 \equiv \mu \equiv GM$ で，G は万有引力の定数，M は楕円の焦点 C に位置すると考えられる天体の質量を表わす。ゆえに，2 力の比は $\dfrac{v_\mathrm{V}^2}{\mathrm{CV}} : \dfrac{\mathrm{F}^2}{\mathrm{CV}^2} = \dfrac{v_\mathrm{V}^2 \cdot \mathrm{CV}^2}{\mathrm{F}^2 \cdot \mathrm{CV}}$. ところが，$v_\mathrm{V} \cdot \mathrm{CV} = h$（$h$ は動径 CP が描く面積速度の 2 倍），したがって $v_\mathrm{V}^2 \cdot \mathrm{CV}^2 = h^2 = \mu\mathrm{R} = \mathrm{F}^2 \cdot \mathrm{R}$（R は楕円の半通径）．ゆえに，上の 2 力の比は $\dfrac{h^2}{\mathrm{F}^2 \cdot \mathrm{CV}} = \dfrac{\mathrm{F}^2 \cdot \mathrm{R}}{\mathrm{F}^2 \cdot \mathrm{CV}} = \dfrac{\mathrm{R}}{\mathrm{CV}}$. すなわち，半通径 R と距離 CV との比をなす。なお，上記の $h^2 = \mu\mathrm{R}$ の関係に

ついては注〔93〕を見よ。226

〔151〕 物体を半径 CV の円周上を v_V の速度で回転させる力の加速度は $\dfrac{v_V^2}{CV}$ で表わされるが,この加速度と,楕円の長軸端 V において作用する引力(万有引力)の加速度 $\dfrac{F^2}{CV^2}$ との比は,楕円の半通径 R と距離 CV との比に等しいから,$\dfrac{v_V^2}{CV} : \dfrac{F^2}{CV^2} = R : CV$. したがって $\dfrac{v_V^2}{CV} = \dfrac{F^2}{CV^2} \times \dfrac{R}{CV} = \dfrac{RF^2}{CV^3}$ である。

また,この力の加速度 $\dfrac{v_V^2}{CV}$ $\left(あるいは \dfrac{RF^2}{CV^3}\right)$ に対して,$(G^2-F^2) : F^2$ という比をなすような力の加速度 α を考えれば,$\alpha : \dfrac{v_V^2}{CV} = \alpha : \dfrac{RF^2}{CV^3} = (G^2-F^2) : F^2$. すなわち $\alpha = \dfrac{RF^2}{CV^3} \times \dfrac{G^2-F^2}{F^2} = \dfrac{R(G^2-F^2)}{CV^3}$ である。226

〔152〕 中心 C を極座標の極として選んだときに,固定楕円軌道 VPK の方程式は $r^2 = \dfrac{b^2}{1-e^2\cos^2\theta}$ (b は半短軸, e は離心率) あるいは $u^2 \equiv \dfrac{1}{r^2} = \dfrac{1-e^2\cos^2\theta}{b^2}$ で表わされる。また,力の中心が,描かれるべき楕円軌道の中心 C と一致する場合には,その力は中心 C からの距離 r に比例する引力でなければならないから(命題10,問題5),いまこの力(の加速度)を kr とおけば,運動方程式 $\dfrac{d^2u}{d\theta^2} + u = \dfrac{P}{h^2u^2}$ (注〔146〕を見よ) から,$P = h^2u^2\left(\dfrac{d^2u}{d\theta^2} + u\right) = \dfrac{h^2(1-e^2)}{b^3\sqrt{1-e^2\cos^2\theta}} = \dfrac{h^2(1-e^2)}{b^4}r = kr$, すなわち $k = \dfrac{h^2(1-e^2)}{b^4}$. 楕円の半長軸 T と半通径 R とを用いれば,$k = \dfrac{h^2}{b^2T^2} = \dfrac{h^2}{T^3R}$ である。

訳　者　注

　　いま，固定楕円軌道の長軸端 V における物体の速度を v_V とすれば，物体を半径 CV(=T) の円周上を v_V の速度で回転させる力と，点 V において物体に働く引力 $kr = k \cdot CV = kT$ との比は，$\dfrac{v_V^2}{T} : kT = v_V^2 : kT^2 = v_V^2 T^2 : kT^4$ である。ところが，$v_V T = h$（動径 CP が描く面積速度の 2 倍），ゆえに $\dfrac{v_V^2}{T} = \dfrac{h^2}{T^3}$。この力に対し $(G^2 - F^2) : F^2$ という比をなすような力の加速度を α とすれば，$\alpha : \dfrac{h^2}{T^3} = (G^2 - F^2) : F^2$。すなわち，$\alpha = \dfrac{h^2(G^2 - F^2)}{T^3 F^2}$。この α は，固定楕円軌道 VPK に沿って物体 P を回転させる力と，可動楕円 upk に沿って物体 p を回転させる力との，長軸端 V における差であるから，任意高度 A における対応する差は $\dfrac{h^2(G^2 - F^2)}{A^3 F^2}$，あるいは，$h^2 = F^2 R$ とおいて，$\dfrac{R(G^2 - F^2)}{A^3}$ である。ゆえに，固定楕円上を回転させる力と，可動楕円上を回転させる力との比は，$kA : kA + \dfrac{R(G^2 - F^2)}{A^3}$，すなわち $\dfrac{F^2 A}{T^3} : \dfrac{F^2 A}{T^3} + \dfrac{R(G^2 - F^2)}{A^3}$ である。227

〔153〕　動径 CP によって描かれる面積速度を h とし，$h^2 = VF^2 R = F^2 l$，すなわち $V = \dfrac{l}{R}$ とおく，ただし，l は軌道の半通径，R は長軸端（あるいは頂点）V における軌道の曲率半径を表わす。楕円（のみならず一般に円錐曲線）においては，$l = R$ であり，したがって $V = 1$ である。228

〔154〕　いわゆるニュートンの二項定理のことである。231

〔155〕　物体が同じ長軸端へと再び帰ってくる全角運動を θ

とし，これと1回転の角運動すなわち360°との比を考えれば，$\dfrac{\angle \mathrm{VC}p}{\angle \mathrm{VCP}} = \dfrac{\theta}{360°} = \dfrac{\mathrm{G}}{\mathrm{F}} = \dfrac{m}{n}$ である。いま，例題2におけるnの代わりにpと書き，求心力が$\mathrm{A}^{p-3} = \dfrac{\mathrm{A}^{p}}{\mathrm{A}^{3}}$に比例するものとすれば，$\dfrac{\mathrm{G}^2}{\mathrm{F}^2} = \dfrac{1}{p} = \dfrac{m^2}{n^2}$，したがって $p = \dfrac{n^2}{m^2}$，すなわち求心力は $\mathrm{A}^{\frac{n^2}{m^2}-3}$ に比例する。そしてこの場合 $\theta = \dfrac{m}{n} \times 360° = \dfrac{360°}{\sqrt{p}}$ である。235

〔156〕 $\mathrm{A}^{\frac{n^2}{m^2}-3} \equiv \dfrac{1}{\mathrm{A}^{3-\frac{n^2}{m^2}}}$，すなわち，求心力は距離 A の $3 - \dfrac{n^2}{m^2}$ 乗に逆比例する。$\dfrac{n}{m}$ は実数であるから，$3 - \dfrac{n^2}{m^2}$ は3より大きくはなりえない。235

〔157〕 力が高度 A の3乗比よりも大きな割合で減少するとき，換言すれば，力が A^q に逆比例 $\left(\dfrac{1}{\mathrm{A}^q}\text{に比例}\right)$ し，かつ $3 \leqq q$ である場合には，$\dfrac{\mathrm{G}^2}{\mathrm{F}^2}$ すなわち $\dfrac{m^2}{n^2}$ の値は負となり，したがって $\dfrac{\angle \mathrm{VC}p}{\angle \mathrm{VCP}} = \dfrac{\theta}{360°} = \dfrac{\mathrm{G}}{\mathrm{F}} = \dfrac{m}{n}$ を満足すべき $\dfrac{m}{n}$ の実数値，あるいは θ の実数値は存在しない。236

〔158〕 力が高度の3乗比よりも小さな割合で減少するか，あるいは高度の任意の比率で増加する場合，換言すれば，力が A^q に逆比例 $\left(\dfrac{1}{\mathrm{A}^q}\text{に比例}\right)$ し，かつ $q < 3$ である場合には，$\dfrac{\mathrm{G}^2}{\mathrm{F}^2}$ すなわち $\dfrac{m^2}{n^2}$ の値は正となり，したがって $\dfrac{\angle \mathrm{VC}p}{\angle \mathrm{VCP}} = \dfrac{\theta}{360°} = \dfrac{\mathrm{G}}{\mathrm{F}} = \dfrac{m}{n}$ を満足すべき $\dfrac{m}{n}$ の実数値，あるいは θ の実数値が必ず存在する。たとえば，q が 2, 1, 0,

訳者注

$-1, -2, \cdots$ の場合には，$\dfrac{m^2}{n^2}$ はそれぞれ $1, \dfrac{1}{2}, \dfrac{1}{3}, \dfrac{1}{4}, \dfrac{1}{5}, \cdots$ となり，対応する θ の値（絶対値）はそれぞれ $360°, \dfrac{360°}{\sqrt{2}}, \dfrac{360°}{\sqrt{3}}, \dfrac{360°}{2}, \dfrac{360°}{\sqrt{5}}, \cdots$ となって，いずれも $360°$ を超えない値となる。236

〔159〕 線分 SC は，与えられた平面 PQR 外の与えられた点 S から，その平面に下した垂線をあらわす。したがって点 C もまた与えられた点と見なしうる。241

〔160〕 この場合，物体は中心 C からの距離に比例する引力（復元力）を受けるので，その運動はいわゆる単振動（simple harmonic motion）にほかならない。243

〔161〕 英語で the evanescent figure. 微小図形というのに同じ。246

〔162〕 英語で cosine. ここにいう余弦とは，今日いう余弦すなわち $\dfrac{底辺}{斜辺}$ の意味ではなくて，単にこの分子にあたる底辺の長さをさすものである。なお，ニュートンは分母の斜辺（hypothenuse）のことをしばしば半径（radius）という言葉で言い表わしている。なお，注〔123〕を見よ。247

〔163〕 線分 BV を R，∠BVP を θ で表わせば，BV−VP$=R(1-\cos\theta)$ であり，ニュートンはこの $R(1-\cos\theta)$ のことを角 BVP の正矢（versed sine）と呼んでいる。今日では単に $1-\cos\theta$ のことを正矢と呼び，vers θ という記号で表わす。なお，注〔63〕，〔149〕を見よ。247

〔164〕 英語で sine. 点 E から弦 BP に下した垂線の長さの意味。なお，注〔62〕を見よ。247

〔165〕 命題 48，定理 16 および命題 49，定理 17 に関する証

401

明から，一般に $\dfrac{\widehat{\mathrm{AP}}}{\mathrm{BV}-\mathrm{VP}}=\dfrac{2\mathrm{CE}}{\mathrm{CB}}$（＝一定）という関係が成り立つことが知られる。いま，特に点Pが点Sの位置にきた場合を考えれば，$\dfrac{\widehat{\mathrm{AS}}}{\mathrm{BV}}=\dfrac{2\mathrm{CE}}{\mathrm{CB}}$ である。したがって，

$\dfrac{\widehat{\mathrm{AS}}}{\mathrm{BV}}=\dfrac{\widehat{\mathrm{AP}}}{\mathrm{BV}-\mathrm{VP}}=\dfrac{\widehat{\mathrm{AS}}-\widehat{\mathrm{AP}}}{\mathrm{VP}}$（差比の定理による）$=\dfrac{\widehat{\mathrm{PS}}}{\mathrm{VP}}=\dfrac{2\mathrm{CE}}{\mathrm{CB}}$ である。247

〔166〕 前注〔165〕を見よ。247

〔167〕 線分 OA, VB は二つの同心円 QOVS, FABD によって切り取られた半径の部分であるから，当然相等しい。また，図 95 の円弧 QOVS, サイクロイド弧 QRTS, および点 V, T, W は，それぞれ図 94 の円弧 ABL, サイクロイド弧 APSL, および点 B, P, V に相当し，つまり，図 95 の線分 VW は，図 94 の輪の直径 BV に相当するから，明らかに線分 OR に等しい。248

〔168〕 サイクロイド STRQ はサイクロイド APS の伸開線 (involute) であり，サイクロイド APS はサイクロイド STRQ の縮閉線 (evolute) である。249

〔169〕 命題 50，問題 33 の証明から，

$\dfrac{\text{半サイクロイドの長さ}\ \widehat{\mathrm{AS}}}{\text{輪の直径 AO}}$
$=\dfrac{(\text{外球の半径 CA})+(\text{内球の半径 CO})}{\text{外球の半径 CA}}$. 同様に，

$\dfrac{\text{半サイクロイドの長さ}\ \widehat{\mathrm{SR}}}{\text{輪の直径 OR}}=\dfrac{\mathrm{CO}+\mathrm{CR}}{\mathrm{CO}}$. これら両式を辺々割り算して，$\dfrac{\widehat{\mathrm{AS}}}{\widehat{\mathrm{SR}}}=\dfrac{\mathrm{AO}}{\mathrm{OR}}\dfrac{\mathrm{CA}+\mathrm{CO}}{\mathrm{CA}}\dfrac{\mathrm{CO}}{\mathrm{CO}+\mathrm{CR}}$

$$= \frac{CA-CO}{CO-CR}\frac{CA+CO}{CA}\frac{CO}{CO+CR} = \frac{CA^2-CO^2}{CO^2-CR^2}\frac{CO}{CA}$$ である。作図により，$\frac{CA}{CO}=\frac{CO}{CR}$，あるいは $CO^2=CA\cdot CR$．ゆえに，$\frac{\widehat{AS}}{\widehat{SR}}=\frac{CA^2-CA\cdot CR}{CA\cdot CR-CR^2}\frac{CO}{CA}=\frac{CO}{CR}=\frac{CA}{CO}$．すなわち，$\widehat{AS}:AC=\widehat{SR}:CO$ である。249

〔170〕 CV は点 C を中心とする円弧 QVS の半径であり，また WV は円弧 QVS に沿って転がる輪の直径であるから，いずれも与えられている。また三角形 CWX と VWT は相似であるから，$\frac{TX}{TW}=\frac{CV}{WV}=$ 一定 である。250

〔171〕 振子には，常に釣合の位置からの変位に比例する復元力が働いていることをいう。したがって運動は単振動であるべきであり，周期は振幅の大小には依らないことになる。251

〔172〕 英語で absolute force. 単位質量の質点が，ある物体から単位の距離において受けるべき力の大きさをいう。なお，注〔13〕を見よ。253

〔173〕 英語で accelerative force. 力の加速度というのに同じ。なお，注〔14〕，〔18〕，〔46〕を見よ。253

〔174〕 英語で nascent arc. 微小弧というのに同じ。なお，注〔78〕，〔147〕を見よ。253

〔175〕 図 94 において，転輪の直径 BV が球面 ABL の半径 CB に等しいときは，点 P の軌跡 APL は，球面の中心 C を通る一つの直線となる。254

〔176〕 命題 52，問題 34 に述べられた後半の部分をさす。254

〔177〕 半径 r の円が x 軸上を転がるときに、円の周上の1定点 P が描く軌跡（通常のサイクロイド）は $x=r\theta-r\sin\theta$, $y=r-r\cos\theta$ で与えられる。原点 O から測られたサイクロイドの弧の長さ OP を s とすれば、$s=\int_{(0)}^{(\theta)}ds=\int_{(0)}^{(\theta)}\sqrt{dx^2+dy^2}=\sqrt{2}r\int_0^\theta\sqrt{1-\cos\theta}\,d\theta=4r\left(1-\cos\dfrac{\theta}{2}\right)=4r\operatorname{vers}\dfrac{\theta}{2}$ である。なお、ニュートン（の時代に）は、$1-\cos\dfrac{\theta}{2}=\operatorname{vers}\dfrac{\theta}{2}$ そのものでなくて、$r\left(1-\cos\dfrac{\theta}{2}\right)$ のことを、角 θ（あるいはそれに対する弧）の半分の正矢と呼んだ。

255

〔178〕 ここのところは、英訳書（A. Motte 訳、F. Cajori 改訂）では次のようになっている。For gravity (as will be shown in the third book) decreases in its progress from the surface of the earth; <u>upwards as the square root of the distances from the centre of the earth</u>; downwards as these distances. すなわち、下線を付した部分は「上に向かっては地球の中心からの距離の平方根に比例して」ということになるが、これは明らかに誤訳である。そして、この英訳書を底本とした邦訳書の中にも、この誤訳がそのまま繰り返されているものがある。（たとえば河辺六男訳『ニュートン 自然哲学の数学的諸原理』、中央公論社『世界の名著』26、昭和 46 年、199 頁を見よ）。参考までにラテン語による原文を示せば次のとおりであり、「上に向かっては地球の中心からの距離の自乗比で」と訳すべきものである。Nam gravitas (ut in Libro tertio docebitur) decrescit in progressu a superficie

訳者注

Terræ, sursum quidem in duplicata ratione distantiarum a centro eius, deorsum vero in ratione simplici. 事実，たとえば第III編の命題3では「月をその軌道上に保つ力は，地球へと向かい，地球の中心からその場所までの距離の自乗に逆比例する」となっており，また命題5の系IIでは「任意の1惑星へと向かう重力は，その惑星の中心からその場所までの距離の自乗に逆比例する」となっている。

なお，以上は地球の外部の1点における重力に関してであるが，いっぽう，地球の内部の重力に関しては，第III編の命題9に，「重力は，惑星の表面から下向きに考えるときは，ほぼその惑星の中心からの距離に比例して減少する」と述べられている。255

〔179〕 英語で common extremity. 共通重心をさす。共通重心は，そこから2物体までの距離をあらわす線分の共通の端にあたるから，このように呼んだもの。264

〔180〕 つまり並進運動。264

〔181〕 英語で accelerative forces. 単位質量についての力，つまり力の加速度というのに同じ。注〔46〕を見よ。272

〔182〕 英語で motive forces. いわゆる力あるいは外力というのに同じ。T, L はそれぞれ物体 T, L の質量をあらわす。なお，注〔17〕を見よ。272

〔183〕 点 D は物体 T と L との共通重心であり，また点 C は物体 T と L と S との共通重心（つまり点 D と物体 S との共通重心）である。ゆえに SD(T+L)=CS(T+L+S) という関係がある。すなわち，力 SD(T+L) は距離 CS に比例する。272

〔184〕 CS・S=CD(T+L)，すなわち CS : CD=(T+L) :

S(=一定)である。272

〔185〕 英語で absolute forces. 単位質量の質点が単位の距離において受けるべき力の大きさを意味する。なお，注〔13〕および〔19〕を見よ。274

〔186〕 英語で accelerative attractions. 引力の加速度というのに同じ。なお，注〔18〕を見よ。275

〔187〕 ここの考え方はちょうど，地球をまわる月の運動に及ぼす太陽の擾乱力の導き方（第III編，命題25，問題6）や，月や太陽などの及ぼす引力が地球上の場所々々によって異なるために生ずるいわゆる起潮力の考え方（第III編，命題24，定理19）などと同じである。279

〔188〕 つまり面積速度一定の法則をさす——これは力が中心力である場合にのみ成り立つ。280

〔189〕 力 MN は距離 PT が増大するとともに増大し，減少するとともに減少することに注目せよ。なお，注〔198〕を見よ。282

〔190〕 英語で apsides. 惑星の軌道の場合には近日点（perihelion）や遠日点（aphelion）を，また月の軌道の場合には近地点（perigee）や遠地点（apogee）をさす。そしてこれらを総称して apsides と呼ぶ。283

〔191〕 英語で syzygies. 惑星の場合には合（conjunction）や衝（opposition）を，また月の場合には朔（新月，new moon）や望（満月，full moon）をさす。そしてこれらを総称して syzygies という言葉で呼ぶ。283

〔192〕 軌道 PAB を仮りに円であるとし，かつ距離 ST が距離（半径）PT に比べて充分大きいとすれば，中心物体 T が物体 P に及ぼす求心力の，合 A や衝 B におけるその減少

訳 者 注

量は，矩象CあるいはDにおけるその増大量の約2倍に等しい。なお，注〔198〕を見よ。283

〔193〕 $\dfrac{半径TP}{周期の自乗}$ という比をさす。284

〔194〕 英語で the line of the apsides. 遠日点と近日点（あるいは遠地点と近地点）とを結ぶ直線のことで，軌道が楕円の場合にはその長軸と一致し，したがって楕円の中心と焦点とを通る。285

〔195〕 命題45，問題31，例題2の記号を用いれば，物体に働く求心力が物体の高度A（現在の場合の2物体間の距離PTに相当する）の $n-3$ 乗，つまり $A^{n-3}=\dfrac{1}{A^{3-n}}$ に比例するときは，$\angle VCp : \angle VCP = 1 : \sqrt{n}$ である。いま，$\angle VCP = 360°$ の場合を考えれば，$\angle VCp = \dfrac{360°}{\sqrt{n}}$ となる。ゆえに，もし $n=1$，すなわち求心力が $\dfrac{1}{A^2}$ に比例するとき，すなわち距離の自乗に逆比例するときは，$\angle VCp = 360°$ であって，遠近日点線は不動である。また，もし $n=1+\delta>1$，すなわち求心力が $\dfrac{1}{A^{2-\delta}}$ に比例するときは，$\angle VCp = \dfrac{360°}{\sqrt{1+\delta}} < 360°$ であって，遠日点や近日点は後退運動を行なう。また，もし $0<n=1-\delta<1$，すなわち求心力が $\dfrac{1}{A^{2+\delta}}$ に比例するときは，$\angle VCp = \dfrac{360°}{\sqrt{1-\delta}} > 360°$ であって，遠日点や近日点は前進運動を行なう。

　図105において，物体Pが物体TおよびSに関して点Cあるいは　Dという矩象の位置にあるとすれば，物体Pに及ぼす物体Sの擾乱力は，物体Tの及ぼす引力を助け

る方向に働くから，両者の組み合わせによる求心力は $\dfrac{1}{A^{2-\delta}}$ に比例する場合に属し，遠日点や近日点は後退運動を行なう。また，もし物体Pが点A（合）あるいはB（衝）の位置にあるとすれば，Sの及ぼす擾乱力は，Tの及ぼす引力と逆の方向に向かい，つまり引力を弱めるように作用するから，両者の組み合わせによる求心力は $\dfrac{1}{A^{2+\delta}}$ に比例する場合に属し，遠日点や近日点は前進運動を行なう。

なお，合Aあるいは衝Bの位置における，物体Sの及ぼす擾乱力の大きさは，矩象C,Dにおけるその擾乱力の大きさよりも大きいから，Pの軌道CADB全体にわたっての積分効果を考えれば，結局，物体Sの擾乱により，遠日点や近日点は前進運動を行なうこととなる。285

〔196〕 楕円軌道の長軸端 A,B（Aを近日点，Bを遠日点とする）が物体Tに関して，物体Sと矩象の位置にあるときには，これら2点A,Bに働く力（加速度）F_A, F_B は，それぞれ $F_A=$（物体Tの及ぼす引力，f_A）+（物体Sの及ぼす擾乱力，α）$=\dfrac{GM}{TA^2}+\alpha=\dfrac{GM}{a^2(1-e)^2}+\alpha$；$F_B=$（物体Tの及ぼす引力，$f_B$）+（物体Sの及ぼす擾乱力，$\alpha$）$=\dfrac{GM}{BT^2}+\alpha=\dfrac{GM}{a^2(1+e)^2}+\alpha$ である。ただし，G は（万有）引力の定数，M は物体Tの質量，a,e はそれぞれ楕円軌道の半長軸と離心率とをあらわす。したがって，$\dfrac{F_A}{F_B}=\dfrac{\dfrac{GM}{AT^2}+\alpha}{\dfrac{GM}{BT^2}+\alpha}<$

訳者注

$$\frac{\dfrac{GM}{\mathrm{AT}^2}}{\dfrac{GM}{\mathrm{BT}^2}}\ (\because\ 分数の分母,分子に等しい量を加えれば,1に近づく)$$

$=\left(\dfrac{\mathrm{BT}}{\mathrm{AT}}\right)^2=\left(\dfrac{1+e}{1-e}\right)^2$ である。すなわち,長軸端が矩象の位置にあるときには,近日点における力と遠日点における力との比は,楕円の焦点から遠日点までの距離と,同じ焦点から近日点までの距離との比の自乗よりも小さい。

また,長軸端 A, B が,物体 T に関し,物体 S と合や衝の位置にあるときには,これら 2 点 A, B に働く力(の加速度)$F'_\mathrm{A}, F'_\mathrm{B}$ は,それぞれ $F'_\mathrm{A}=$(物体 T の及ぼす引力,f_A)−(物体 S の及ぼす擾乱力,α')$=\dfrac{GM}{\mathrm{AT}^2}-\alpha'=\dfrac{GM}{a^2(1-e)^2}-\alpha'$;$F'_\mathrm{B}=$(物体 T の及ぼす引力,$f_\mathrm{B}$)−(物体 S の及ぼす擾乱力,$\alpha'$)$=\dfrac{GM}{\mathrm{BT}^2}-\alpha'=\dfrac{GM}{a^2(1+e)^2}-\alpha'$. したがって,$\dfrac{F'_\mathrm{A}}{F'_\mathrm{B}}=$

$\dfrac{\dfrac{GM}{\mathrm{AT}^2}-\alpha'}{\dfrac{GM}{\mathrm{BT}^2}-\alpha'}>\dfrac{\dfrac{GM}{\mathrm{AT}^2}}{\dfrac{GM}{\mathrm{BT}^2}}=\left(\dfrac{\mathrm{BT}}{\mathrm{AT}}\right)^2=\left(\dfrac{1+e}{1-e}\right)^2$ である。すなわ

ち,長軸端が合や衝の位置にあるときには,近日点における力と遠日点における力との比は,距離の比の自乗よりも大きい。287

〔197〕 英語で absolute force. 単位質量をもつ 1 質点が,ある物体から単位の距離において受けるべき力の大きさをいう。物体 S の質量を M,引力の定数を G とすれば,GM がこの場合における物体 S の絶対力である。なお,注〔172〕を見よ。291

〔198〕 図 105 において，$PT=a, ST=D, SP=\rho, \angle STP=\theta$ とおけば，物体 S が物体 T に及ぼす引力（の加速度）SN は $SN=\dfrac{GM}{D^2}$ である．ここに，M は物体 S の質量，G は引力の定数をあらわす．また，物体 S が物体 P に及ぼす引力（の加速度）SL は $SL=\dfrac{GM}{\rho^2}$ であり，したがってそれらの PT 方向の成分 LM は $LM=\dfrac{GM}{\rho^2}\cdot\dfrac{a}{\rho}=\dfrac{GMa}{\rho^3}$．またそれの TS 方向の成分 SM は $SM=\dfrac{GM}{\rho^2}\cdot\dfrac{D}{\rho}=\dfrac{GMD}{\rho^3}$ である．ゆえに，分力 $NM=SM-SN=\dfrac{GMD}{\rho^3}-\dfrac{GM}{D^2}$．ところが $\rho^2=D^2-2aD\cos\theta+a^2$ であるから，もし $\dfrac{a}{D}\ll 1$ ならば，$\dfrac{1}{\rho^3}\fallingdotseq\dfrac{1}{D^3}\left(1+3\dfrac{a}{D}\cos\theta\right)$．したがって $NM\fallingdotseq\dfrac{3GMa}{D^3}\cos\theta$．また，$LM=\dfrac{GMa}{\rho^3}\fallingdotseq\dfrac{GMa}{D^3}$．すなわち，物体 S の及ぼす擾乱力の PT 方向の成分 LM，および TS 方向の成分 NM はいずれも「絶対力」GM に正比例し，距離 ST の 3 乗に逆比例する．特に P が合の位置 A にあるときは，$\theta=0$，したがって $NM=\dfrac{3GMa}{D^3}$ となり，擾乱力の合力は A から S のほうへと向かい，その大きさは $NM-LM=\dfrac{2GMa}{D^3}$ に等しい．また P が衝の位置 B にあるときは，$\theta=180°$．したがって $NM=-\dfrac{3GMa}{D^3}$ となり，すなわち分力 NM は B から S と反対の方向へと向かう．したがって擾乱力の合力も結局それと同じ向きを有し，その大きさは点 A におけると同じく $\dfrac{2GMa}{D^3}$ に等しい．また，P が矩象 C あるいは D の

位置にあるときは，$\theta=90°$ あるいは $\theta=270°$．したがって NM＝0 となり，擾乱力は成分 LM を有するだけとなり，その方向はいずれも C あるいは D から中心 T へと向かい，その大きさは $\dfrac{GMa}{D^3}$ に等しく，つまり，点 A あるいは B における値の半分に等しい。291

〔199〕 物体 S を半径 R の球と見なし，T から見た S の視半径を s とすれば，$s \fallingdotseq \sin s = \dfrac{R}{D}$．したがって，S の視直径は $2s \fallingdotseq \dfrac{2R}{D} = \dfrac{\text{S の直径 (一定)}}{D}$ である。すなわち視直径 $2s$ は距離 D に逆比例する。ところが，力 NM, ML はいずれも距離 D の 3 乗に逆比例する。ゆえにそれらの力は S の視直径 $2s$ の 3 乗に正比例する。291

〔200〕 英語で linear errors. 長さあるいは距離にあらわれる誤差をいう。この種の誤差の原因である擾乱力 NM, LM は，いずれも軌道の半径 TP($=a$) に比例することに注目せよ。292

〔201〕 英語で angular errors. 角あるいは方向にあらわれる誤差をいう。292

〔202〕 注〔198〕の式でいえば次のとおりである。力は LM $=\dfrac{GMa}{\rho^3}$ であり，その平均量は $\dfrac{GMa}{D^3}$ と考えてよく，また SK あるいは SN という平均力は $\dfrac{GM}{D^2}$ であらわされる。したがって，両者の比 $\dfrac{GMa}{D^3} : \dfrac{GM}{D^2}$ は $a : D$，すなわち長さ PT と長さ ST との比をなす。293

〔203〕 半径 PT を a，半径 ST を D とし，また物体 P, T, S の質量をそれぞれ m, M_1, M とする。また，物体 T のまわりを

まわる物体Pの公転周期を T_1 とし，物体Sのまわりをまわる物体T（およびP）の公転周期を T とする。そうすれば，物体Pを物体Tのまわりの軌道上に保持する力（の加速度）は $\frac{GM_1}{a^2}$ であり，物体Tを物体Sのまわりの軌道上に保持する平均力（の加速度）SN は SN$=\frac{GM}{D^2}$ である。したがって両者（後者対前者）の比は $\frac{GM}{D^2} : \frac{GM_1}{a^2} = \frac{Ma^2}{M_1 D^2} = \frac{MD}{M_1 a} \cdot \left(\frac{a^3}{D^3}\right)$。ところが，周知の公式（命題4，定理4，系Ⅵ関連，たとえば中野猿人『球面天文学』，古今書院，昭和27年，179頁）により，$\frac{a^3}{T_1^2} = \frac{G(M_1+m)}{4\pi^2} \fallingdotseq \frac{GM_1}{4\pi^2}; \frac{D^3}{T^2} = \frac{G(M+M_1+m)}{4\pi^2} \fallingdotseq \frac{GM}{4\pi^2}$。したがって $\frac{a^3}{D^3} = \frac{M_1 T_1^2}{MT^2}$ である。ゆえに，上の比の値は $\frac{MD}{M_1 a}\left(\frac{a^3}{D^3}\right) = \frac{D}{a} \cdot \frac{T_1^2}{T^2}$ となる。293

〔204〕 もし地球の自転軸（いわゆる地軸）が地球の主軸（いわゆる慣性の主軸）と一致しないときには，たとえ外力が働かなくとも，自転軸は主軸のまわりに一種の円錐運動を行ない，自転軸の両端に当たる地球の南北両極は，主軸の両端に当たる地表面の点をそれぞれ中心として円を描くことをいう。これがいわゆる**緯度変化**の主原因である。299

〔205〕 英語で accelerative attractions. 引力の加速度というのに同じ。なお，注〔46〕を見よ。302

〔206〕 英語で absolute attractive force. 牽引体（引力を及ぼす物体）の質量 M と（万有）引力の定数 G との積 GM のこと。なお，注〔19〕を見よ。302

〔207〕 英語で motive forces. いわゆる力，すなわち質量と

訳 者 注

加速度との積，あるいは運動量の時間的変化率をいう．なお，注〔17〕を見よ．303

〔208〕 英語で spherical bodies. ここでは一様な厚みをもつ中空の球形物体，すなわち，いわゆる「球殻」(spherical shells) を意味している．307

〔209〕 英語で corpuscle. 物体を形づくる無限小の微粒子の一つ一つを質点 (particle) と呼び，これに対して，いわば単独に存在する1個の粒子（その大きさも必ずしも無限小とは限らない）を corpuscle と呼んで両者を区別している．307

〔210〕 球面上の HI, KL のところの微小部分の面積をそれぞれ dS_1, dS_2 とし，P からそれらにいたる距離 PH, PL をそれぞれ r_1, r_2，また dS_1, dS_2 が P において張る立体角（相等しい）を $d\omega$ とし，切平面 HI, KL がそれぞれ直線 PH, PL となす角（相等しい）を θ とすれば，面積 dS_1, dS_2 の直線 PH, PL に直角な平面上への正射影の面積はそれぞれ $dS_1 \sin\theta, dS_2 \sin\theta$ であり，これらはそれぞれ $r_1^2 d\omega, r_2^2 d\omega$ に等しい．ゆえに $\dfrac{dS_1}{r_1^2} = \dfrac{dS_2}{r_2^2}$ である．いま，dS_1, dS_2 の部分の面積密度（一定）を σ とすれば，これら両部分の質量はそれぞれ $\sigma dS_1, \sigma dS_2$ に等しく，かつこれらはそれぞれ $\sigma dS_1 = \sigma \dfrac{r_1^2}{\sin\theta} d\omega, \sigma dS_2 = \sigma \dfrac{r_2^2}{\sin\theta} d\omega$ で表わされる．307

〔211〕 英語で evanescent orbs. 厚さの極めて薄い球殻を意味する．312

〔212〕 ここではむしろ引力の加速度，すなわち単位質量に働く引力を考えている．二つの均質な球 A, B の質量をそれぞれ M, m とし，両球の中心間の距離を r，（万有）引力の定数を G とすれば，両球間に働く引力の大きさ F は $F =$

$\dfrac{GMm}{r^2}$. したがって球 A が球 B に及ぼす引力の加速度 α は $\alpha = \dfrac{F}{m} = \dfrac{GM}{r^2}$ で表わされる。すなわち α は $\dfrac{M}{r^2}$ に比例する。314

〔213〕 この場合は，円錐曲線の中心または球の中心からの距離に比例する求心力が働くことに注目せよ（命題 10，問題 5 および命題 73，定理 33 を見よ）。315

〔214〕 極座標 r, θ, φ を用いるとき，物質の密度や引力が球の中心からの距離 r のみの関数 $f(r)$ であらわされ，θ, φ には無関係であること，換言すれば，それらが同心的層状分布を示すこと。315

〔215〕 英語で accelerative attractions. 引力の加速度というのに同じ。なお，注〔186〕を見よ。316

〔216〕 または動的引力。英語で motive attractions. 単に「引力」というのに同じ。ニュートンは求心力一般について，その「絶対的量（absolute quantity）」，「加速的量（accelerative quantity）」，「動力的量（motive quantity）」の三つの量を定義し，それらをたがいに区別した。すなわち，動力的引力（motive attractions）というのは，いわゆる絶対的引力（absolute attractions）や加速的引力（accelerative attractions）と区別するために用いられた言葉で，今日いう「引力」そのもののこと，つまり物体の運動量の時間的変化率，あるいは物体の質量とその加速度との積のことである。なお，注〔13〕，〔14〕，〔15〕を見よ。316

〔217〕 静止球の半径を R，質量を M，静止球と公転球との中心間の距離を a，また公転周期を T とすれば，円運動の場合には $\dfrac{a^3}{T^2} = \dfrac{GM}{4\pi^2}$（$G$ は万有引力の定数）である。ところ

訳者注

が，M は R の3乗に比例し，また仮定により，R は a に比例する。したがって $T=$ 一定 である。317

〔218〕 平面 EF を厚さの極めて薄い円盤として考えている。命題73の注を見よ。318

〔219〕 平面 EF, ef の面積を A，厚さを dr とすれば，円盤 EF, ef の体積は $A(r)dr$ であらわされる。これらの円盤が粒子 P に及ぼす力の合力は，PS の方向へと向かい，その大きさは $2\text{PS}\cdot A(r)dr$ に，すなわち $\text{PS}\cdot A(r)dr$ に比例する。したがって，球全体が粒子 P に及ぼす力も PS の方向へと向かい，その大きさは $\text{PS}\times\int A(r)dr$ に，すなわち $\text{PS}\cdot V$ (V は球の体積) に，あるいは $\text{PS}\cdot M$ (M は球の質量) に比例する。318

〔220〕 場合 1 におけると同じく，平面 ef, EF は厚さの極めて薄い円盤として考えられている。319

〔221〕 注〔214〕を見よ。320

〔222〕 図 114 において，2 点 P, r を結び，かつ $\text{PE}=R$, $\angle\text{FPE}=\theta$, $\angle\text{EP}r=\Delta\theta$ とおけば，弧 $r\text{E}$ の回転によって生ずる曲面の環状部分の面積 ΔS は，$\Delta S=2\pi R\sin\theta\times\widehat{r\text{E}}=2\pi R^2\sin\theta\cdot\Delta\theta$ であらわされる。いっぽう，小線分 Dd の長さは，$\overline{\text{D}d}=R\cos(\theta-\Delta\theta)-R\cos\theta\fallingdotseq R\sin\theta\cdot\Delta\theta$ であらわされる。ゆえに $\Delta S=2\pi R\times\overline{\text{D}d}$ である。すなわち，もし半径 PE($=R$) が不変ならば，面積 ΔS は長さ Dd に比例する。323

〔223〕 ここでニュートンのいわゆる「流率法」(method of fluxions)，つまり今日の微積分法の考えが使われている。すなわち，変化する PD の長さを一般に x，微小線分 Dd

の長さを dx であらわせば，PD・Dd の総和は $\int_{PD}^{PF} xdx = \left[\frac{1}{2}x^2\right]_{PD}^{PF} = \frac{1}{2}PF^2 - \frac{1}{2}PD^2$ である。323

〔224〕 PF＝PE である。ゆえにピタゴラスの定理により，$PF^2 - PD^2 = PE^2 - PD^2 = DE^2$ である。323

〔225〕 英語で altitude．「厚さ」の意味。323

〔226〕 ラテン語原書では $\dfrac{2SLD \times PS}{PE \times V} - \dfrac{LDq \times PS}{PE \times V} - \dfrac{ALB \times PS}{PE \times V}$ となっており，英訳書（A. Motte 訳，F. Cajori 改訂）では $\dfrac{2SLD \cdot PS}{PE \cdot V} - \dfrac{LD^2 \cdot PS}{PE \cdot V} - \dfrac{ALB \cdot PS}{PE \cdot V}$ となっているが，本訳書では，SLD，ALB などの面積をそれぞれ LS・LD，LA・LB などのような表わしかたに書きかえた。321

〔227〕 粒子 P の位置と球の中心 S の位置，および球の半径（SA, SB など）の大きさが与えられているとすれば，点 P, S, A, B, I, L などはいずれも定点であり，また長さ PS, LS, LA, LB などはいずれも定長である。かつ，$PE^2 = 2LD \cdot PS$ であるから，LD は PE の自乗に比例する。ゆえに，もし求心力が距離 PE のみの関数であるとすれば，V もまた PE のみの，あるいは LD のみの関数であり，したがって $\dfrac{DE^2 \cdot PS}{PE \cdot V}$ を三つの部分に分解した各項 $\dfrac{2LS \cdot LD \cdot PS}{PE \cdot V}$，$\dfrac{LD^2 \cdot PS}{PE \cdot V}$，$\dfrac{LA \cdot LB \cdot PS}{PE \cdot V}$ はそれぞれ $\dfrac{PE}{V}$，$\dfrac{PE^3}{V}$，$\dfrac{1}{PE \cdot V}$ に比例することになり，したがって，それらはいずれも距離 PE のみの，あるいは LD のみの関数として表わされる。327

〔228〕 ここでまたニュートンはいわゆる「流率法」，すなわ

訳 者 注

ち今日の微積分法の考えを使っている。すなわち，点L（定点）を原点とし，LDをx，LDの微小変化（微分）をdxで表わせば，「不定部分」LDを縦線とする求める面積は
$\int_{LA}^{LB} x\,dx = \left[\dfrac{x^2}{2}\right]_{LA}^{LB} = \dfrac{LB^2 - LA^2}{2} = \dfrac{(SL+SA)^2 - (SL-SA)^2}{2}$
$= 2SL \cdot SA = SL \cdot AB$ である。327

〔229〕 前注におけると同じく，点Lを原点にとり，$LD=x$とすれば，$\dfrac{LA \cdot LB}{LD}$ は $\dfrac{1}{LD}$ すなわち $\dfrac{1}{x}$ に比例するから，一つの双曲線を表わし，その縦線と直径ABとによって作られる図形面積は $LA \cdot LB \times \int_{LA}^{LB} \dfrac{dx}{x} = LA \cdot LB \times [\log x]_{LA}^{LB}$
$= LA \cdot LB \cdot (\log LB - \log LA) = LA \cdot LB \cdot \log \dfrac{LB}{LA}$ で表わされる。328

〔230〕 図117における台形$AabB$の面積は $\dfrac{1}{2}(Aa+Bb) \cdot AB = SL \cdot AB$ に等しいことに注目せよ。328

〔231〕 PEを一つの稜とする立方体の体積PE^3を，たとえば$2AS^2$という与えられた面積をもつ一つの平面上に「当てがう」ときは，高さとして $\dfrac{PE^3}{2AS^2}$ が得られる。この高さはPE^3に比例することは明らかである。328

〔232〕 図116において，△PHSは直角三角形であるから，$SH^2 = AS^2 = PS \cdot SI$. すなわち，$PS:AS = AS:SI$ である。すなわち，PS, AS, SI は連比例をなす。328

〔233〕 ラテン語原書では $\dfrac{LSI}{LD} - \dfrac{1}{2}SI - \dfrac{ALB \times SI}{2LDq}$ となっており，また英訳書（A. Motte 訳, F. Cajori 改訂）では，$\dfrac{LSI}{LD} - 1/2 \cdot SI - \dfrac{LA \cdot LB \cdot SI}{2LD^2}$ となっているが，本訳書では

さらに面積 LSI を SL・SI のような表わしかたに書きかえた。328

〔234〕 図 116 において，点 L を原点にとり，LD=x とすれば，$\dfrac{\text{SL} \cdot \text{SI}}{\text{LD}}$ は $\dfrac{1}{\text{LD}}$ すなわち $\dfrac{1}{x}$ に比例するから，一つの双曲線を表わし，その縦線と直径 AB とによって作られる図形面積は $\text{SL} \cdot \text{SI} \times \int_{\text{LA}}^{\text{LB}} \dfrac{1}{x} dx = \text{SL} \cdot \text{SI} \times [\log x]_{\text{LA}}^{\text{LB}} = \text{SL} \cdot \text{SI} \cdot (\log \text{LB} - \log \text{LA}) = \text{SL} \cdot \text{SI} \cdot \log \dfrac{\text{LB}}{\text{LA}}$ で表わされる。328

〔235〕 前注におけると同じく，LD=x とすれば，$\dfrac{\text{LA} \cdot \text{LB} \cdot \text{SI}}{2\text{LD}^2}$ は $\dfrac{1}{\text{LD}^2}$ すなわち $\dfrac{1}{x^2}$ に比例し，この縦線と AB とによって作られる図形面積は $\dfrac{\text{LA} \cdot \text{LB} \cdot \text{SI}}{2} \times \int_{\text{LA}}^{\text{LB}} \dfrac{1}{x^2} dx = \dfrac{\text{LA} \cdot \text{LB} \cdot \text{SI}}{2} \times \left[\dfrac{-1}{x} \right]_{\text{LA}}^{\text{LB}} = \dfrac{\text{LA} \cdot \text{LB} \cdot \text{SI}}{2\text{LA}} - \dfrac{\text{LA} \cdot \text{LB} \cdot \text{SI}}{2\text{LB}} = \dfrac{\text{LB} - \text{LA}}{2} \cdot \text{SI} = \dfrac{1}{2} \text{AB} \cdot \text{SI}$ で表わされる。328

〔236〕 英訳書（A. Motte 訳，F. Cajori 改訂）では，$\sqrt{(2\text{PS}+\text{LD})}$ となっているが，これは明らかに誤植である。329

〔237〕 LD=x とすれば，三つの部分 $\dfrac{\text{SI}^2 \cdot \text{SL}}{\sqrt{2\text{SI}}} \cdot \dfrac{1}{\sqrt{\text{LD}^3}}$；$\dfrac{\text{SI}^2}{2\sqrt{2\text{SI}}} \cdot \dfrac{1}{\sqrt{\text{LD}}}$；$\dfrac{\text{SI}^2 \cdot \text{LA} \cdot \text{LB}}{2\sqrt{2\text{SI}}} \cdot \dfrac{1}{\sqrt{\text{LD}^5}}$ と長さ AB とで作られる図形面積はそれぞれ $\dfrac{\text{SI}^2 \cdot \text{SL}}{\sqrt{2\text{SI}}} \times \int_{\text{LA}}^{\text{LB}} \dfrac{1}{\sqrt{x^3}} dx = \dfrac{\text{SI}^2 \cdot \text{SL}}{\sqrt{2\text{SI}}} \times \left[\dfrac{-2}{\sqrt{x}} \right]_{\text{LA}}^{\text{LB}} = \dfrac{2\text{SI}^2 \cdot \text{SL}}{\sqrt{2\text{SI}}} \cdot \left(\dfrac{1}{\sqrt{\text{LA}}} - \dfrac{1}{\sqrt{\text{LB}}} \right)$；$\dfrac{\text{SI}^2}{2\sqrt{2\text{SI}}} \times \int_{\text{LA}}^{\text{LB}} \dfrac{1}{\sqrt{x}} dx = \dfrac{\text{SI}^2}{2\sqrt{2\text{SI}}} \times [2\sqrt{x}]_{\text{LA}}^{\text{LB}} = \dfrac{\text{SI}^2}{\sqrt{2\text{SI}}} \cdot (\sqrt{\text{LB}} - \sqrt{\text{LA}})$；$\dfrac{\text{SI}^2 \cdot \text{LA} \cdot \text{LB}}{2\sqrt{2\text{SI}}} \times \int_{\text{LA}}^{\text{LB}} \dfrac{1}{\sqrt{x^5}} dx = \dfrac{\text{SI}^2 \cdot \text{LA} \cdot \text{LB}}{2\sqrt{2\text{SI}}} \times \left[\dfrac{-2}{3\sqrt{x^3}} \right]_{\text{LA}}^{\text{LB}} =$

$\dfrac{SI^2 \cdot LA \cdot LB}{3\sqrt{2}SI} \cdot \left(\dfrac{1}{\sqrt{LA^3}} - \dfrac{1}{\sqrt{LB^3}}\right)$ である。330

〔238〕 図 116 において，PI=2LI であり，また PS·SI = SH²=SA²=一定である。ゆえに，$\dfrac{4SI^3}{3LI} \propto \dfrac{SI^3}{PI} \propto \dfrac{1}{PS^3 \cdot PI}$ である。330

〔239〕 たがいに裏返しで相似。332

〔240〕 SA²=PS·IS であるから，$IE^n : PE^n = IS^n : SA^n = \sqrt{IS^n} : \sqrt{PS^n}$ である。この最後の比 $\sqrt{IS^n} : \sqrt{PS^n}$ は，仮定により距離 PS, IS における力の比の平方根にほかならない。332

〔241〕 この曲面（球面）の面積は $2\pi \cdot PF \cdot DF$ に等しく，体積は $2\pi \cdot PF \cdot DF \cdot O$ に等しい。333

〔242〕 仮に1粒子が球によって引かれる力 F が，球の中心から粒子までの距離 r の n 乗に逆比例するものとし，$F = \dfrac{k}{r^n}$ (k は比例定数) とおけば，r が dr だけ変化するとき，F の変化量 dF は $dF = \dfrac{-nk}{r^{n+1}} \cdot dr$ で表わされる。もし r が小さいならば，dF の絶対値 $\left|\dfrac{-nk}{r^{n+1}}dr\right|$ は n の値が増すとともに増し，減ずるとともに減ずることは明らかである。すなわち，たとえば $n=1, 2, 3$ のときの dF はそれぞれ $\dfrac{-k}{r^2}dr, \dfrac{-2k}{r^3}dr, \dfrac{-3k}{r^4}dr$ で，$\left|\dfrac{-k}{r^2}dr\right| < \left|\dfrac{-2k}{r^3}dr\right| < \left|\dfrac{-3k}{r^4}dr\right|$ である。また，たとえば $0<n<2$ のようなすべての n に対し，常に $\left|\dfrac{-nk}{r^{n+1}}dr\right| < \left|\dfrac{-2k}{r^3}dr\right|$ である。335

〔243〕 英語で concavoconvex orbs. 外から見れば凸面，内から見れば凹面をもつ一種の球状体で，いわゆる球殻

〔243〕（spherical shell）あるいは類似の立体を意味する。336

〔244〕 英語で accelerative attractions. 引力の加速度，あるいは引力に因る加速度の意味。注〔205〕を見よ。337

〔245〕 英語で the cubic sides of the bodies. 物体と同体積の立方体の稜の長さの意味。337

〔246〕 ここでまたニュートンはいわゆる「流率法」すなわち今日の微積分法の考えを使っている。すなわち，図123において，$PF=x$ とすれば，FK は $\frac{1}{PF^2}$ に，すなわち $\frac{1}{x^2}$ に比例するから，$FK=\frac{k}{x^2}$（k は比例定数）とおけば，面積は $AHIKL = \int_{PA}^{PH} \frac{k}{x^2} dx = k\left[\frac{-1}{x}\right]_{PA}^{PH} = k\left(\frac{1}{PA} - \frac{1}{PH}\right)$ である。すなわち，面積 AHIKL は $\frac{1}{PA} - \frac{1}{PH}$ に比例する。342

〔247〕 FK が $\frac{1}{D^n}$ に比例するから，$FK = \frac{k}{D^n}$（k は比例定数）とおけば，面積は $AHIKL = \int_{PA}^{PH} \frac{k}{D^n} dD = \frac{k}{n-1}\left[\frac{-1}{D^{n-1}}\right]_{PA}^{PH} = \frac{k}{n-1}\left(\frac{1}{PA^{n-1}} - \frac{1}{PH^{n-1}}\right)$ である。すなわち，面積 AHIKL は $\frac{1}{PA^{n-1}} - \frac{1}{PH^{n-1}}$ に比例する。342

〔248〕 $\frac{PF}{PR}$ が単に PB 倍されるという意味ではなくて，「$\frac{PF}{PR}$ が長さ PB にわたって積分されるときに」という意味。図125において，$PF=x, PA=a, PB=b, AD=BE=FR=c$ とおけば，$PR=\sqrt{x^2+c^2}$. ゆえに，$FK = k\left(1-\frac{PF}{PR}\right)$（$k$ は比例定数）$= k\left(1-\frac{x}{\sqrt{x^2+c^2}}\right)$ とおけば，面

訳 者 注

積 $\text{ALKIB} = \int_a^b k\left(1-\dfrac{x}{\sqrt{x^2+c^2}}\right)dx = k[x-\sqrt{x^2+c^2}]_a^b = k\{(b-a)-\sqrt{b^2+c^2}+\sqrt{a^2+c^2}\} = k(\text{AB}-\text{PE}+\text{PD})$. したがって,力は AB−PE+PD に比例する.なお,$\dfrac{\text{PF}}{\text{PR}}$ を長さ PB にわたって積分したもの,および PA にわたって積分したものは,それぞれ,$\int_0^b \dfrac{xdx}{\sqrt{x^2+c^2}} = [\sqrt{x^2+c^2}]_0^b = \sqrt{b^2+c^2}-c = \text{PE}-\text{AD}$; $\int_0^a \dfrac{xdx}{\sqrt{x^2+c^2}} = [\sqrt{x^2+c^2}]_0^a = \sqrt{a^2+c^2}-c=\text{PD}-\text{AD}$ であることは明らかである.344

〔249〕 引力が距離の自乗に逆比例する場合を考える.図 126 において,回転楕円体の中心 S を座標の原点とし,SP, SC の方向をそれぞれ x 軸および y 軸に選び,かつ SA=a, SC=b, SP=c, SE=x とおく.ただし,$a<b, a<c$ である.半径 ED の円板が粒子 P を引く力は (命題90,系Iにより) $1-\dfrac{\text{PE}}{\text{PD}}$ に比例するから,回転楕円体全体が粒子 P を引く力 F は $F=\int_{-a}^{a} k\left(1-\dfrac{\text{PE}}{\text{PD}}\right)dx$ (ただし k は比例定数) で与えられる.ところが,$\int_{-a}^{a}\left(1-\dfrac{\text{PE}}{\text{PD}}\right)dx = 2a - \int_{-a}^{a}\dfrac{(c-x)dx}{\sqrt{(c-x)^2+\dfrac{b^2}{a^2}(a^2-x^2)}}$ ($\equiv 2a-I_1$ とおく). また,弓形 KMRK の面積を S とすれば,$S=$面積 AKRMB −面積 AKMB $= \int_{-a}^{a} \text{ER} dx - 2ac = \int_{-a}^{a} \text{PD} dx - 2ac = \int_{-a}^{a}\sqrt{(c-x)^2+\dfrac{b^2}{a^2}(a^2-x^2)}\,dx - 2ac$ ($\equiv I_2-2ac$ とおく) である.I_1, I_2 を計算し,F の式に代入した後,変形し整理すれば,$\dfrac{F}{k} = \dfrac{2ab^2-2c\cdot S}{c^2+b^2-a^2}$ である.次に,AB($=2a$) を直径と

する球が粒子 P を引く力 F_0 は，上の計算において $b=a$ と
おくことにより，$\dfrac{F_0}{k} = 2a - \displaystyle\int_{-a}^{a} \dfrac{(c-x)dx}{\sqrt{(c-x)^2+(a^2-x^2)}} =$

$\dfrac{2a^3}{3c^2}$. ゆえに，$F : F_0 = \dfrac{\left(\dfrac{F}{k}\right)}{\left(\dfrac{F_0}{k}\right)} = \dfrac{ab^2 - c \cdot S}{c^2+b^2-a^2} : \dfrac{a^3}{3c^2} =$

$\dfrac{\mathrm{AS} \cdot \mathrm{CS}^2 - \mathrm{PS} \cdot \mathrm{KMRK}}{\mathrm{PS}^2 + \mathrm{CS}^2 - \mathrm{AS}^2} : \dfrac{\mathrm{AS}^3}{3\mathrm{PS}^2}$ である。345

〔250〕図 128 において，$\mathrm{CH}=x$ とおけば，HM は CH^{n-2} に，すなわち x^{n-2} に逆比例するから，$\mathrm{HM} = \dfrac{k}{x^{n-2}}$ (k は比例定数) とおけば，面積 GLMNO…KIHG $= \displaystyle\int_{\mathrm{CG}}^{\infty} \dfrac{k}{x^{n-2}}dx =$

$\dfrac{k}{n-3}\left[\dfrac{-1}{x^{n-3}}\right]_{\mathrm{CG}}^{\infty} = \dfrac{k}{n-3} \dfrac{1}{\mathrm{CG}^{n-3}}$. すなわち面積 GLMNO…KIHG は CG^{n-3} に逆比例する。348

〔251〕粒子と平面との間の距離が牽引物体の大きさに比べて極めて微小であると考えるゆえ (換言すれば，物体の大きさや平面の広さが粒子と平面との間の距離に比べて充分に大きいと考えるゆえ) たとえば図 128 を利用して，C を粒子，lGL を物体の一側をなす平面，また平面 lL と oO とで挟まれる部分を物体の一部と考え，$\mathrm{CG}=\delta, \mathrm{CK}=D, \mathrm{CH}=x$ とおく。ただし $\delta \ll D$ である。いま，距離の n 乗 ($4 \leq n$) に逆比例する引力を考えれば，前注の結果から，$\mathrm{HM} = \dfrac{k}{x^{n-2}}$ (k は比例定数). ゆえに，面積 GLMNOKG $= \displaystyle\int_{\delta}^{D} \dfrac{k}{x^{n-2}}dx =$

$\dfrac{k}{n-3}\left[\dfrac{-1}{x^{n-3}}\right]_{\delta}^{D} = \dfrac{k}{n-3}\left(\dfrac{1}{\delta^{n-3}} - \dfrac{1}{D^{n-3}}\right) \fallingdotseq \dfrac{k}{n-3}\dfrac{1}{\delta^{n-3}}$ である。すなわち，D を適当に大きくとれば，粒子に及ぼす物

体全体の引力はほぼ δ の，つまり CG の $n-3$ 乗冪比において減少する。350

〔252〕 もし $n=3$ ならば，図 128 において $HM = \frac{k}{x^{n-2}} = \frac{k}{x}$. ゆえに，面積 $GLMNOKG = \int_{\delta}^{D} \frac{k}{x} dx = k[\log x]_{\delta}^{D} = k(\log D - \log \delta) = k \log \frac{D}{\delta}$. いま，点 K の右方に点 K′ をとり，$CK' = D'$ とおけば，面積 $GLMN \cdots K'KG = \int_{\delta}^{D'} \frac{k}{x} dx = \int_{\delta}^{D} + \int_{D}^{D'} = k \log \frac{D}{\delta} + k \log \frac{D'}{D}$. もし D' を無限大にし，$\frac{D}{\delta}$ に比べて $\frac{D'}{D}$ を無限大にすれば，$k \log \frac{D'}{D}$ は $k \log \frac{D}{\delta}$ に比べて無限大となる。350

〔253〕 直交軸または斜交軸のいずれを選んでも差し支えないが，A と B とをそれぞれ横，縦両座標とする点をとることを意味する。351

〔254〕 ニュートンはここで自己の創見にかかる二項定理を巧みに使っている。式中の mm, nn, OO などの記号は，今日ではむろん m^2, n^2, O^2 などと書かれる。なお，注〔135〕，〔142〕を見よ。351

〔255〕 英訳書（A. Motte 訳，F. Cajori 改訂）では $\frac{mm-mn}{nn} B^{\frac{m-2n}{n}}$ となっているが，これは明らかに誤植である。351

〔256〕 $2B^0 = 2 =$ 一定。すなわちこの場合は引力の大きさ，したがってその加速度は一定である。351

〔257〕 英語で angle of incidence. 図 130 において，入射線 GH が，入射点 H において立てられた平面 Aa への法線となす角。353

〔258〕 英語で angle of emergence. 出現角，あるいは脱出角の意。図 130 において，透過線 IK が，点 I において立てられた平面 Bb への法線 IM となす角。353

〔259〕 図 130 において，入射点 H を座標の原点に選び，x 軸および y 軸をそれぞれ Ha，および点 H を通って Ha に垂直かつ下方に引いた直線の方向にとったとする。曲線経路 HI は y 軸に平行な軸をもち，かつ上に凹（下に凸）な放物線と考えられるから，放物運動の理論を適用し，投射点 H における初速度（その方向は H から M のほうへと向く）の x, y 成分をそれぞれ u, v とし，放物体が H から I に達するまでの所要時間を t，運動の加速度（その方向は図の上方，すなわち y の負の方向へと向く）の大きさを α とすれば，明らかに，HR$=x=ut$, RI$=y=$RM$-$IM$=vt-\dfrac{\alpha t^2}{2}$ である。ゆえに，経路の式は，t を消去することにより，$y=\dfrac{vx}{u}-\dfrac{\alpha x^2}{2u^2}$，あるいは書き直して $y-\dfrac{v^2}{2\alpha}=-\dfrac{\alpha}{2u^2}\left(x-\dfrac{uv}{\alpha}\right)^2$. これは $\left(\dfrac{uv}{\alpha}, \dfrac{v^2}{2\alpha}\right)$ の点 V を頂点とし，$\left(\dfrac{uv}{\alpha}, \dfrac{v^2-u^2}{2\alpha}\right)$ の点 F を焦点とし，かつ長さ $4p=\dfrac{2u^2}{\alpha}$ を主通径とする放物線をあらわすことは，式の形からして容易にわかる。ゆえに，HF $= p_1$ とおけば，一般に通径 $= 4p_1 = 4\sqrt{\left(\dfrac{uv}{\alpha}\right)^2+\left(\dfrac{v^2-u^2}{2\alpha}\right)^2}=\dfrac{2(u^2+v^2)}{\alpha}$. ゆえに，HM$^2=HR^2+RM^2=(ut)^2+(vt)^2=(u^2+v^2)t^2=4p_1\times\dfrac{\alpha t^2}{2}$. すなわち，HM$^2=$通径$\times$IM である。

訳者注

また，点 I における放物線への接線 IL の延長が y 軸を切る点を S とすれば，切片 $HS=\dfrac{\alpha t^2}{2}=IM$ であることが容易に証明されるから，HL=LM であり，L は HM の中点であることがわかる。354

〔260〕 英語で radius. 今日の正弦の定義である 正弦＝$\dfrac{垂線}{斜辺}$ における分母の斜辺（hypotenuse）のことをニュートンはしばしば radius（半径）という言葉で言い表わし，また分子の垂線のことを sine（正弦）という言葉で言い表わしている。そして，たとえば今日いう「角 BAC の正弦」のことを「角 BAC の正弦対半径」(sine of the angle BAC to the radius) というように言い表わしている。なお注〔62〕を見よ。356

〔261〕 この比が今日いわゆる入射角の「正弦」にあたり，一つの無次元量である。357

〔262〕 二つの円の交点である点 D は，明らかに軸 AB に関して対称の位置に 2 個存在し，したがって曲線 CDE もまた軸 AB に関して対称的となるはずである。いま，線分 AD の長さを r_1，その増分 DF の長さを Δr_1，また線分 BD の長さを r_2，その減分 DG の長さを $-\Delta r_2$（増分を Δr_2）であらわせば，$\dfrac{\Delta r_1}{-\Delta r_2}\to -\dfrac{dr_1}{dr_2}=\dfrac{入射角の正弦}{透過角の正弦}=n$（定数）である。ゆえに $r_1=-nr_2+$定数 c である。いま，AC=a，BC=b とおけば，$a=-nb+c$，あるいは $c=a+nb$ である。したがって $r_1+nr_2=a+nb$ である。この式は，求める曲線 CDE に対する一種の方程式と見なしうる。360

〔263〕 曲面 CD を界面とする両側の媒質がそれぞれ均質である場合には，曲線 CP, CQ は，それぞれ発散点 A および収束点 B を中心とし，AC, BC をそれぞれ半径とする円弧

である。もし点 A, B のうちの一つ，たとえば点 B が無限遠へと去ったとすれば，曲線 CQ は CB に垂直な直線となる。361

〔264〕 前注〔262〕の記号を用い，$AD = r_1, BD = r_2, AC = a, BC = b$ とおけば，$AP = AC, BQ = BC$ であるから，$PD = AD - AP = AD - AC = r_1 - a, DQ = BQ - BD = BC - BD = b - r_2$. ゆえに，$\dfrac{r_1 - a}{b - r_2} = \dfrac{PD}{DQ} = \dfrac{入射角の正弦}{透過角の正弦} = n$ である。したがって $r_1 - a = n(b - r_2)$, あるいは $r_1 + nr_2 = a + nb$ である。これはすなわち前注〔262〕に示された関係式にほかならない。361

サー・アイザック・ニュートン
(1642-1727) 略伝

　ニュートンは 1642 年，クリスマスの日に，英国リンカーンシャー州ウールスソープに生まれた。父は一小農で，かれが生まれる 2〜3 ヵ月前に世を去り，そして 1646 年には，母がノース・ウィザムの牧師と再婚することになったので，ニュートンは母方の祖母といっしょにウールスソープに残された。近所の学校で初歩の教育を受けたのち，12 歳のときにグランサムの公立中学校 (グラマースクール) にはいり，ある薬剤師の家に住みこんだ。ニュートン自身の語るところによれば，かれははじめはあまり目立たない生徒であったが，ある少年との争いに勝ってからは，にわかに競争心がおこり，ついに学校で一番の生徒になった。かれはごく幼いころから機械の考案に対する趣味と才能とを示し，風車や，水時計や，凧や，日時計などを作り，また乗り手によって運転される四輪車をも発明したといわれている。

　1653 年に再婚さきの夫にふたたび死に別れたニュートンの母はウールスソープにもどってきた。そして長子のかれに農場経営の準備をさせるために学校をやめさせた。ところが，かれの興味は農業にはないことがすぐにわかり，またバートン・コッグルスの牧師であったかれの叔父の助言もあって，かれはケンブリッジのトリニティー・カレッジに送られ，そこで 1661 年に免費生という報酬を得ながら下僕の仕事をする学生の 1 人として籍をおくことになった。かれの学生としての正式の進級記録はないけれども，かれは数学や機械学

の分野で広く読書をしたことが知られている。かれがケンブリッジで読んだ最初の本はケプラーの光学書であった。かれはある書籍市で買い求めた占星術に関する本の中の図表を理解することができなかったことからユークリッド幾何学の勉強をはじめたが，それの諸命題がかれには自明のことと思われたので，「つまらぬ本」だとして片づけてしまい，師のアイザック・バローからもう一度それを読み直すよう勧められるまでは棄てて顧みなかった。かれに独創的な数学研究をしようという考えを吹き込んだのは，デカルトの『幾何学』の勉強であったらしい。ニュートンが学生時代に使っていた小さな手帳には，斜断面および曲線の方形化，音符に関するいくつかの計算，ヴィエタおよびヴァン・スホーテンの著書からの幾何学問題の抜粋，ワリスの『無限大の算数』の摘要などの諸記事とともに，屈折についての，また球面レンズの磨きかたやレンズの収差についての，またあらゆる種類の根茎からの抽出液についての観察結果などが記されている。ニュートンが二項定理を発見し，またかれの「流率法」の発見についての最初の記事を書いたのは 1665 年，すなわちかれが学士号を得たころのことであった。

1665 年にロンドンからケンブリッジにかけてペストが大流行し，大学が閉鎖になったので，ニュートンはリンカーンシャーの農場に退避し，そこで光学や化学の実験を行い，また数学的思索を続けた。1666 年に行われたこの強制退避のときから，かれの重力理論の発見がはじまることになる。すなわち，かれはこう書いている。「同じ年に，わたしは月の世界にまで届く重力というものを考えはじめ，……月をその世界に保つのに必要な力と，地球の表面における力とを比較し

サー・アイザック・ニュートン (1642-1727) 略伝

て，それらがかなり良い結果を示すことを見いだした」と。ほぼ同じころ，光学に関するかれの研究は，かれを白色光の組成に関する説明へと導いた。そのころの1～2年間に成しとげた研究について，ニュートンは後年つぎのように語っている。「これらはすべて1665年と1666年の2年間になされたもので，それというのは，私はそのころに発明発見の全盛の年ごろにあったわけで，その後のどの時代におけるよりも数学や哲学についてより多く考えた」と。

1667年にトリニティー・カレッジが再開され，そのときニュートンは特別研究員（フェロー）に選ばれた。そして2年ののち，すなわち満27歳の誕生日を迎える少し前にかれは自分の友人であり，かつ師でもあるバロー博士の後を継いでルーカス講座の数学教授に任命された。1668年にはニュートンはすでに一つの反射望遠鏡を作っていたが，1671年の12月，かれは自分の作った第2の望遠鏡を王立協会に送った。それから2ヵ月ののち，かれは同協会の会員として，光に関する自分の発見を報告したが，そのために一つの論争が巻き起こり，それが多年にわたって続き，フック，ルーカス，リナスその他の人びとを巻き込むことになった。論争ということをいつも嫌っていたニュートンは，「まぼろしを追い求めて自分の心の平静という大きな恵みを手放す結果になったのは，自分の無分別のせいである」と自責した。光学に関するかれの諸論文，中でも最も重要なのは1672年から1676年までの間に王立協会に報告されたものであるが，それらはかれの著書『光学』(1704年) の中に収録されている。

ニュートンが重力に関する自分の仕事を世に知らせようと考えだしたのは，ようやく1684年になってからのことであ

った。フック，ハレーおよびサー・クリストファー・レンらは，それぞれ独立に重力の法則についてのある種の考えに到達してはいたが，しかしかれらはまだ惑星の軌道を説明することに成功してはいなかった。その年，ハレーはこの問題についてニュートンの意見を聞いたところ，ニュートンがすでにそれを解決していたことを知って驚いた。ニュートンはかれに四つの定理と七つの問題とを呈示したが，それらはかれの主研究の核心をなすものであった。1685 年から 1686 年までの約 17 ヵ月か 18 ヵ月の間に，かれは『自然哲学の数学的原理』をラテン語で書いた。ニュートンはその第 III 編を公表することをしばらく見合わせようと思ったが，ハレーの要請でそれを加えることにした。ハレーはまた，王立協会がその出版費用を支出できないことを知ると，1687 年に自分でその費用の全額を負担した。この本はヨーロッパ全体に大きな興奮を呼び起こし，1689 年には当時最も有名な科学者であったハイゲンスが，ニュートンと知己になるためにイギリスへとやってきた。

『原理（プリンシピア）』の著述に従事していた間に，ニュートンは大学問題におけるさらに重要な役割を演じはじめていた。というのは，大学における忠誠と主権の宣誓を否認しようとする国王ジェームス II 世の企図に対して反対をするために，ニュートンはケンブリッジを代表する議会議員に選ばれたからである。大学にもどるとともに，かれは重い病気にかかり，そのために 1692 年と 1693 年の大部分の間ほとんど何もできない状態になり，友人や研究者仲間を深く憂えさせた。病気が回復したのち，かれは政府の仕事をするために大学を去った。1695 年に，かれは友人のロックやレンやロー

サー・アイザック・ニュートン (1642-1727) 略伝

ド・ハリファックスらの肝煎りで造幣局監事に就任することになり，さらに4年後には造幣局長官となり，死ぬまで引き続きその職にあった。

ニュートンは生涯の最後の30年間は，独創的な数学的研究はほとんど何もしなかったが，その主題に対してはいつまでも興味と手腕とをもち続けた。1696年，かれはベルヌーイによって提出された6ヵ月の解答期限つきの勝負問題をひと晩で解いてしまったし，また1716年には，ライプニッツが「イギリスの解析学者たちの脈を診る」ために提出した問題を数時間で片づけてしまった。かれは，自分としては迷惑だとは思いながら，二つの数学的論争に深くかかわりあった。その一つは勅定天文学者の天文観測に関してであり，もう一つは微積分法の発見に関するライプニッツとの優先権争いであった。かれは『原理（プリンシピア）』の第2版の刊行のための改訂にも従事した。そしてそれは1713年に刊行された。

ニュートンの科学的業績はいまや大評判となった。かれは宮廷に参内することもしばしばであったし，1705年にはナイトに叙せられた。数多くの栄誉が大陸からかれに贈られ，かれはあらゆる指導的科学者たちと文通をした。

訪問客はいよいよふえ，ついには応待の繁に堪えないほどになった。このような名声にもかかわらず，ニュートンは常に謙遜であった。かれは死の少し前，つぎのように述べている：「わたしは世間からどのように見られているか知らないけれども，わたし自身には，ちょうど波打ち際で戯れながら，時折普通よりもきれいな小石や美しい貝殻などを見つけては喜ぶ子供のようにしか思えない；真理の大洋は未知のまま眼前に横たわっているのに」と。

ニュートンは若いころから神学の研究に深い関心をもち，1690年よりも前に，すでに予言書の研究を始めていた。同年かれは，ロックに宛てた一つの手紙の形で，三位一体についての聖書の二つの章句に関連して『聖書の二つの顕著な誤記についての歴史的説明』という論文を書いた。かれはまた，『ダニエル書および黙示録についての考察』その他の経典解説文の手稿を残した。

　1725年以後ニュートンの健康は著しく損なわれ，造幣局におけるその職務も代理者によって履行された。1727年2月，かれは1703年以降会長をつとめてきた王立協会において会長としての最後の司会をし，1727年3月20日，84歳で世を去った。遺骸はエルサレム室に安置された後，ウエストミンスター寺院に葬られた。

索引

定義

定義Ⅰ ……23
定義Ⅱ ……23
定義Ⅲ ……24
定義Ⅳ ……24
定義Ⅴ ……25
定義Ⅵ ……27
定義Ⅶ ……27
定義Ⅷ ……28

法則

法則Ⅰ ……43
法則Ⅱ ……43
法則Ⅲ ……44

定理

定理1 ……85
定理2 ……88
定理3 ……90
定理4 ……92
定理5 ……96
定理6 ……114
定理7 ……115
定理8 ……116
定理9 ……197
定理10 ……200
定理11 ……200
定理12 ……205
定理13 ……211
定理14 ……222
定理15 ……242
定理16 ……244
定理17 ……244
定理18 ……249
定理19 ……259
定理20 ……264
定理21 ……264
定理22 ……267
定理23 ……268
定理24 ……269
定理25 ……273
定理26 ……277
定理27 ……300
定理28 ……300
定理29 ……302
定理30 ……307
定理31 ……308
定理32 ……310
定理33 ……311
定理34 ……312
定理35 ……313
定理36 ……315
定理37 ……317

定理 38 ……320	補助定理 13 ……111
定理 39 ……322	補助定理 14 ……111
定理 40 ……324	補助定理 15 ……123
定理 41 ……330	補助定理 16 ……130
定理 42 ……335	補助定理 17 ……135
定理 43 ……336	補助定理 18 ……137
定理 44 ……336	補助定理 19 ……140
定理 45 ……338	補助定理 20 ……143
定理 46 ……340	補助定理 21 ……145
定理 47 ……347	補助定理 22 ……155
定理 48 ……353	補助定理 23 ……161
定理 49 ……355	補助定理 24 ……162
定理 50 ……356	補助定理 25 ……165
	補助定理 26 ……171
	補助定理 27 ……174

補助定理

補助定理 1 ……69	補助定理 28 ……184
補助定理 2 ……69	補助定理 29 ……321
補助定理 3 ……70	
補助定理 4 ……71	
補助定理 5 ……72	
補助定理 6 ……73	
補助定理 7 ……73	
補助定理 8 ……74	
補助定理 9 ……75	
補助定理 10 ……76	
補助定理 11 ……78	
補助定理 12 ……102	

索 引

問題

問題 1 ……95
問題 2 ……98
問題 3 ……100
問題 4 ……101
問題 5 ……102
問題 6 ……107
問題 7 ……109
問題 8 ……112
問題 9 ……118
問題 10 ……123
問題 11 ……124
問題 12 ……125
問題 13 ……131
問題 14 ……147
問題 15 ……151
問題 16 ……153
問題 17 ……158
問題 18 ……160
問題 19 ……167
問題 20 ……174
問題 21 ……179
問題 22 ……183
問題 23 ……188
問題 24 ……195
問題 25 ……203

問題 26 ……204
問題 27 ……206
問題 28 ……213
問題 29 ……218
問題 30 ……221
問題 31 ……228
問題 32 ……241
問題 33 ……247
問題 34 ……252
問題 35 ……256
問題 36 ……258
問題 37 ……261
問題 38 ……270
問題 39 ……270
問題 40 ……271
問題 41 ……326
問題 42 ……332
問題 43 ……333
問題 44 ……340
問題 45 ……343
問題 46 ……347
問題 47 ……360
問題 48 ……361

命题

命题 1 ……85
命题 2 ……88
命题 3 ……90
命题 4 ……92
命题 5 ……95
命题 6 ……96
命题 7 ……98
命题 8 ……100
命题 9 ……101
命题 10 ……102
命题 11 ……107
命题 12 ……109
命题 13 ……112
命题 14 ……114
命题 15 ……115
命题 16 ……116
命题 17 ……118
命题 18 ……123
命题 19 ……124
命题 20 ……125
命题 21 ……131
命题 22 ……147
命题 23 ……151
命题 24 ……153
命题 25 ……158
命题 26 ……160
命题 27 ……167
命题 28 ……174
命题 29 ……179
命题 30 ……183
命题 31 ……188
命题 32 ……195
命题 33 ……197
命题 34 ……200
命题 35 ……200
命题 36 ……203
命题 37 ……204
命题 38 ……205
命题 39 ……206
命题 40 ……211
命题 41 ……213
命题 42 ……218
命题 43 ……221
命题 44 ……222
命题 45 ……228
命题 46 ……241
命题 47 ……242
命题 48 ……244
命题 49 ……244
命题 50 ……247
命题 51 ……249
命题 52 ……252

索 引

命题 53 ······256
命题 54 ······258
命题 55 ······259
命题 56 ······261
命题 57 ······264
命题 58 ······264
命题 59 ······267
命题 60 ······268
命题 61 ······269
命题 62 ······270
命题 63 ······270
命题 64 ······271
命题 65 ······273
命题 66 ······277
命题 67 ······300
命题 68 ······300
命题 69 ······302
命题 70 ······307
命题 71 ······308
命题 72 ······310
命题 73 ······311
命题 74 ······312
命题 75 ······313
命题 76 ······315
命题 77 ······317
命题 78 ······320
命题 79 ······322

命题 80 ······324
命题 81 ······326
命题 82 ······330
命题 83 ······332
命题 84 ······333
命题 85 ······335
命题 86 ······336
命题 87 ······336
命题 88 ······338
命题 89 ······340
命题 90 ······340
命题 91 ······343
命题 92 ······347
命题 93 ······347
命题 94 ······353
命题 95 ······355
命题 96 ······356
命题 97 ······360
命题 98 ······361

図

- 図1 ……45
- 図2 ……46
- 図3 ……56
- 図4 ……57
- 図5 ……62
- 図6 ……69
- 図7 ……71
- 図8 ……73
- 図9 ……74
- 図10 ……76
- 図11 ……79
- 図12 ……85
- 図13 ……95
- 図14 ……96
- 図15 ……98
- 図16 ……99
- 図17 ……100
- 図18 ……102
- 図19 ……103
- 図20 ……107
- 図21 ……110
- 図22 ……112
- 図23 ……113
- 図24 ……115
- 図25 ……116
- 図26 ……119
- 図27 ……122
- 図28 ……123
- 図29 ……124
- 図30 ……125
- 図31 ……126
- 図32 ……127
- 図33 ……128
- 図34 ……129
- 図35 ……130
- 図36 ……131
- 図37 ……132
- 図38 ……135
- 図39 ……136
- 図40 ……137
- 図41 ……138
- 図42 ……141
- 図43 ……142
- 図44 ……143
- 図45 ……146
- 図46 ……147
- 図47 ……148
- 図48 ……149
- 図49 ……151
- 図50 ……152
- 図51 ……153
- 図52 ……154

図 53 ……155
図 54 ……159
図 55 ……160
図 56 ……161
図 57 ……163
図 58 ……165
図 59 ……167
図 60 ……169
図 61 ……169
図 62 ……171
図 63 ……172
図 64 ……174
図 65 ……175
図 66 ……177
図 67 ……179
図 68 ……180
図 69 ……183
図 70 ……188
図 71 ……190
図 72 ……192
図 73 ……193
図 74 ……195
図 75 ……196
図 76 ……197
図 77 ……198
図 78 ……200
図 79 ……201

図 80 ……203
図 81 ……203
図 82 ……204
図 83 ……205
図 84 ……206
図 85 ……211
図 86 ……214
図 87 ……217
図 88 ……219
図 89 ……221
図 90 ……223
図 91 ……228
図 92 ……241
図 93 ……245
図 94 ……245
図 95 ……248
図 96 ……250
図 97 ……252
図 98 ……256
図 99 ……257
図 100 ……258
図 101 ……259
図 102 ……261
図 103 ……265
図 104 ……271
図 105 ……278
図 106 ……300

図 107 ……307	図 134 ……359
図 108 ……308	図 135 ……359
図 109 ……312	図 136 ……360
図 110 ……315	図 137 ……361
図 111 ……317	図 138 ……362
図 112 ……319	
図 113 ……321	
図 114 ……322	
図 115 ……324	
図 116 ……326	
図 117 ……328	
図 118 ……329	
図 119 ……330	
図 120 ……333	
図 121 ……334	
図 122 ……338	
図 123 ……341	
図 124 ……343	
図 125 ……344	
図 126 ……345	
図 127 ……346	
図 128 ……348	
図 129 ……349	
図 130 ……353	
図 131 ……355	
図 132 ……356	
図 133 ……357	

索 引

人名

アポロニウス
　Apollonius ……131, 136, 142

アルキメデス
　Archimedes ……333

ヴィエタ
　Vieta ……131

ガリレオ
　Galileo ……55, 105, 351, 354, 357

クリストファー・レン
　Christopher Wren ……56, 60, 93, 179, 254, 255

グリマルヂ
　Grimaldi ……358

スネリュース
　Snellius ……358

デカルト
　Descartes ……358, 361

ド・ラ・ヒール
　de la Hire ……133

ハイゲンス
　Huygens ……56, 60, 94, 255

ハレー
　Halley ……93

フック
　Hooke ……93

マリオット
　Mariotte ……56

ユークリッド
　Euclid ……84, 89, 142, 188, 326

ワリス
　Wallis ……56, 179

N.D.C.423　　441p　　18cm

ブルーバックス　B-2100

プリンシピア　自然哲学の数学的原理
第Ⅰ編 物体の運動

2019年6月20日　第1刷発行

著者	アイザック・ニュートン
訳者	中野猿人
発行者	渡瀬昌彦
発行所	株式会社講談社
	〒112-8001 東京都文京区音羽2-12-21
電話	出版　　03-5395-3524
	販売　　03-5395-4415
	業務　　03-5395-3615
印刷所	(本文印刷) 株式会社精興社
	(カバー表紙印刷) 信毎書籍印刷株式会社
製本所	株式会社国宝社

定価はカバーに表示してあります。
©木野村洋子　2019, Printed in Japan
落丁本・乱丁本は購入書店名を明記のうえ、小社業務宛にお送りください。送料小社負担にてお取替えします。なお、この本についてのお問い合わせは、ブルーバックス宛にお願いいたします。
本書のコピー、スキャン、デジタル化等の無断複製は著作権法上での例外を除き禁じられています。本書を代行業者等の第三者に依頼してスキャンやデジタル化することはたとえ個人や家庭内の利用でも著作権法違反です。
Ⓡ〈日本複製権センター委託出版物〉複写を希望される場合は、日本複製権センター（電話03-3401-2382）にご連絡ください。

ISBN978-4-06-516387-0

発刊のことば

科学をあなたのポケットに

　二十世紀最大の特色は、それが科学時代であるということです。科学は日に日に進歩を続け、止まるところを知りません。ひと昔前の夢物語もどんどん現実化しており、今やわれわれの生活のすべてが、科学によってゆり動かされているといっても過言ではないでしょう。
　そのような背景を考えれば、学者や学生はもちろん、産業人も、セールスマンも、ジャーナリストも、家庭の主婦も、みんなが科学を知らなければ、時代の流れに逆らうことになるでしょう。
　ブルーバックス発刊の意義と必然性はそこにあります。このシリーズは、読む人に科学的に物を考える習慣と、科学的に物を見る目を養っていただくことを最大の目標にしています。そのためには、単に原理や法則の解説に終始するのではなくて、政治や経済など、社会科学や人文科学にも関連させて、広い視野から問題を追究していきます。科学はむずかしいという先入観を改める表現と構成、それも類書にないブルーバックスの特色であると信じます。

一九六三年九月

野間省一

ブルーバックス　物理学関係書 (I)

番号	書名	著者
79	相対性理論の世界	J.A.コールマン／中村誠太郎=訳
563	電磁波とはなにか	後藤尚久
584	10歳からの相対性理論	都筑卓司
733	紙ヒコーキで知る飛行の原理	小林昭夫
911	電気とはなにか	室岡義広
1012	量子力学が語る世界像	和田純夫
1084	図解 わかる電子回路	加藤 肇／高橋尚久
1128	原子爆弾	山田克哉
1150	音のなんでも小事典	日本音響学会=編
1174	消えた反物質	小林 誠
1205	量子力学 第2版	南部陽一郎
1251	クォーク	
1259	心は量子で語れるか	ロジャー・ペンローズ／中村和幸=訳
1310	「場」とはなんだろう	竹内 薫
1324	光と電気のからくり	山田克哉
1375	いやでも物理が面白くなる	志村史夫
1380	実践 量子化学入門 CD-ROM付	平山令明
1383	四次元の世界（新装版）	都筑卓司
1384	高校数学でわかるマクスウェル方程式	竹内 淳
1385	マックスウェルの悪魔（新装版）	都筑卓司
	不確定性原理（新装版）	都筑卓司
1390	熱とはなんだろう	竹内 薫
1394	ニュートリノ天体物理学入門	小柴昌俊
1415	量子力学のからくり	山田克哉
1444	超ひも理論とはなにか	竹内 薫
1452	流れのふしぎ	石綿良三／根本光正=著 日本機械学会=編
1469	量子コンピュータ	竹内繁樹
1470	高校数学でわかるシュレディンガー方程式	竹内 淳
1483	新しい物性物理	伊達宗行
1487	ホーキング 虚時間の宇宙	竹内 薫
1509	新しい高校物理の教科書	山本明利／左巻健男=編著
1569	電磁気学のABC（新装版）	福島 肇
1583	熱力学で理解する化学反応のしくみ	平山令明
1605	マンガ 物理に強くなる	関口知彦／鈴木みそ=漫画
1620	高校数学でわかるボルツマンの原理	竹内 淳
1638	プリンキピアを読む	和田純夫
1642	新・物理学事典	大槻義彦／大場一郎=編
1648	量子テレポーテーション	古澤 明
1657	高校数学でわかるフーリエ変換	竹内 淳
1675	量子重力理論とはなにか	竹内 薫
1697	インフレーション宇宙論	佐藤勝彦
1701	光と色彩の科学	齋藤勝裕

ブルーバックス　物理学関係書（Ⅲ）

番号	タイトル	著者
1982	光と電磁気　ファラデーとマクスウェルが考えたこと	小山慶太
1983	重力波とはなにか	安東正樹
1986	ひとりで学べる電磁気学	中山正敏
2019	時空のからくり	山田克哉
2031	時間とはなんだろう	松浦壮
2032	佐藤文隆先生の量子論	佐藤文隆
2040	ペンローズのねじれた四次元　増補新版	竹内薫
2048	$E=mc^2$のからくり	山田克哉
2056	新しい1キログラムの測り方	臼田孝
2061	科学者はなぜ神を信じるのか	三田一郎
2078	独楽の科学	山崎詩郎
2087	新版　いやでも物理が面白くなる	志村史夫
2091	［超］入門　相対性理論	福江淳
2096	2つの粒子で世界がわかる	森弘之
2100	プリンシピア　自然哲学の数学的原理　第Ⅰ編　物体の運動	アイザック・ニュートン／中野猿人＝訳・注

ブルーバックス　物理学関係書(Ⅱ)

- 1715 量子もつれとは何か　古澤 明
- 1716 「余剰次元」と逆二乗則の破れ　村田次郎
- 1720 傑作! 物理パズル50　ポール・G・ヒューイット作／松森靖夫 編訳
- 1728 ゼロからわかるブラックホール　大須賀 健
- 1731 宇宙は本当にひとつなのか　村山 斉
- 1738 物理数学の直観的方法〈普及版〉　長沼伸一郎
- 1776 現代素粒子物語　中嶋 彰／KEK 高エネルギー加速器研究機構 協力
- 1780 オリンピックに勝つ物理学　望月 修
- 1798 ヒッグス粒子の発見　イアン・サンプル／上原昌子 訳
- 1799 宇宙になぜ我々が存在するのか　村山 斉
- 1803 高校数学でわかる相対性理論　竹内 淳
- 1809 物理がわかる実例計算101選　クリフォード・スワルツ／園田英徳 訳
- 1815 大人のための高校物理復習帳　桑子 研
- 1827 大栗先生の超弦理論入門　大栗博司
- 1836 真空のからくり　山田克哉
- 1848 今さら聞けない科学の常識3　朝日新聞科学医療部 編
- 1852 物理のアタマで考えよう!　ジョー・ヘルマンス／ブケ・ドレルマンス絵／村岡克紀 訳
- 1856 量子的世界像 101の新知識　ケネス・フォード／青木 薫 訳／塩原通緒 訳

- 1860 発展コラム式 中学理科の教科書 改訂版 物理・化学編　滝川洋二 編
- 1867 高校数学でわかる流体力学　竹内 淳
- 1871 アンテナの仕組み　小暮裕明／小暮芳江
- 1894 エントロピーをめぐる冒険　鈴木 炎
- 1899 エネルギーとはなにか　ロジャー・G・ニュートン／東辻千枝子 訳
- 1905 あっと驚く科学の数字　数から科学を読む研究会
- 1912 マンガ おはなし物理学史　佐々木ケン 漫画／小山慶太 原作
- 1924 謎解き・津波と波浪の物理　保坂直紀
- 1930 光と重力 ニュートンとアインシュタインが考えたこと　小山慶太
- 1932 天野先生の「青色LEDの世界」　天野 浩／福田大展
- 1937 輪廻する宇宙　横山順一
- 1939 すごいぞ! 身のまわりの表面科学　日本表面科学会
- 1940 灯台の光はなぜ遠くまで届くのか　テレサ・レヴィット／岡田好惠 訳
- 1961 超対称性理論とは何か　小林富雄
- 1970 曲線の秘密　松下泰雄
- 1975 マンガ現代物理学を築いた巨人 ニールス・ボーアの量子論　ジム・オッタヴィアニ 原作／リーランド・パーヴィス 漫画／今枝桂子 訳／園田英徳 監訳
- 1981 宇宙は「もつれ」でできている　ルイーザ・ギルダー／山田克哉 監訳／窪田恭子 訳

ブルーバックス　宇宙・天文関係書

- 1394 ニュートリノ天体物理学入門　小柴昌俊
- 1487 ホーキング　虚時間の宇宙　竹内薫
- 1510 新しい高校地学の教科書　杵島正洋・松本直記・左巻健男=編著
- 1697 インフレーション宇宙論　佐藤勝彦
- 1728 ゼロからわかるブラックホール　大須賀健
- 1731 宇宙は本当にひとつなのか　村山斉
- 1762 完全図解　宇宙手帳（宇宙航空研究開発機構）渡辺勝巳/JAXA=協力
- 1799 宇宙になぜ我々が存在するのか　村山斉
- 1806 新・天文学事典　谷口義明=監修
- 1848 今さら聞けない科学の常識3　聞くなら今でしょ！　朝日新聞科学医療部=編
- 1857 宇宙最大の爆発天体　ガンマ線バースト　村上敏夫
- 1861 発展コラム式　中学理科の教科書　改訂版　生物・地球・宇宙編　石渡正志・滝川洋二=編
- 1862 天体衝突　松井孝典
- 1878 世界はなぜ月をめざすのか　佐伯和人
- 1887 小惑星探査機「はやぶさ2」の大挑戦　山根一眞
- 1905 あっと驚く科学の数字　数から科学を読む研究会
- 1937 輪廻する宇宙　横山順一
- 1961 曲線の秘密　松下泰雄

- 1971 へんな星たち　鳴沢真也
- 1981 宇宙は「もつれ」でできている　ルイーザ・ギルダー/山田克哉=監訳/窪田恭子=訳
- 2006 巨大ブラックホールの謎　吉田伸夫
- 2011 重力波で見える宇宙のはじまり　本間希樹
- 2027 宇宙に「終わり」はあるのか　ピエール・ビネトリュイ/安東正樹=監訳/岡田好惠=訳
- 2066 宇宙の「果て」になにがあるのか　戸谷友則
- 2084 不自然な宇宙　須藤靖